TEUBNER-TEXTE zur Informatik Band 13

T. Kirsche

Datenbankkonversationen

TEUBNER-TEXTE zur Informatik

Herausgegeben von
Prof. Dr. Johannes Buchmann, Saarbrücken
Prof. Dr. Udo Lipeck, Hannover
Prof. Dr. Franz J. Rammig, Paderborn
Prof. Dr. Gerd Wechsung, Jena

Als relativ junge Wissenschaft lebt die Informatik ganz wesentlich von aktuellen Beiträgen. Viele Ideen und Konzepte werden in Originalarbeiten, Vorlesungsskripten und Konferenzberichten behandelt und sind damit nur einem eingeschränkten Leserkreis zugänglich. Lehrbücher stehen zwar zur Verfügung, können aber wegen der schnellen Entwicklung der Wissenschaft oft nicht den neuesten Stand wiedergeben.

Die Reihe „TEUBNER-TEXTE zur Informatik“ soll ein Forum für Einzel- und Sammelbeiträge zu aktuellen Themen aus dem gesamten Bereich der Informatik sein. Gedacht ist dabei insbesondere an herausragende Dissertationen und Habilitationsschriften, spezielle Vorlesungsskripten sowie wissenschaftlich aufbereitete Abschlußberichte bedeutender Forschungsprojekte. Auf eine verständliche Darstellung der theoretischen Fundierung und der Perspektiven für Anwendungen wird besonderer Wert gelegt. Das Programm der Reihe reicht von klassischen Themen aus neuen Blickwinkeln bis hin zur Beschreibung neuartiger, noch nicht etablierter Verfahrensansätze. Dabei werden bewußt eine gewisse Vorläufigkeit und Unvollständigkeit der Stoffauswahl und Darstellung in Kauf genommen, weil so die Lebendigkeit und Originalität von Vorlesungen und Forschungsseminaren beibehalten und weitergehende Studien angeregt und erleichtert werden können.

TEUBNER-TEXTE erscheinen in deutscher oder englischer Sprache.

Datenbankkonversationen

Unterstützung kooperativer Gruppenarbeit aus datenorientierter Sicht

Von Dr. Thomas Kirsche

IBM Almaden Research Center, San Jose

B. G. Teubner Verlagsgesellschaft
Stuttgart · Leipzig 1995

Dr. Thomas Kirsche

Geboren 1964 in Nürnberg. Studium der Informatik mit Schwerpunkt Datenbanksysteme und Nebenfach Betriebswirtschaftslehre an der Universität Erlangen–Nürnberg. Von 1990 bis 1994 wissenschaftlicher Mitarbeiter am Lehrstuhl für Datenbanksysteme (Leitung: Prof. Dr. H. Wedekind) an der Universität Erlangen–Nürnberg. Promotion 1994. Seit November 1994 am IBM Almaden Research Center in San Jose, Kalifornien.
Arbeitsschwerpunkte: CSCW/Groupware; kooperative Nutzung von Datenbeständen; Suche in großen, lose gekoppelten Informationssystemen.

Die Deutsche Bibliothek – CIP-Einheitsaufnahme

Kirsche, Thomas:
Datenbankkonversationen : Unterstützung kooperativer Gruppenarbeit aus datenorientierter Sicht / von Thomas Kirsche. – Stuttgart ; Leipzig : Teubner, 1995
(Teubner-Texte zur Informatik ; Bd. 13)
ISBN 978-3-8154-2063-8 ISBN 978-3-322-93437-6 (eBook)
DOI 10.1007/978-3-322-93437-6
NE: GT

Umschlaggestaltung: E. Kretschmer, Leipzig

Geleitwort

Existierende Daten und nicht Daten, die noch im Werden sind, machen den eigentlichen Gegenstand von Datenbanksystemen aus. Noch nicht existierende Daten werden einfach mit Nullwerten belegt, womit dann aus konventioneller Sicht das Problem erledigt erscheint. Es ist hervorzuheben, daß der Autor mit seinem Werk für Datenbanksysteme neue, erweiterte Perspektiven eröffnet. „Daten im Werden" sind der Gegenstand seiner Datenbankkonversationen, um die begrifflich und technisch konventionelle Transaktionssysteme erweitert werden können. Der Autor folgt damit dem evolutionären Softwareentwicklungsprinzip, wonach neue Software die alte umschließen muß, damit Altlasten (legacies) vermieden werden. Datenbankkonversationen sind ein Basismechanismus für das Problemlösen in Gruppen. Aus diesem Grunde werden mit diesem Buch nicht nur Informatiker, sondern alle Fachleute in Entwicklungsabteilungen angesprochen, deren Probleme zwar nicht gelöst, aber deren Lösung nunmehr wirksam datenbanktechnisch unterstützt werden kann. „Enabling technology" ist heute der Terminus technicus für Verfahren, die uns in die Lage versetzten, gestellte Aufgaben produktiver zu lösen. Das Buch von Kirsche ist eine wichtige Grundlage für Informatiker, Betriebswirte und Ingenieure im Studium und Beruf.

Erlangen, im Mai 1995 — Prof. Dr. H. Wedekind

Vorwort

Datenbanksysteme sind traditionell ein Werkzeug zur Integration unterschiedlicher Anwendungen. Durch die einheitliche Organisation des gemeinsamen Datenpools können Daten zwischen den Anwendungen ausgetauscht werden. Das Datenbanksystem sorgt für einen reibungslosen Betrieb nebenläufiger Zugriffe und stellt im Fehlerfall automatisch wieder den letzten konsistenten Zustand der Datenbasis her. Kaufmännisch-administrative Anwendungen wie Platzbuchungssysteme in Reisebüros oder Online-Buchungssyteme bei Banken fragen typischerweise die klassische Datenbankfunktionalität nach und werden komfortabel bedient.

Technische Anwendungen wie CAD-Systeme, Konfigurationssysteme, Planungssysteme oder Unterstützungssysteme für Gruppenentscheidungen haben andere Charakteristika als die traditionellen Anwendungen. Die Arbeitseinheiten verlängern sich drastisch von Sekunden auf Wochen und Monate. Es sollen nicht nur fertige Ergebnisse, sondern auch vorläufige Zwischenresultate ausgetauscht werden. Die Struktur der Daten selbst wandelt sich von Sätzen mit einigen Attributen zu netzartig strukturierten Komplexen. Zusätzlich sollen nicht nur einzelne Anwendungen, sondern der ganze Arbeitsablauf per se unterstützt werden. Aufgrund dieser Beobachtungen sind vor gut zehn Jahren die ersten "Engineering databases" (auf dem Papier) entstanden. Am Anfang standen Entwicklungen wie Objekt-Datenmodelle und erweiterte Transaktionskonzepte. Aktuelle Bestrebungen zielen auf die Re-Modellierung der Ablauforganisation (Business process re-engineering) und die darauf aufbauende Steuerung der Geschäftsvorfälle. Entsprechende Datenbanksysteme verwalten komplexe Datenstrukturen und organisieren nebenläufige Zugriffe mit Bezug auf ihre Stellung im Arbeitsablauf.

Die fallweise Kooperation von Datenbankanwendungen und -anwendern ohne durch den Arbeitsablauf vordefinierte Interaktionspunkte ist auch bei den genannten Neuentwicklungen nicht möglich. Der Datenaustausch ist beispielsweise nur zwischen Mitgliedern einer Organisationseinheit oder nur vor und nach Bearbeitung des Teilschrittes vorgesehen. Entwicklungsumgebungen profitieren jedoch beispielsweise gerade von einer ungeregelten Beeinflussung der Designer untereinander. An das Datenbanksystem wird die Forderung gestellt, diese fallweise Kooperation zu unterstützen, ohne die Vorteile der Transaktionsverarbeitung, kontrollierten Mehrbenutzerbetrieb und automatische Fehlerbehandlung, wesentlich zu vernachlässigen. Es muß einen organisatorischen Rahmen für kooperative Prozesse bereitstellen, aber keinen Arbeitsablauf vorgeben.

Datenbankkonversationen sind ein organisatorischer Rahmen für kooperative Datenbankvorgänge. Das Konzept erlaubt die kooperative Veränderung von Datenwerten. Die Werte werden nicht mehr durch eine einzelne Anwendung manipuliert, sondern sind das Ergebnis eines kooperativen Prozesses. Abstimmungen oder Verhandlungen über Datenwerte können so modelliert werden. Das Konzept der Datenbankkonversationen ergänzt die lange Reihe der

Forschungen zum Thema "Engineering databases" um die Möglichkeiten einer ungeregelten, freien Kooperation zwischen Datenbankanwendungen.

Die Arbeiten zum Thema Datenbankkonversationen, deren sichtbares Ergebnis das vorliegende Buch ist, führte ich während meiner Tätigkeit als wissenschaftlicher Mitarbeiter am Lehrstuhl für Datenbanksysteme der Universität Erlangen durch. Die Beschäftigung mit einem umfangreichen Thema über einen längeren Zeitraum kann jedoch nicht in völliger Isolation erfolgen. Vielen Personen bin ich für ihre fachliche und menschliche Begleitung zu großem Dank verpflichtet. Der erste Dank gilt meinem akademischen Lehrer Prof. Dr. H. Wedekind für seine wohlwollende und interessierte Unterstützung bei der Bearbeitung des Themas und bei vielen anderen Dingen, die in diesem Buch nicht wiedergegeben sind. Prof. Dr. F. Hofmann danke ich für seine Bereitschaft, das Zweitgutachten zu übernehmen. Weiterhin habe ich es in den Jahren am Lehrstuhl für Datenbanksysteme sehr schätzen gelernt, in einer offenen, kritikfähigen und gleichzeitig entspannten Atmosphäre zu arbeiten. Dazu haben alle Kolleginnen und Kollegen wesentlich beigetragen, insbesondere jedoch meine Zimmernachbarn Richard Lenz und Hans Schuster. In langen und kontrovers geführten Diskussionen haben sie mehr als einmal geholfen, große und kleine Klippen zu umschiffen. Ebenso unschätzbar ist die Arbeit der Studentinnen und Studenten, die sich in ihren Studien- und Diplomarbeiten mit Teilen „meines" Themas auseinandersetzten. Gerade in den frühen Phasen war ihre Bereitschaft, neue Konzepte mitzutragen, bis zur Grenze gefordert. Ursel Büttner sei für die sorgfältige Reinzeichnung etlicher Abbildungen herzlich gedankt.

Die Bearbeitung des Themas wurde durch den Sonderforschungsbereich 182 „Multiprozessor- und Netzwerkkonfigurationen" an der Friedrich-Alexander Universität Erlangen-Nürnberg, Teilprojekt B4 „Funktions- und Datenverteilung in Rechnernetzen", gefördert. Herrn Prof. Dr. U. Lipeck als Mitherausgeber dieser Buchreihe schulde ich Dank für detaillierte Hinweise zur Erstellung des druckreifen Manuskriptes.

Unter den zeitlichen Belastungen und meiner Anspannung gelitten hat zu einem großen Teil auch meine Frau Judith. Ihr gebührt mein aufrichtiger Dank für die liebevolle Begleitung in dieser Zeit – verbunden mit der Hoffnung, einige vernachlässigte Dinge nachholen zu können.

San Jose, im Mai 1995 | Thomas Kirsche

San Jose, im Mai 1995

Thomas Kirsche

Inhaltsverzeichnis

Abbildungsverzeichnis

Tabellenverzeichnis

1 Einleitung

Wenn nebenläufige Prozesse auf einem gemeinsamen Datenbestand arbeiten, müssen besondere Vorkehrungen getroffen werden, um die Konsistenz des Datenbestandes im Mehrbenutzerbetrieb zu erhalten. Ohne solche Maßnahmen treten einerseits "bad dependencies" ([58]) wie Lost update, Dirty read und Unrepeatable read auf. Das ACID-(Atomicity, Consistency, Isolation, Durability)-Transaktionskonzept ([57]) vermeidet diese Abhängigkeiten. Es verlangt, das alle logisch zusammengehörigen Bearbeitungsvorgänge einer Datenbank (Transaktionen) atomar, unter Erhaltung der Datenkonsistenz und isoliert von allen anderen nebenläufigen Transaktionen ausgeführt werden. Darüber hinaus ist die Dauerhaftigkeit der Datenmodifikationen nach dem Ende einer Transaktion garantiert. Auf der anderen Seite setzt ein kooperativer Arbeitsstil den Austausch von unbestätigter Information vor dem Ende der Bearbeitungseinheit voraus. Nur so können die kooperierenden Parteien zu einem gemeinsamen Ergebnis kommen. Die durch das Transaktionskonzept geforderte isolierte Bearbeitung der Aufgabenteile steht scheinbar im Widerspruch zur Kooperation zwischen nebenläufigen Datenbank-Anwendungen. Zahlreiche neue Transaktionsmodelle versuchen daher, ohne oder nur mit Teilen der ACID-Eigenschaften auszukommen ([44]). Sie orientieren sich dabei häufig an einer hierarchischen Aufgaben- oder Bearbeitungsstruktur. Andere datenbankverwandte Ansätze beruhen auf den oftmals vorgegebenen Arbeitsabläufen in einer Zusammenarbeit ([149]). Das Wissen über die Reihenfolge einzelner Arbeitsschritte in einem Ablauf kann z. B. zur automatischen Weiterleitung der Arbeitsaufträge, der Bereitstellung oder eventuell sogar Ausführung von Werkzeugen und der (Rück-)Verfolgung von Bearbeitungsstationen genutzt werden.

Im Gegensatz zu den ablauforientierten Ansätzen für kooperatives Arbeiten stehen bei einer datenorientierten Betrachtungsweise die Arbeitsinhalte der Zusammenarbeit im Mittelpunkt, soweit sie als Datenobjekte aufgefaßt werden können. Beide Zugangsmöglichkeiten sind komplementär zueinander, d. h. sie stehen nicht in Konkurrenz, sondern sind als zwei Seiten derselben Medaille zu sehen. In einer konkreten Anwendungssituation mag der eine oder andere Ansatz bevorzugt werden, häufig werden jedoch auch ablauf- und datenorientierte Methoden nebeneinander eingesetzt.

In der Einleitung zu diesem Buch wird zunächst die datenorientierte Betrachtungsweise genauer erklärt (Abschnitt 1.1). Mit Hilfe von zwei kooperativen Szenarien (Abschnitt 1.2) werden dann die Probleme und einige Anforderungen der Zusammenarbeit auf einem gemeinsamen Datenbestand aufgezeigt (Abschnitt 1.3). Die Einleitung schließt mit einer Umgrenzung des Aufgabengebietes und einer Vorausschau auf die Ergebnisse der Untersuchung (Abschnitt 1.4).

1.1 Datenorientierte Kooperation

Im Zentrum aller folgenden Überlegungen stehen Fragen der Datenhaltung und des Datenmanagements bei einer kooperativen Zusammenarbeit menschlicher oder maschineller Datenbankbenutzer. Von dieser Klasse von Anwendungsgebieten geht letztlich die Bezeichnung „datenorientierte Kooperation" aus. Auf der anderen Seite soll „datenorientiert" noch viel mehr ausdrücken als nur den Bezug zu Daten in irgendeiner Form. Ebenso werden damit Verhaltensmuster wie eine dynamische, ungesteuerte und nur durch die Teilnehmer beeinflußte Zusammenarbeit verbunden. Beispiele für eine datenorientierte Kooperation sind eine Umfrage zu einem Thema mit anschließender Zusammenfassung der Umfrageergebnisse oder eine technische Diskussion über Produkteigenschaften. Das inhaltliche Problem und die Zustände auf dem Lösungsweg hin zum Ziel gehören zum Kern der datenorientierten Sichtweise. Die entsprechenden Werkzeuge sind auf die Verwaltung und Repräsentation der anfallenden Daten zugeschnitten, also eher auf eine passive Unterstützung als eine aktive Steuerung. Sie organisieren die nebenläufige Nutzung der Ressourcen, damit keine Inkonsistenzen oder ungewollten Abhängigkeiten auftreten. Allgemein sind ungeregelte, offene Szenarien, die sich dynamisch verändern, das Haupteinsatzgebiet von datenorientierten Werkzeugen.

Der datenorientierten Sichtweise steht eine ablauforientierte gegenüber. Ausgearbeitete Fertigungsabläufe, Software-Entwurfszyklen oder vorgegebene Büroabläufe, wo jeder Sachbearbeiter für einen kleinen Teil einer größeren Aufgabe zuständig ist und den Vorgang nach der Bearbeitung weitergibt, sind Situationen, bei denen hauptsächlich der Ablaufaspekt der Zusammenarbeit betrachtet wird. Allgemein steht hier die Organisation der Aktivitätenreihenfolge zur Aufgabenlösung und die zeitgerechte Bereitstellung der nötigen Mittel im Vordergrund. Ein Ablaufschema repräsentiert die wohldefinierte Aktivierungsreihenfolge der an der Zusammenarbeit beteiligten Teilnehmer und legt ihr Zusammenwirken im Hinblick auf die Gesamtaufgabe fest ([149]). Ein bestimmtes Ziel kann durch mehrere Ablaufschemata erreicht werden, und das gleiche Ablaufschema kann mehrere Ziele verfolgen. Systeme, die solche geregelten Situationen unterstützen, konzentrieren sich auf die Kontrolle und Steuerung und insbesondere auf die Ablaufkoordination der Einzelschritte. Sie sind deshalb besonders für Anwendungsgebiete geeignet, die sich geschlossen beschreiben lassen und statische Ablaufmuster aufweisen. Die folgende Begriffsdefinition faßt die Merkmale der datenorientierten Kooperation zusammen.

> DEFINITION:
> *Datenorientierte Kooperation* ist eine zielorientierte Form der Zusammenarbeit auf einem gemeinsamen Datenbestand, die keinem global vordefinierten Ablaufschema folgt.

Die Definition fordert, daß datenorientierte Kooperation auf ein Ziel gerichtet ist, das einen gewissen, nicht näher definierten Zusammenhang der Interaktionen vorgibt. Der konkrete

Zusammenhang wird allerdings nicht durch ein vordefiniertes, globales Ablaufschema hergestellt, sondern ergibt sich bei der datenorientierten Kooperation erst im Laufe der Zusammenarbeit. Weiterhin läßt die Definition offen, ob die an der Zusammenarbeit beteiligten Parteien einem lokal vorgegebenen Ablaufschema folgen. Dies wird sogar die Regel sein, wenn es sich um natürliche Personen handelt. Weil aber ein globales Ablaufschema fehlt oder es zumindest den Parteien nicht bewußt ist, ergibt sich eine sehr dynamische Zusammenarbeit auf Basis der ausgetauschten Datenwerte. Bei Rechnersystemen, die eine datenorientierte Kooperation unterstützen, stehen daher die Aspekte Verwaltung, Unterstützung, Zugriffssynchronisation und Datenrepräsentation im Vordergrund. Systeme für die ablauforientierte Zusammenarbeit befassen sich dagegen im wesentlichen mit Aufgaben der Steuerung, Kontrolle, Ablaufkoordination und Datenverwendung, wie sie oben beschrieben wurden.

Im Laufe des Buches wird später eine bestimmte Form der kooperativen Gruppenarbeit, die sogenannte „freie Kooperation", herausgearbeitet. Wenn die freie Kooperation auf einen gemeinsamen Datenbestand gerichtet ist, wird sie zur datenorientierten Kooperation. Die datenorientierte Kooperation durch Methoden des Datenmanagements zu unterstützen, ist das Ziel dieses Buches.

1.2 Beispiele für kooperatives Arbeiten

Statt eines einzigen, aufgeblähten Szenarios, das alle Aspekte kooperativer Zusammenarbeit umfaßt, werden in den beiden folgenden Szenarien Situationen dargestellt, die Facetten eines kooperativen Arbeitsstils zu ihrer Bearbeitung und Lösung nahelegen. Das erste, kleinere Beispiel „Terminplanung" ist ein Gedankenexperiment, an dem trotz der beschränkten Sichtweise viele Charakteristika kooperativer Datenfestlegung zu erkennen sind. Ein ähnliches Demonstrationsbeispiel wird z.B. auch in ([65]) beschrieben, wobei dort allerdings mit sprechaktbasierten Methoden (Nachrichtentypen) gearbeitet wird. Die Beschreibung des zweiten Beispiels „Automobilentwicklung" beruht auf einer eingehenden Fallstudie ([90]) und ist in ähnlicher Form in ([79]) wiedergegeben. Es ist durch seine Realitätsbezogenheit deutlich komplexer als das erste Beispiel. Das reale Beispiel verdeutlicht besonders die unterschiedlichen Arten der Unsicherheit in Daten, warum diese Unsicherheiten zu Beginn der Entwicklung probleminhärent sind und wie sie dann schrittweise eliminiert werden. Beide Beispiele werden in dem Buch immer wieder aufgegriffen, um Entwurfsentscheidungen zu illustrieren und die Auswirkungen der entwickelten Konzepte zu verdeutlichen.

1.2.1 Beispiel 1: Terminplanung

Zur Vereinbarung eines Konferenztermins ist es nötig, daß sich alle Betroffenen über Datum, Uhrzeit, Ort, Liste der Teilnehmer und Tagesordnung einig werden. Die Tagesordnung dient als Ausgangspunkt für eine erste Festlegung der Teilnehmerliste, die zusätzlich durch die bereits bestehenden Verpflichtungen der Teilnehmer Datum und Uhrzeit der Konferenz beeinflußt. Der Ort der Unterredung hängt von der zeitlichen Verfügbarkeit eines Konferenzraumes und von der Teilnehmerzahl ab. Es ist daher wenig sinnvoll, den Raum zu reservieren, solange die Teilnehmerzahl nicht fixiert ist. Die Verfügbarkeit einzelner Teilnehmer ergänzt oder beschränkt wiederum die Tagesordnung.

Da keines der Attribute Datum, Uhrzeit, Ort und Teilnehmerliste von vornherein bestimmbar ist und als Fixpunkt für die weitere Diskussion dienen kann, werden in der ersten Phase der Terminplanung komplex strukturierte Vorschläge gemacht. Typische Aussagen beschreiben Wertebereiche einzelner Attribute ohne Einschränkungen über andere Attribute („Ich habe Montag bis Mittwoch Zeit, außer Dienstag Nachmittag") oder mit Einschränkungen („Wenn Raum XYZ genutzt werden soll, kommt nur Montag oder Dienstag in Frage"). Mit der steigenden Anzahl solcher Vorschläge sinkt die Wahrscheinlichkeit für eine Übereinkunft, die alle Beschränkungen berücksichtigt. Häufig werden daher in einer zweite Phase der Diskussion einzelne Attributwerte festgehalten und die Auswirkungen überprüft („Nehmen wir im Moment den Dienstag Vormittag an; steht da Raum ABC zur Verfügung?"). Schließlich wird die Kombination der Attributwerte gewählt, bei der es zu den wenigsten Kollisionen kommt und die alle externen Prioritäten berücksichtigt („Der Chef muß auf jeden Fall dabei sein").

1.2.2 Beispiel 2: Automobilentwicklung

Die Entwicklung eines neuen Automobils vollzieht sich heute in der Regel nicht als völlige Neukonstruktion, sondern als Variantenkonstruktion. Ausgehend vom Vorgängermodell werden technische und optische Veränderungen für das neue Modell festgelegt. Diese informellen Gestaltungshinweise werden in einem Lastenheft zusammengefaßt und vom Vorstand des Herstellers mehr als fünf Jahre vor dem geplanten Produktionsbeginn festgeschrieben. Das folgende Szenario beschreibt den weiteren Verlauf der Umsetzung dieser Vorgaben bis hin zur Fertigung des neuen Automobils.

Ein erster Übergang zu bestimmteren Beschreibungen findet bei der Umsetzung des Lastenheftes in die Stückliste statt. Die (Entwicklungs-)Stückliste des Vorgängermodells wird kopiert und die informellen Beschreibungen des Lastenheftes werden in Stücklisteneinträge (die Teile) umgesetzt. Diese Umsetzung des Lastenheftes in die Stückliste wird als *verbale Einstellphase* bezeichnet. Teile, die neu konstruiert werden, erhalten eine neue Teilenummer, während der Verweis auf die zugehörige Konstruktionszeichnung einstweilen frei bleibt. Ähnlich wird mit Änderungskonstruktionen oder Fremdbezugsteilen verfahren. Auch hier steht die Teilenummer als Platzhalter für kommende Teile. Nach der „Einstellung" der Teile ist die Zusammensetzung des neuen Modells bereits vollständig beschrieben. Jede Abteilung erhält sofort Kenntnis von der neuen Stückliste. So kann sich z. B. die Vorratshaltung darauf einstellen, daß beim neuen Modell ein anderer Scheinwerfer eingebaut wird, und entsprechend disponieren. Auch wenn die technischen Daten des neuen Scheinwerfers noch völlig unklar sind, ist in manchen Bereichen allein schon die Information über die Existenz einer Neukonstruktion wichtig.

Die zweite Phase der Automobilentwicklung schließt mit der *Planungsfreigabe* ab. Sie betrifft ausschließlich den technischen Bereich, in dem eine Konkretisierung der Stücklisteneinträge vorgenommen wird. Es werden fehlende Konstruktionszeichnungen angefertigt oder bestehende abgeändert. Untersuchungen über Fertigungsmöglichkeiten und betriebswirtschaftliche Analysen schließen sich an. Ist die Planungsfreigabe eines Teils erfolgt, sind die Beschreibungsdaten soweit bestimmt, wie dies ohne Prototyp-Tests möglich ist. Vor der Planungsfreigabe wird „weder Stahl noch Eisen bewegt".

Die Erstellung der exakten, seriengerechten Fertigungsunterlagen ist Gegenstand der dritten Phase, an deren Ende die *Beschaffungsfreigabe* steht. Die Konstruktionen werden anhand von Prototypen validiert und bei Mängeln abgeändert. Nach der Beschaffungsfreigabe eines Teils sind alle verbliebenen Unbestimmtheiten beseitigt. Nur durch Einbringung neuer Zielvorgaben und die dadurch notwendigen Änderungen können bereits als beschaffungsfrei bestimmte Daten wieder unbestimmter werden.

Sind keine Änderungen an einem Teil mehr notwendig, wird es *dispositionsfrei*. Damit wird durch die Festlegung von Fertigungskapazitäten sowie Lager- und Bestellmengen die letzte Unbestimmtheit in den Fertigungsunterlagen für das neue Automobil ausgeräumt.

Mit den Freigabestufen durchlaufen die neuen oder veränderten Bauteile Zustände, in denen die Unbestimmtheit der Bauteilbeschreibungen ständig abnimmt. Unbestimmtheit ist in dem Sinne zu verstehen, daß noch keine Entscheidung für eine Realisierungsalternative gefällt wurde. Unmittelbar vor Produktionsbeginn ist jede Unbestimmtheit eliminiert, die Fertigungsunterlagen geben exakt das Endprodukt wieder. Das Produkt ist freigegeben.

1.2.3 Bedarf an Zusammenarbeit und seine Formen

Die beiden Beispiele Terminplanung und Automobilentwicklung schildern Problemlöseszenarien, an denen mehrere Bearbeiter beteiligt sind. Es stellt sich die Frage, woraus der Bedarf nach einer kooperativen Bearbeitung von Problemen entsteht. Außerdem ist es interessant zu bestimmen, welche Formen die Zusammenarbeit jeweils einnimmt. Zur weiteren Einführung in die Thematik der datenorientierten Kooperation soll diesen Fragen vor dem Hintergrund der beiden Szenarien nachgegangen werden. Eine umfassendere Diskussion über die Gründe und Erscheinungsformen kooperativer Gruppenarbeit erfolgt in den Abschnitten 2.1 und 2.4.

Bei der Automobilentwicklung ergibt sich der Bedarf zur Zusammenarbeit offensichtlich aus dem sehr umfangreichen Problemgebiet. Niemand verfügt über das Wissen, die Fähigkeiten, die Zeit und die sonstigen Voraussetzungen, um ein Auto allein zu bauen. Das neue Automodell muß daher als Produkt einer Zusammenarbeit entstehen. Durch Kombination der Fähigkeiten der einzelnen Mitarbeiter und ihren zeitlich überlappenden Einsatz kann das Unternehmen ein qualitativ hochwertiges Auto in verhältnismäßig kurzer Zeit entwicklen. Im Terminplanungsbeispiel ist die Situation völlig anders. Ein Termin kann leicht durch eine einzelne Person ermittelt werden; dazu sind weder eine besondere Ausbildung noch ein hoher Zeitaufwand erforderlich. Daß die Terminplanung trotzdem kooperativ ausgeführt wird, liegt ausschließlich an der gewünschten Übereinstimmung zwischen den Teilnehmern. Die Hoffnung ist, daß die vorherige Zustimmung der Teilnehmer und die Möglichkeit für eigene Vorschläge später eine hohe Beteiligungsrate an dem Treffen sichern wird.

Bei beiden Beispielen kommt die Zusammenarbeit grundlegend über den Austausch von Daten zustande. Im Beispiel Automobilentwicklung mag die Datenweitergabe zum einen Teil direkt erfolgen, indem der Entwickler dem Prototyp-Ingenieur seinen Entwurf übergibt. Zum anderen Teil wird die Stückliste bzw. die Termindatenbasis als ein gemeinsamer Datenbestand genutzt. Hier muß der Adressat nicht bekannt sein. Die Daten selbst sind während des Bearbeitungsprozesses nur eingeschränkt und auf verschiedenen Stufen gültig. Ihre Unsicherheit wird durch Freigabestufen markiert. Je mehr Freigabestufen sie durchlaufen, desto näher kommen sie der höchsten Stufe „dispositionsfrei". Ein weiteres Kennzeichen der Automobilentwicklung ist die Bestimmtheit des kooperativen Ablaufs: Die Bearbeitungsstationen sind in betriebsinternen Organisationsanweisungen festgelegt. Anders bei der Terminplanung. Hier ergibt sich die Zusammenarbeit auch zufällig, weil jemand in der Termindatenbasis Lücken feststellt und daraufhin eigene Vorschläge einbringt.

1.3 Diskussion der Beispiele aus Datenbanksicht

Die Abwicklung der Szenarien „Terminplanung" und „Automobilentwicklung" mit Hilfe eines Datenbanksystems ist durchaus sinnvoll. Im ersten Beispiel ist vor allem der konkurrierende Schreibzugriff aller potentiellen Teilnehmer ausschlaggebend für eine datenbankgestützte Durchführung. Zu beliebigen Zeiten werden Vorschläge und Stimmen eingebracht, gelesen, geändert und bestätigt. Das Datenschema zur Repräsentation aller Parameter von Terminen ist sehr einfach und die zu verwaltende Datenmenge gering. Im Beispiel „Automobilentwicklung" ist hingegen eine Fülle von Informationen zu verwalten, auf die durch verschiedenartige Anwendungen zugegriffen werden soll. Der konkurrierende Schreibzugriff steht hier eher im Hintergrund und könnte auch durch geeignete organisatorische Maßnahmen abgedeckt werden (z.B. Check-in/Check-out; Abschnitt 3.5.1). Nach den grundsätzlichen Überlegungen, ob der Einsatz einer Datenbank problemadäquat ist, sind nun Fragen der Datenrepräsentation und des Verarbeitungsmodells zu klären.

1.3.1 Datenrepräsentation

Die problemorientierte Repräsentation der Daten bezieht sich nicht nur auf die Darstellung der endgültigen Werte und Beziehungen, sondern muß auch Entwicklungsstufen auf dem Weg dorthin geeignet abbilden können. So ist im Automobilbeispiel die Darstellung der Freigabestufen zwingend, um die eingeschränkte Gültigkeit der Planungsunterlagen und Prototypvorgaben in der Datenbank zu markieren. Würden Freigabestufen nicht im Schema modelliert, so müßten alle Anwendungen bis zur letzten Stufe *dispositionsfrei* warten, um den Zugriff auf Daten mit ungenügender Freigabestufe auszuschließen. Selbst ein ergänzendes Attribut „Freigabestufe" für jedes Datenobjekt schafft keinen Ausweg, weil das zusätzliche Attribut nicht inhärent mit dem Datenwert verbunden ist, den es näher beschreibt. Insbesondere werden die Applikationen nicht dazu gezwungen, das zusätzliche Attribut „Freigabestufe" zu beachten, d.h. zu lesen oder zu schreiben. Die Kritik besteht in der Modellierungsentscheidung, „Freigabestufe" als zusätzliches, charakterisierendes Attribut (Apprädikator; [187]) einzusetzen. Freigabestufe ist keine nähere Beschreibung des Datenelementes, sondern konstitutiv für jedes Datum, da es die Datenelemente voneinander unterscheidet (Eigenprädikator; [187]). Aus der Fehlentscheidung, Freigabestufe als Apprädikator zu modellieren, ergeben sich Konsequenzen, die es im Sinne einer "system-enforced integrity" zu vermeiden gilt. Weil dem Datenbanksystem nur die Verwaltung des Attributes Freigabestufe auferlegt wird, aber aus dem Wert der Freigabestufe keine systemüberwachten Rückschlüsse für die Verwendung der zugehörigen Daten gefolgert werden, ist die korrekte Verwendung der Freigabestufe vollständig dem Anwendungsprogrammierer überlassen.

Die korrekte Interpretation der Daten beruht auf dem expliziten Wissen über ihre Gültigkeit. Zwar zeigt die Freigabestufe „verbal eingestellt" im Automobilbeispiel bereits an, daß z. B. ein neuer Scheinwerfer in das neue Modell eingebaut werden soll, eine Garantie für diese Entscheidung ist damit jedoch nicht verbunden. Die Freigabestufe ist ein Hinweis, die Verträge mit dem Zulieferer des alten Teils flexibel zu halten, um unter Umständen schnell auf einen anderen Zulieferer ausweichen zu können.

Die inhärente Repräsentation von Freigabestufen im Datenmodell kann man als eine Dimension für die Repräsentation von Unsicherheit in Datenelementen ansehen. Die Freigabestufen zeigen weiter, daß Unsicherheit eine Modalität unabhängig vom Datenwert ist: Ohne daß sich der Datenwert ändern muß, steigt mit der Freigabestufe die Gültigkeit des Datums. Andererseits kann auch der Datenwert selbst, unabhängig von der Freigabestufe, unsicher sein, z. B.

indem statt eines einzigen Wertes aus dem Wertebereich eine Teilmenge möglicher Werte angegeben wird. Unsicherheit dieser Art wird auch als Ungenauigkeit bezeichnet. Toleranzen in den Abmessungen des Scheinwerfers sind ein Beispiel für Ungenauigkeit im Wert (hier: der Abmessung). Ein weiterer Aspekt ist die Unsicherheit in der tatsächlichen Begründung eines Datenwertes. Sie ist unabhängig vom späteren Datenwert, hängt aber natürlich von den aktuellen Alternativen ab. Ohne das Automobilbeispiel zu sehr zu strapazieren, könnte man sich „starke" und „schwache" Begründungen für die Varianten eines neuen Scheinwerfers vorstellen. Starke Begründungen sind beispielsweise optische Eigenschaften wie Lichtausbeute und physikalische Merkmale wie Korrosionsfestigkeit des Reflektors. Subjektive Charakteristika wie die Formgebung (eckig oder rund) wird man eher als schwache Begründung für die Wahl eines bestimmten Scheinwerfers ansehen. Für die korrekte Interpretation des Datenbankeintrags „neuer Scheinwerfer" ist somit neben der Freigabestufe auch die Begründung wichtig.

Die angestellten Überlegungen zeigen, daß unsichere Daten die Basis einer Zusammenarbeit sind. Das Ziel der Zusammenarbeit ist stets, die Unsicherheit ganz auszuräumen oder zumindest zu verringern. Um mit einem unsicheren Datenbestand umgehen zu können, müssen daher geeignete Repräsentationsformen bereitstehen. Darüber hinaus muß die Interpretation dieser Repräsentation normiert werden, damit jeder an der Zusammenarbeit teilnehmen kann. Ein erster Schritt in diese Richtung ist die Trennung in Unsicherheit im Datenwert selbst, in seiner Begründung und in seiner Gültigkeit.

Zur einfachsten Repräsentationsform von Unsicherheit im Datenwert zählen die Nullwerte in relationalen Datenbanksystemen ([28]). Sie besitzen zwei Interpretationen: unbekannt (unknown) und nicht anwendbar (not applicable). Fehlt beispielsweise bei einem Angestellten der Eintrag „Name des Ehegatten", kann er als ledig angesehen werden oder als verheiratet, wobei lediglich der Name des Ehegatten unbekannt ist. Als Ausweg stellt man zwei unterschiedliche Nullwerte für die beiden Interpretationen bereit. Eine Verallgemeinerung von Nullwerten sind disjunktive Mengen ([113]), die Datenwerte als diskrete Mengen von Alternativen sehen. Zusätzlich wird die Anfragesprache um surely- und possibly-Prädikate erweitert, um auszudrücken, ob die Query sichere oder mögliche Ergebnisse liefern soll ([113]). Werden sichere Ergebnisse gewünscht, dürfen Nullwerte oder ihre Verallgemeinerungen nicht mit in die Auswertung einbezogen werden. Eine weitere Verallgemeinerung von Nullwerten bzw. disjunktiven Mengen sind Fuzzy-Repräsentationen der Datenwerte ([15], [36], [197]).

Ein besonderes Problem ergibt sich durch Modifikationen des unsicheren Datenbestandes ([1], [68], [150], [194]). Sollen beispielsweise alle Termine auf den Nachmittag verschoben werden, die auf den Vormittag des 18. Mai fallen, so ist die Änderung bei festgelegten Terminen problemlos durchzuführen. Offene Termine sind nur dann zu verschieben, wenn sie auf den 18. Mai festgelegt würden, was jedoch erst endgültig nach der Festsetzung entschieden werden kann. Die Terminverschiebung muß daher entweder ganz unterbleiben oder vorläufig in die Datenbasis eingebracht werden. Wenn die Festsetzung lange ausbleibt, kann sich so eine beträchtliche Anzahl „möglicher Welten" ([194]) in der Datenbank ansammeln, sofern man überhaupt in der Lage ist, vorläufige Änderungen und Änderungen, die sich auf vorläufige Änderungen beziehen usw., zu verwalten. Lösungsansätze für die Modifikation unsicherer Datenbestände sind äußerst spärlich, betreffen nur Teilaspekte und sind ausschließlich theoretischer Natur wie z. B. die modellbasierten Ansätze über logische Formelmengen ([68], [150]). Völlig offen ist, wie eine Datenanfragesprache mit diesen Modellen umgehen soll.

Für die integrierte Repräsentation von unterschiedlicher Datenmodalitäten im Datenmodell zeichnen sich ebenfalls kaum Lösungen ab. In den „klassischen" Ansätzen zur Behandlung unsicherer und ungenauer Daten (Übersicht in [132]) wird noch nicht einmal das Problem thematisiert. Eine Ausnahme bilden in dieser Hinsicht die Arbeiten von Lee ([109], [110]), die auf Basis der Dempster/Shafer-Theorie ([171]) Werte und die dazugehörigen Begründungen in einem Datenmodell vereinigen. Diese Ausdrucksmächtigkeit resultiert jedoch allein aus den Eigenschaften der Dempster/Shafer-Theorie und stellt keine Integration unterschiedlicher Datenmodalitäten dar. Ein anderer Ansatz zur Integration der drei Unsicherheitsarten wird in [95] beschrieben. Zwar gelingt dort die Repräsentation von Wertungenauigkeit, Begründungen und Gültigkeitsprädikaten, jedoch reichen die angegebenen rudimentären Operationen nicht für ein umfassendes Datenmodell aus.

Wie dieser Abschnitt verdeutlicht, profitiert jede Zusammenarbeit auf Basis eines gemeinsamen Datenbestandes von einem Datenmodell mit entsprechenden Repräsentationsmöglichkeiten für unsichere Daten. Gleichzeitig zeugen auch die hier gerafft wiedergegebenen Resultate der Literaturübersicht in [166] von der relativen Aussichtslosigkeit auf ein praktisch verwendbares Datenmodell. Die Ergebnisse legen es nahe, alle folgenden Untersuchungen unabhängig vom Datenmodell durchzuführen. Im Zentrum der weiteren Ausführungen wird daher die Organisation der kooperativen Zusammenarbeit stehen, wie sie z. B. im Verarbeitungsmodell eines Datenbanksystems zum Ausdruck kommt.

1.3.2 Verarbeitungsmodell

Die Abstimmung über die charakteristischen Attribute im Beispiel „Terminplanung" ist ein Problem, das nur durch Zusammenarbeit aller potentiell Beteiligten gute Ergebnisse liefert. Aufgrund der Problemstruktur ist es nicht möglich, die einzelnen Attribute sukzessive zu fixieren und auf dieser Basis die weiteren Bestimmungen vorzunehmen. Weiterhin ist für die Terminplanung kennzeichnend, daß mehrere Benutzer gleichzeitig und aktiv bei der Planung beteiligt sind. Ein adäquates Verarbeitungsmodell der Terminplanungs-Datenbank muß also mit nebenläufigen, konkurrierenden Schreibzugriffen umgehen, die inhaltlich stark aufeinander ausgerichtet sind. Konkret stellt sich die Frage, ob reine ACID-Transaktionen, ACID-Transaktionen mit niedrigen Isolationsgrad oder geschachtelte Transaktionsmodelle ([44]) dafür geeignet sind. Weiterhin ist zu klären, welche Arbeitseinheiten transaktional formuliert werden sollen.

Der SQL92-Standard ([128]) bietet die Möglichkeit, mit der Anweisung set isolation level <nr> den Isolationsgrad (Abschnitt 3.4.3) jeder Transaktion explizit zu setzen. Im höchsten Isolationsgrad 3 (Default) ist volle Serialisierbarkeit gewährleistet. Wird eine Transaktion mit dem Isolationsgrad 1 betrieben, so ist schmutziges Lesen (Dirty Read; Abschnitt 3.4.3) möglich, d.h. diese Transaktion kann die noch nicht freigegebenen Änderungen anderer Transaktionen lesen. Damit die so gelesenen Datenwerte nicht als Berechnungsgrundlage für andere Werte in der Datenbasis herangezogen werden, macht SQL92 Transaktionen mit Isolationsgrad 1 automatisch zu Nur-Lesetransaktionen. Lesetransaktionen können die Konsistenz der Datenbank nicht gefährden, selbst wenn die schmutzig gelesenen Daten zurückgesetzt werden. Sie können wegen der Schreibbeschränkung jedoch auch nicht aktiv an einer kooperativen Zusammenarbeit teilnehmen. Die einfache Herabsetzung des Isolationsgrades ist daher keine ausreichende Unterstützung für datenorientierte Kooperation.

Zur Beantwortung der Fragen nach einer geeigneten Transaktionsstruktur werden einige Möglichkeiten anhand von drei kooperierenden Benutzern B_1 bis B_3 untersucht (Abbildung 1). Die naheliegendste Alternative ist, daß jeder Benutzer in einer eigenen Transaktion arbeitet (Abbildung 1a – 1c). Durch die Transaktionseigenschaften geschützt, kann er völlig unabhängig von allen anderen auf den Datenbestand zugreifen. Die Dauer der einzelnen Benutzertransaktionen hängt vom Blickwinkel ab. Wenn der gesamte Planungsvorgang als eine logische Einheit betrachtet wird, öffnet jeder Benutzer genau eine Transaktion für den gesamten Ablauf (1a). Konsequenz dieser Alternative ist, daß aufgrund der transaktionalen Isolation keine veränderten oder neu eingebrachten Vorschläge der anderen Teilnehmer sichtbar sind. Die Abschwächung der Isolation durch einen niedrigen Isolationsgrad schafft andere Probleme (siehe oben). Diese Modellierung scheidet daher aus.

Wenn die Terminplanung in mehrere Transaktionen zerfallen soll (1b), können die Ergebnisse anderer Transaktionen schon vor dem Ende des Planungsvorgangs sichtbar werden. Da die Effekte jeder Einzeltransaktion dauerhaft sind und keine vorläufigen Daten zwischen ihnen ausgetauscht werden, kann nicht automatisch an den Anfang des Planungsgeschehens zurückgesetzt werden. Weiterhin kann zwischen den einzelnen Benutzertransaktionen kein inhaltlicher Zusammenhang dargestellt werden. Es gibt keinen Unterschied zwischen der letzten Transaktion der Terminplanung B_3 und der ersten nachfolgenden Transaktion B_n. Anfang und Ende der kooperativen Terminplanung bleiben so unmarkiert, was die Einhaltung aller Integritätsbedingungen und unbedingte Gültigkeit am Ende jeder einzelnen Transaktion B_i erfordert. Dies kann jedoch nicht nach jedem Kooperationsschritt gewährleistet werden.

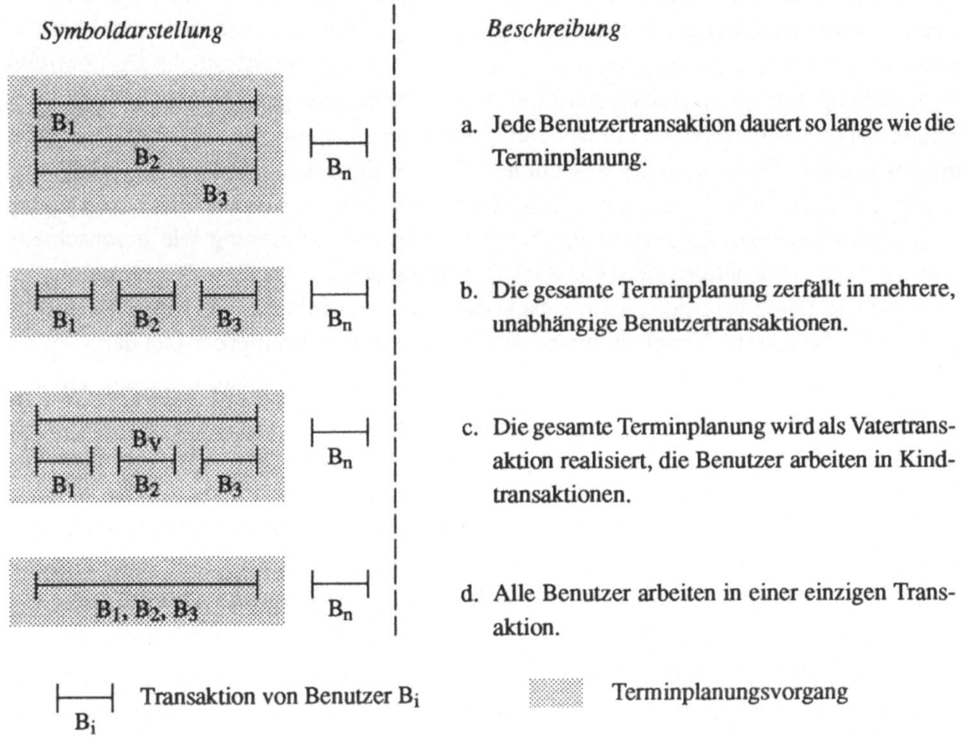

Abb. 1: Möglichkeiten zur Kooperation im Terminplanungsbeispiel

Alternative 1c vermeidet alle diese Nachteile durch geschachtelte Transaktionen (Nested Transactions; [133]). Die Ergebnisse der Kindtransaktionen B_1 bis B_3 werden gegenüber der Vatertransaktion B_V sichtbar und gleichzeitig wird der gesamte Vorgang durch B_V geklammert. Andererseits sind geschachtelte Transaktionen hinsichtlich der Problemstrukturierung ein Top-Down-Modell. Ausgehend von der Wurzeltransaktion werden die Aktivitätsträger immer weiter zerlegt. Nur die jeweilige Vatertransaktion nimmt die Ergebnisse ihrer Kindtransaktionen wieder auf. Im Terminplanungsbeispiel gibt es jedoch keinen Aktivitätsträger, der als Wurzel dienen könnte. Er müßte künstlich geschaffen werden. Weiterhin erfordert das Modell der geschachtelten Transaktionen, daß die Aufsplittung ausschließlich vom jeweiligen Vater ausgeht. Die Integration bestehender Transaktionen in eine neue Hierarchie ist somit nicht möglich. Bei der Terminplanung ergeben sich die involvierten Benutzer aber dynamisch aus dem Verlauf der bisherigen Planung oder aufgrund bestimmter Datenkonstellationen, z.B. der Tagesordnung. Ein letzter Grund gegen den Einsatz von geschachtelten Transaktionen in dem geschilderten Szenario ist schließlich, daß in diesem Transaktionsmodell alle Daten einer Kindtransaktion in die Kontrollsphäre der Vatertransaktion zurückgegeben werden. Es wäre daher für einen Benutzer nicht möglich, seine Transaktionen nach logischen Arbeitseinheiten einzuteilen, die Daten der Terminplanung und andere Daten betreffen könnten. Vielmehr müßte er sich danach richten, welche Änderungen an die künstliche Vatertransaktion zurückgegeben werden sollen und welche nicht. Neben den geschachtelten Transaktionen gibt es noch eine große Anzahl weiterer Transaktionsmodelle, die mit Transaktionshierarchien arbeiten. Open Nested Transactions ([58]), Multi-Level-Transactions ([192]) und Cooperative Transaction Hierarchies ([138]) sind drei Beispiele. Alle Modelle haben jedoch die gleiche Top-Down-Vorgehensweise bei der Problemstrukturierung wie geschachtelte Transaktionen. Sie benötigen eine (künstliche) Vatertransaktion, die diese Strukturierung initiiert und die Ergebnisse der Kindtransaktionen wieder aufnimmt. Sie stellen deswegen ebenfalls kein adäquates Verarbeitungsmodell für das Terminplanungsbeispiel dar.

Eine völlig andere Modellierungsmöglichkeit als die bisher beschriebenen stellt Alternative 1d dar. Sie ist nur der Vollständigkeit halber aufgeführt und scheidet sofort aus, da die Interaktionen der Benutzer in einer einzigen Transaktion stattfinden. Alle Kontrollen des Mehrbenutzerbetriebs müssen so durch die Anwendung realisiert werden, welche die lange Transaktion ausführt. Dies bedeutet jedoch nicht, daß die Kooperationsmöglichkeiten in einer dedizierten Anwendung schlechter seien. RTcal, ein Spezialwerkzeug zur Terminabstimmung ([159]), ermöglicht beispielsweise den Austausch von Terminvorschlägen ohne jede Transaktionsunterstützung. Auf der anderen Seite mangelt es RTcal an Allgemeinheit zur Unterstützung anderer Kooperationsszenarien.

Aus der Untersuchung des Szenarios „Terminplanung" hinsichtlich eines geeigneten Verarbeitungsmodells ergibt sich, daß keines der repräsentativen Modelle 1a – 1c(1d) den Anforderungen dieses Beispiels entspricht. Das Ziel der Terminplanung, die freie und kooperative Modifikation einer Menge von Daten innerhalb eines Kontextes, wird durch bestehende Datenbankmechanismen nicht unterstützt. Wo ein Kontext durch (künstliche) Vatertransaktionen vorgegeben ist, fehlen dynamische Kooperationsmöglichkeiten. Aus diesen Überlegungen heraus ergeben sich für das gesuchte Verarbeitungsmodell der datenorientierten Kooperation folgende Einzelforderungen:

- Die isolierten Interaktionen unterschiedlicher Anwendungen sollen inhaltlich geklammert werden.
- Der Kooperationsprozeß soll frei strukturiert werden können.
- Eine dynamische Anpassung des Kooperationsgegenstandes soll möglich sein.
- Künstliche Aktivitätsträger, die sich nicht aus der Problemstruktur ergeben, sollen vermieden werden.

Der erste Punkt bezieht sich gleichzeitig auf die Unterteilung der Benutzerinteraktionen mit der Datenbank und die Klammerung dieser Teile. Die Teilinteraktionen müssen in kleinen Einheiten gegeneinander isoliert werden, um die unerwünschten Anomalien des Mehrbenutzerbetriebs Lost update, Unrepeatable read und Dirty read ([58]) zu vermeiden. Anderseits sollen die Effekte der kleinen Interaktionseinheiten frühzeitig sichtbar werden, um Kooperation zu ermöglichen. Damit die Sichtbarkeit nicht implizit mit der Gültigkeit der Effekte identifiziert wird, stellt die inhaltliche Klammerung der Interaktionseinheiten die Gültigkeit separat sicher. Die Gültigkeit der Datenmodifikationen soll nicht am Ende des individuellen Bearbeitungsschrittes festgestellt werden, sondern an das Ende der umfassenden, kooperativen Verarbeitungseinheit verschoben werden.

Die freie Strukturierung des Kooperationsprozesses fordert, daß sich die Kooperationspartner auch nachträglich und sukzessive an der Kooperation beteiligen können. Bei kooperativen Vorgängen wie der Terminplanung ergibt sich der Kreis der Beteiligten erst im Laufe der Planung. Weiterhin enthält dieser Punkt, daß die potentiell Beteiligten selbst aktiv werden können, wenn sie z.B. bemerken, daß ein Termin zu einem Thema vereinbart wird, das sie betrifft. Sie sollen nicht warten müssen, bis sie zur Teilnahme aufgefordert werden.

Genauso wie die Einzelinteraktion flexibel in das kooperative Verarbeitungsmodell integrierbar sein sollen, soll der Gegenstand der Kooperation dynamisch veränderbar sein. Ergibt sich im Verlauf der Terminplanung, daß bestimmte Tagesordnungspunkte gestrichen werden, dann können sie sofort aus der laufenden Planung ausgeklammert werden und vielleicht als Basis für eine zweite, unabhängige Terminplanung dienen.

Der letzte Punkt ist eine Absage an Aktivitätsträger, die ausschließlich der Modellierung dienen, und steht in engem Zusammenhang mit der Forderung nach freier Strukturierung. Kooperative Vorgänge, die sich wie die Terminplanung erst mit ihrem Fortgang genauer bestimmen, können nur top-down strukturiert werden, wenn man eine künstliche Vateraktivität einführt. Diese Vateraktivität dient als „Aufhänger" für die weiteren Einzelaktivitäten. Steht aufgrund der Problemstruktur kein Vater zur Verfügung, wird das Problem dem vorhandenen Verarbeitungsmodell angepaßt. Die Ablehnung künstlicher Aktivitätsträger verlangt hingegen die Anpassung des Verarbeitungsmodells an das Problem.

1.4 Inhaltsübersicht

Nach der anwendungsorientierten Einführung in das Themengebiet dieses Buches, gliedert sich der Rest des Buches wie folgt: Ausgehend von einer relativ breiten Übersicht über Wesen und Charakteristika kooperativer Gruppenarbeit (Kapitel 2) werden in Kapitel 3 verschiedene Formen der Rechnerunterstützung für datenorientierte Kooperation klassifikatorisch vorgestellt. Mit einem Konzept zur datenorientierten Kooperation, dem Konzept der Datenbankkonversationen, spezialisiert sich die Untersuchung (Kapitel 4) und endet schließlich mit der Darstellung einer Implementierung für Datenbankkonversationen (Kapitel 5 und 6). Diese Gliederung deutet auch gleichzeitig die Forschungsbeiträge an, die in diesem Buch geleistet werden. Sie bestehen im wesentlichen aus vier unterschiedlich gewichteten Punkten:

- Identifikation von Klassen kooperativer Gruppenarbeit nach anwendungsunabhängigen, extensionalen, mechanismenunabhängigen Kriterien;
- Klassifikation von Technologien zur Unterstützung datenorientierter Kooperation;
- Konzept zur kooperativen Veränderung von Daten;
- Verfeinerung des Konzepts hin zu einer Implementierung.

Bei den ersten beiden Punkten handelt es sich jeweils einerseits um die Aufarbeitung von Literatur und andererseits um die Anwendung des recherchierten Materials zur Identifikation unabhängiger Konzepte. Neu sind in dieser Hinsicht weniger die vorgestellten Ansätze, sondern ihre Gegenüberstellung aus den komplementären Sichtweisen der ablauf- und der datenorientierten Kooperation.

Der Hauptbeitrag des Buches besteht in der Konzeption des Modells der Datenbankkonversationen. Konversationen schaffen den Rahmen für die kooperative Fortschreibung eines gemeinsamen Datenbestandes. Die fundamentale Idee dabei ist, zuerst die Möglichkeit zum Austausch von vorläufigen Informationen wie Vorschlägen zu geben und dann die Bewertung der Vorschläge in einer separaten Phase vorzunehmen. Die Kooperation kommt zustande, weil unverbindliche Datenaussagen sichtbar werden, ohne daß die Konsistenz der Datenbasis bedroht ist. Technisch gesprochen wird der transaktionale Schutz der Datenmanipulationsoperationen von ihrem Gültigkeitsanspruch getrennt. ACID-Transaktionen isolieren die Effekte der Datenmanipulationen so lange von den anderen Datenbankbenutzern, bis ihre Gültigkeit durch das Commit am Transaktionsende festgestellt wird. Vorläufige, d.h. nur beschränkt gültige Veränderungen der Daten, sind auch in geschachtelten Transaktionsmodellen vorzufinden. Die Änderungen der Kindtransaktionen werden jedoch nur gegenüber den Elterntransaktionen sichtbar. Die Publikation der vorläufigen Ergebnisse an beliebige andere Transaktionen, wie es Datenbankkonversationen leisten, ist nicht vorgesehen. Ein weiterer Pluspunkt des Konversationskonzepts ist, daß es zu Datenmanipulationen sowohl von herkömmlichen als auch von konversationsbewußten Transaktionen kompatibel ist. Bestehende Anwendungen können weiter auf einer konversationalen Datenbank arbeiten, weil Datenbankkonversationen eine echte Erweiterung der Datenbankfunktionalität sind. Die Mechanismen zur Konsistenzerhaltung sorgen im Falle von Konflikten für die Zurückweisung der betroffenen Operationen.

Die Tragfähigkeit des Konversationskonzeptes wird in einer Implementierung demonstriert. Neben der konsequenten Umsetzung der theoretischen Überlegungen wurde eine Sprachschnittstelle für den Anwendungsprogrammierer geschaffen. Durch die optionale Ablaufsteuerung für Konversationen können gleichermaßen stark vorgegebene und völlig freie Anwendungsszenarien behandelt werden.

2 Grundlagen kooperativer Gruppenarbeit

Die Zusammenarbeit einer Gruppe ist kein Verhalten, das nur mit Hilfe von Rechnersystemen möglich ist. Gruppenprozesse sind ein Kennzeichen sozialen Verhaltens an sich ([4]). Mit der Entwicklung von graphischen Benutzeroberflächen ([136]), Infrastrukturen für verteilte Systeme ([52], [190]) und allgemein zugänglichen Netzen für lokale und weltweite Nutzung ([129], [119]) wurden aber in den letzen zehn Jahren die Voraussetzungen für die Unterstützung von Gruppenprozessen auch mit einem Rechnersystem gelegt. Der 1984 von Greif und Cashman ([62]) geprägte Begriff CSCW – Computer Supported Cooperative Work – und der nur etwas später entstandene Terminus Groupware ([82]) gaben der Forschungsrichtung ihren Namen. Die Qualität von CSCW- oder Groupware-Systemen orientiert sich auch an dem Grad, zu dem die sozialen Verhaltensweisen in der mechanisierten Umgebung wiedergegeben werden können. Um Beurteilungskriterien für fremde und eigene Ansätze aufzubauen, werden in diesem Kapitel das Wesen und die Erscheinungsformen von kooperativer Gruppenarbeit unabhängig von der Realisierung mit Rechnersystemen untersucht. Gleichzeitig erfolgt eine begriffliche Fixierung vieler "c-words" (cooperation, conflict, conviviality, competition, collaboration, commitment, caution, control, coercion, coordination, combat; [101]) und verwandter Begriffe. Die Begriffsklärung ist auf die Belange dieses Buches beschränkt und füllt weniger Lücken, die von den CSCW-Forschern bis jetzt offengelassen wurden: "... 'Cooperative Work' – the first thing we notice is rampant confusion. There are many forms of cooperative work, and distinctions between such terms as cooperative work, collaborative work, collective work, and group work are not well established in the CSCW community." ([162]). Einleitend gibt Abschnitt 2.1 Gründe und Abschnitt 2.2 Hemmnisse für kooperative Verhaltensweisen an. Hauptteil der Ausführungen sind jedoch die Abschnitte 2.3 und 2.4. Hier werden die Merkmalsklassen für kooperative Gruppenarbeit mit ihren Ausprägungen und die daraus resultierenden vier grundsätzlichen Arten von Zusammenarbeit erarbeitet. Abschnitt 2.5 macht einige grundsätzliche Bemerkungen zum Gruppen- und Teambegriff und stellt weitere Charakteristika von Zusammenarbeit vor. Zur Hinleitung auf Kapitel 3 werden in Abschnitt 2.6 die eingeführten Merkmalsklassen auf ihren Unterstützungsbedarf hin untersucht.

2.1 Gründe für kooperative Gruppenarbeit

Die meisten alltäglichen Aufgaben können einem oder mehreren Bearbeitern übertragen werden. Werden sie an eine Einzelperson gerichtet, müssen alle anfallenden Teilaufgaben von der genauen Aufgabendefinition bis zur Dokumentation des Ergebnisses nacheinander von dieser Person bearbeitet werden. Die Person verfügt in der Regel jedoch über ein beschränktes Fachwissen und begrenzte Ressourcen, z. B. an Arbeitszeit und Arbeitsmitteln. Von einer kooperativen Aufgabenbearbeitung erwartet man sich dagegen zum Beispiel ein qualitativ besseres Ergebnis oder, daß das Ergebnis in kürzerer Zeit erreicht wird. Generischere Gründe für einen kooperativen Arbeitsstil sind ([4], [38], [49], [125], [145]):

- Arbeitsumfang,
- Spezialisierung,
- Synergieeffekt,
- Ergebnisqualität und
- soziale und organisatorische Strukturen.

Einer der wichtigsten Gründe für die kooperative Bearbeitung von Aufgaben ist der *Arbeitsumfang*. Reichen unter den vorgegebenen Bedingungen die Ressourcen eines einzelnen Bearbeiters nicht zur Erledigung der Aufgabe aus, so müssen die Ressourcen von mehreren Kooperationspartnern kombiniert werden. Dabei spielt es keine Rolle, ob die Aufgabe durch eine veränderte Umgebung, z. B. durch mehr Bearbeitungszeit, auch durch eine Einzelperson fertiggestellt werden könnte, oder ob die Ressourcen auch bei veränderten Bedingungen nicht ausreichen. Das Anschieben eines Autos benötigt zum Beispiel die Kraft von mehreren Personen – unabhängig davon, wieviel Zeit zur Verfügung steht. Allein die Unterteilung des Aufgabenumfangs würde gegebenenfalls eine individuelle Aufgabenlösung ermöglichen, was jedoch – wie beim Anschieben des Autos – nicht immer möglich ist. Eine etwas andere Betrachtungsweise des Grundes „Arbeitsumfang" ergibt sich, wenn man annimmt, daß die Ressourcen zur Bewältigung einer Aufgabe ausreichen. Im Vergleich zur Bearbeitung durch einen Einzelnen kann durch Parallelarbeit eine größere Anzahl von Aufgaben in der gleichen Zeit gelöst werden ([38]). Da dieser Effekt zum Teil auch ohne gegenseitige Beeinflussung der Bearbeiter erreicht wird, ist es fraglich, ob Kooperation für diese Art der Zusammenarbeit die richtige Bezeichnung ist. Später wird daher zur Abgrenzung der Begriff „Kollaboration" für Parallelarbeit verwendet werden.

Ist *Spezialisierung* der Grund für eine Zusammenarbeit, erfordert die Aufgabe Kenntnisse oder Fähigkeiten, die nicht bei einem einzelnen Bearbeiter allein vorhanden sind. Bei einer Fließbandfertigung werden beispielsweise die Bandarbeiter für genau eine Tätigkeit geschult. Erst das Zusammenwirken der Bearbeiter mit ihren einzelnen Fähigkeiten ermöglicht die Fertigung des Endprodukts.

Synergieeffekte sind positive Wirkungen aus einer Zusammenarbeit. Beispielsweise sind die zwei Aufgaben „Nudeln kochen für Schinkennudeln (Mittagessen)" und „Nudeln kochen für Nudelsalat (Abendessen)" durch einen einzigen Kochvorgang lösbar (der Synergieeffekt ist in diesem Fall ein Energieeffekt, weil Energie gespart wird). Obwohl die Zusammenarbeit weiterhin auf die Aufgabenbearbeitung gerichtet ist, steht bei einer Kooperation aus Gründen der Synergie weniger das Ziel, sondern der Weg im Vordergrund. Martial nennt die Beschreitung dieses Wegs die Nutzung von positiven Handlungsplanbeziehungen ([125]) und unterscheidet drei Kategorien von Nutzbeziehungen: Ergebnisgleichheit, Aktionsübernahme und Subsumption. Ergebnisgleichheit von Handlungsplänen liegt dann vor, wenn zwei oder mehr Aufgaben durch den gleichen Problemlöseprozeß fertiggestellt werden können und die Bearbeiter austauschbar sind. Ein Berechnungsvorgang, aus dessen Ergebnis zwei weitere, unabhängige Folgerungen gezogen werden können, ist ein Beispiel für ergebnisgleiche Handlungspläne. Aktionsübernahme bezeichnet die Kombination von mehreren Problemlöseprozessen, so daß ein Bearbeiter zwar die ganze Last trägt, aber der Gesamtaufwand wesentlich reduziert wird. Subsumption ist der Aktionsübernahme sehr ähnlich, allerdings werden die Aufgaben eines Agenten hierbei nicht erweitert, sondern spezialisiert, so daß die Aufgaben eines Bearbeiters durch andere mit erfüllt werden.

Die *Ergebnisqualität* aus einer Zusammenarbeit wird wesentlich durch die Expertise der Bearbeiter bestimmt. Soll die Qualität gesteigert werden, kommt daher die Erweiterung der Fähigkeiten der Bearbeitergruppe in Betracht. Insofern stellt sich Spezialisierung als ein bestimmter Typ der Qualitätssteigerung dar. Zum anderen kann die Ergebnisqualität auch durch parallel ausgeführte Lösungswege gesteigert werden, indem im nachhinein das beste Resultat ausgewählt wird. Ein dritter Teilaspekt von Ergebnisqualität ist die Übereinstimmung, mit der das Ergebnis erzielt wird bzw. wie konfliktfrei es ist ([40]). Im Terminplanungsszenario kann z. B. ein Termin kooperativ ausgehandelt oder durch einen Vorgesetzten den anderen Teilnehmern diktiert werden. Der Wert des Ergebnisses, das Datum, mag in beiden Fällen identisch sein. Die Ergebnisqualität, die hier als Konsensgrad betrachtet werden kann, wird jedoch bei der ersten Vorgehensweise deutlich höher liegen.

Neben der kooperativen Zusammenarbeit zum Zweck der gemeinsamen Aufgabenbearbeitung kann Zusammenarbeit, die sich aus *sozialen und organisatorischen Strukturen* (z. B. Ratschlag, Förderung, Überwachung) ergibt, abgegrenzt werden ([4]). Die Gründe für die Zusammenarbeit orientieren sich an diesen Beziehungen: Zum Beispiel soll durch Instruktion den Zuschauern die Fähigkeiten zur eigenständigen Bearbeitung gelehrt, die Nachvollziehbarkeit von Gruppenentscheidungen gefördert oder einfach Geselligkeit gepflegt werden ([4]).

2.2 Hemmnisse der kooperativen Gruppenarbeit

Trotz vieler guter Gründe für eine kooperative Zusammenarbeit bei der Aufgabenlösung, fehlt es oft an der Realisierung der Absichten. Die Gründe gegen eine Zusammenarbeit unterteilen sich in groupware-bedingte und nicht-groupware-bedingte Hemmnisse. Zu ersten Kategorie zählen Versäumnisse der CSCW-Applikationen, wie z. B. ein unangepaßtes Organisationsschema oder mangelnde Ausdrucksmöglichkeiten der Werkzeuge ([61], [101]). Sie sollen in diesem Teil des Buches, der Gruppenarbeit unabhängig von etwaiger Rechnerunterstützung betrachtet, nicht diskutiert werden. Hemmnisse der zweiten Klasse sind z. B. die Gruppengröße oder die Teilnehmerfluktuation, die auch bei der Zusammenarbeit ohne Rechnerunterstützung auftreten. Im folgenden werden die wichtigsten Hemmnisse der letzteren Kategorie vorgestellt ([13], [154], [184]):

- Gruppengröße,
- fehlende informelle Kommunikation,
- Spezialisierung der Rollen,
- Teilnehmerfluktuation,
- Prozeßverluste durch Interaktion und
- psycho-soziale Hemmnisse.

Zwar ist es intuitiv klar, daß die Qualität der Zusammenarbeit in einer größeren Gruppe schnell leidet, die Frage ist allerdings, welche *Gruppengröße* als Grenze angesehen werden soll. Der erste qualitative Schritt ergibt sich bereits bei der Erweiterung einer Zweier- auf eine Dreier-Gruppe. War vorher noch offensichtlich, woher die Kooperationsbeiträge kamen (nämlich vom jeweils anderen), muß in einer Dreiergruppe die Herkunft der Beiträge markiert werden. Robinson gibt den nächsten „Quantensprung" in der Gruppengröße bei sechs bis sieben Beteiligten an ([154]). Des weiteren hält er Kooperation bei mehr als 20 Teilnehmern für äußerst schwierig und bei 50 Teilnehmern für praktisch unmöglich. Ähnliche Ergebnisse stellt [184] für Zusammenarbeit ohne Rechnerunterstützung vor, betont allerdings gleichzeitig, daß die Zahlen für computer-unterstützte Zusammenarbeit nach oben korrigiert werden müssen.

Fehlende informelle Kommunikation wird in der Literatur häufig nur implizit und unter dem Titel „Arbeiten an unterschiedlichen Orten" erwähnt. Ausgangspunkt ist wohl die Zeit/Orts-Matrix von ([82]), die kooperative Tätigkeiten in die vier Kategorien gleiche/unterschiedliche Zeit und gleicher/verschiedener Ort einteilt. Aus der Ortsverteilung per se ergibt sich jedoch noch kein Hemmnis für die Zusammenarbeit. Vielmehr ist die damit verbundene Einschränkung der informellen Kommunikationsmöglichkeiten wie Tonfall, Gestik und Mimik entscheidend ([13]). Verteilte Groupware-Systeme setzen an diesem Punkt an und übertragen neben der eigentlichen Anwendung, z.B. einem Kalender oder einer Zeichenfläche, auch Sprache und Videobilder der Kooperationspartner.

Die *Spezialisierung der Rollen* der Kooperationspartner auf bestimmte Fähigkeiten wurde ebenfalls als Grund für kooperative Zusammenarbeit genannt: Nur durch das Zusammenwirken der individuellen Fertigkeiten kann die große Aufgabe gelöst werden. Gleichzeitig kann sich durch die unterschiedlichen Ausbildungen und Erfahrungsgebiete der Kooperationspartner eine hemmende Wirkung ergeben. Die Bedeutung der Fachtermini und die Anwendungen der Methoden ist nicht der ganzen Gruppe zugänglich, so daß es Verständigungsschwierigkeiten der einzelnen Gebiete geben wird.

Auch der Punkt *Teilnehmerfluktuation* zielt letztenendes auf Verständigungsschwierigkeiten. Sie ergeben sich allerdings nicht durch den unterschiedlichen Erfahrungshintergrund der Teilnehmer, sondern durch den häufigen Wechsel der Gruppenmitglieder. Wenn die Verweildauer der Teilnehmer kleiner wird als die Einarbeitungszeit, kann keine effektive Zusammenarbeit entstehen.

Unter den *Prozeßverlusten durch Interaktion* ([184]) werden negative Effekte zusammengefaßt, die durch die synchrone Interaktion der Kooperationsteilnehmer entstehen können. Synchron bedeutet, daß jeder sofort sieht oder hört, was die anderen machen. Weil im allgemeinen nur einer sprechen kann und damit die Äußerungen der anderen blockiert (production blocking), werden diese davon abgehalten, ihre Gedanken zu verbalisieren. Dies kann dazu führen, daß die Ideen später als weniger wichtig angesehen oder schlicht vergessen werden (attenuation blocking). Trotzdem versuchen die Teilnehmer natürlich ihre Ideen zu behalten (concentration blocking) und dem Sprecher zu folgen (attention blocking), was sie aber gleichzeitig davon abhält, neue Ideen zu generieren. Gerade in größeren Gruppen ist ein weiteres Hemmnis, daß die zur Verfügung stehende Sprechzeit zu kurz ist, um die Gedanken ausreichend zu präsentieren (unequal air time). Eine andere Gefahr synchroner Interaktion ist die sofortige Bewertung der vorgetragenen Äußerungen, eventuell noch bevor sie vollständig dargestellt wurden. Die Furcht vor einer negativen Bewertung (evaluation apprehension) kann daher ebenfalls die Beteiligung an der Zusammenarbeit einschränken.

Ähnlich wie bei den Gründen für eine kooperative Zusammenarbeit, gibt es auch *psycho-soziale Hemmnisse*. Dies sind in erster Linie persönliche Abneigungen zwischen Arbeitskollegen. Argyle ([4]) führt mit empirischen Untersuchungen die relativ triviale Erkenntnis aus, daß die Zusammenarbeit am Arbeitsplatz am schlechtesten zwischen einander ablehnenden Personen, besser zwischen Kollegen und Freunden am Arbeitsplatz und am besten zwischen sogenannten sozialen Freunden funktioniert. Robinson ([154]) sieht in zweiter Linie Gefahren für eine effektive Kooperation, wenn die Kooperationsteilnehmer nicht in einer gemeinsamen sozialen Gruppe verwurzelt sind.

Die in Abschnitt 2.1 angegebene Liste mit Gründen wurde hauptsächlich aus soziologisch geprägter Literatur und Referenzen aus dem Bereich der verteilten künstlichen Intelligenz zusammengestellt. Ähnliche Quellen wurden zur Diskussion der Kooperationshemmnisse herangezogen. Die technik- bzw. mechanismenorientierte Literatur gab in dieser Hinsicht kaum Auskünfte. Dies ist insofern interessant, als unangepaßte Groupware-Technik die Zusammenarbeit beträchtlich hemmen oder ein gut durchdachtes Werkzeug sogar ein Grund für Zusammenarbeit sein kann. Die beiden einführenden Abschnitte 2.1 und 2.2 dienten der thematischen Abrundung. Im folgenden Abschnitt 2.3 stehen nun Merkmale kooperativer Zusammenarbeit im Vordergrund, die auf die Gestaltung von Groupware signifikante Auswirkungen haben.

2.3 Dimensionen kooperativer Gruppenarbeit

Zur Charakterisierung der verschiedenen Erscheinungsformen kooperativer Gruppenarbeit muß zuerst ein Beschreibungsschema geschaffen werden. Die einzelnen Merkmale sollen möglichst unabhängig voneinander sein, damit die Erscheinungsformen durch Kombinieren und Permutieren der Merkmale aufgezählt werden können. Im folgenden werden vier Merkmalsgruppen vorgestellt (Abschnitt 2.3.1 bis 2.3.4), welche die Forderung nach Unabhängigkeit in einem intuitiven Sinn erfüllen. Diese Merkmalsgruppen sollen deshalb Dimensionen heißen, auch wenn gewisse Abhängigkeiten bestehen. Wird beispielsweise die Dimension Agentenanzahl auf den Wert eins festgesetzt, macht es wenig Sinn, überhaupt von Zusammenarbeit zu sprechen. In Abschnitt 2.4 dienen die Beschreibungsdimensionen zur Charakterisierung der verschiedener Formen der kooperativen Gruppenarbeit. Die Struktur der Darstellung lehnt sich unter anderem an die Arbeiten von ([143], [144]) und ihre Aufarbeitung in ([74], [92], [97]) an.

Die in den nächsten Abschnitten vorgestellten Merkmale zur Klassifizierung kooperativer Gruppenarbeit wurden nach zwei Gesichtspunkten aus der Literatur ausgewählt: Trennschärfe und Aussagekraft. Trennscharfe Kriterien (Beschreibungstermini) reichen hin für die Zuordnung des Untersuchungsgegenstandes in die eine oder andere Kategorie. Beurteilungstermini wie hohe, mittlere oder niedrige Komplexität des lösbaren Problems ([131]) fehlt es an Trennschärfe. Die Aussagekraft der Kriterien zielt auf die Mechanismen zur datenorientierten Unterstützung von kooperativer Gruppenarbeit in Rechnerumgebungen ab. Kriterien mit großer Aussagekraft bedürfen, je nach den Skaleneinträgen der Dimensionen (Ausprägungen), unterschiedlicher Realisierungsmechanismen. Beispielsweise ist die Aussagekraft einer Unterscheidung nach den Entscheidungsträgern ([158]) gering, weil sie in den verschiedenen Formen der Zusammenarbeit keinen Einfluß auf die Rechnerunterstützung hat.

2.3.1 Anzahl der beteiligten Agenten

Jede Zusammenarbeit benötigt aktive Elemente, die sie vorantreibt. Die aktiven Elemente sind Menschen, Maschinen, Programme, Prozesse, Gruppen, Rollen oder Teams, je nach Typus und Ebene der Zusammenarbeit. In einer anwendungsunabhängigen Aufarbeitung von kooperativer Zusammenarbeit ist daher eine Abstraktion für die aktiven Elemente nötig, wozu häufig der Begriff des Agenten verwendet wird. Er soll im folgenden zuerst genauer charakterisiert werden, bevor die Ausprägungen der Dimension „Anzahl der beteiligten Agenten" vorgestellt werden.

Der Begriff des Agenten hat wohl seinen Ursprung in der Verteilten Künstlichen Intelligenz, wo zwischen den Einzelgebieten Parallele Künstliche Intelligenz, Verteiltes Problemlösen und Multi-Agenten-Systemen unterschieden wird ([14]). Während sich die ersten beiden Teilgebiete eher technischen Fragen nach Performance und Koordinierung zuwenden, steht bei Multi-Agentensystemen die Selbständigkeit oder „Intelligenz" der aktiven Elemente im Vordergrund. Ausgehend von diesem Hintergrund werden alle Arten von eigenständigen Instanzen als Agenten bezeichnet, wobei die Bandbreite vom wirklich intelligenten, autonomen, menschlichen Agenten über komplexe Expertensysteme bis hin zu einfachen, reaktiven Systemen ([63]) reicht. Zur Verdeutlichung benennen einige Autoren die Agenten genauer als teilintelligente Agenten ([191]) oder autonome Agenten ([125], [195]). Es erscheint daher angezeigt, den hier verwendeten Agentenbegriff zu präzisieren.

> DEFINITION:
> Die begriffliche Abstraktion des *Agenten* bezeichnet eine Instanz, die über eigene Betriebsmittel verfügt, fähig zur Nebenläufigkeit ist, eine gewisse Entscheidungsfreiheit bezüglich ihrer Aktivitäten besitzt und diese auch nach außen mitteilen kann.

Die Definition beruht auf der Festlegung der autonomen Agenten von ([195]), die um das Merkmal Mitteilungsfähigkeit ergänzt wurde. Die von [125] zusätzlich aufgestellte Forderung nach wohlwollendem Verhalten der Agenten wurde nicht aufgenommen, da sie im Gegensatz zu den anderen Merkmalen kein trennscharfes Kriterium und insofern willkürlich ist. Für die spätere Verwendung im Konversationskonzept (Kapitel 4) wird weiter von Agenten verlangt, daß ihre Betriebsmittel und Aktivitäten die Möglichkeit zur Manipulation eines gemeinsamen Datenbestandes mit einschließen. Funktional besteht ein Agent aus drei Bereichen (Abbildung 2). Ähnliche, wenn auch feinere Architekturen stellen [179] und [195] vor.

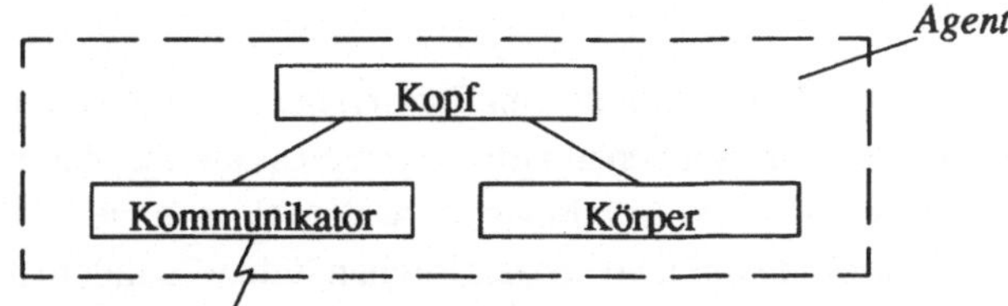

Abb. 2: Funktionale Struktur eines Agenten (nach [64])

Die Problemlösefähigkeiten des Agenten befinden sich im Körper des Agenten. Sie sind völlig unabhängig von der Einbettung in ein kooperatives Szenario und können mit Hilfe von beliebigen Komponenten, z. B. Programmoduln, realisiert sein. Der Kopf des Agenten ermöglicht die Nutzung der Basisfunktionalität für die kooperative Zusammenarbeit. Dazu muß Wissen über bis zu sechs Bereiche vorhanden sein ([64]): Autoepistemisches Wissen über seine Funktionalität im Körper, globales Aufgabenwissen über Zustand und Zergliederung der globalen Aufgabe, Aktivitätswissen über das Ziel der lokalen Aufgabe, Gruppenwissen über die Funktionalität und Fähigkeiten der anderen Agenten, Wissen über die Kooperationsstruktur, z. B. über Auftragsverhältnisse, und im Falle physisch verteilter Agenten noch Kommunikationswissen über die Erreichbarkeit der anderen Agenten. Der Kommunikator des Agenten kümmert sich um die technischen Aspekte des Datenaustausches, d. h. Adressenauflösung, Wahl des Kanals usw. Diese Kommunikationsfähigkeit wird auch als Verbindungsfähigkeit (connectivity) bezeichnet ([81]).

Wenn man Agenten nach bestimmten Kriterien typisiert, kommt man zum Begriff der Rolle ([125]). Eine einfache und seit langem übliche Typisierung ist die nach Zugriffsrechten bzw. Privilegien ([59]). Multiuser-Betriebssysteme und Datenbanksysteme fassen Benutzer zu Gruppen (z. B. UNIX) oder Rollen (z. B. Ingres; [76]) zusammen. Der Gedanke der Äquivalenzklassenbildung liegt auch funktionalen Abstraktionen zugrunde, wie sie z. B. [112] für Gruppen zur Fehlertoleranz oder Lastverteilung anführt. Eine andere Typisierung richtet sich nach den Fähigkeiten, der Verantwortung und der Zuständigkeit ([167]). Rollen dieser Art finden häufig Eingang in Stellenbeschreibungen wie Ingenieur, Sekretärin, Projektleiterin und Anwenderbetreuer. In [34] werden die beiden Formen der Typisierung als strukturelle und funktionale Rollen bezeichnet. Strukturelle Rollen sind durch extensionale Merkmale wie Zugriffsrechte gekennzeichnet, funktionale Rollen durch intensionale Konzepte wie Verantwortlichkeit.

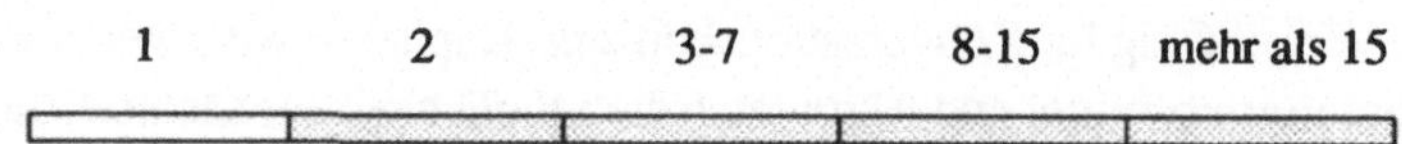

Abb. 3: Dimension: Anzahl der beteiligten Agenten

Als Merkmalsgruppe zur Beschreibung von Formen der kooperativen Gruppenarbeit ist die Anzahl der Agenten aus verschiedenen Gründen interessant, die sich in den Ausprägungen dieser Dimension widerspiegeln (Abbildung 3). Anders als man vielleicht annehmen könnte, orientiert sich die Skalierung nicht an den natürlichen Zahlen, sondern an fünf Werteklassen. Der degenerierte Fall (weiß markiert in Abbildung 3) wird durch einen einzigen Agenten dargestellt, der an der „Zusammenarbeit" beteiligt ist. Er dient eher der Abgrenzung, als der Etablierung einer Klasse. Ab zwei Agenten kann man von Zusammenarbeit sprechen. Wie schon in Abschnitt 2.2 ausgeführt wurde, ist bei genau zwei Agenten stets offensichtlich, von wem Nachrichten kommen oder Aktionen ausgeführt werden. Bei mehr als zwei Agenten sind zusätzliche Markierungen oder Informationsmöglichkeiten nötig, um darüber Auskunft zu erhalten. Die Grenzen der weiteren Ausprägungen 7 und 15 sind relativ willkürlich aufgrund der Beobachtungen von [154] festgesetzt. Unabhängig davon, ob im Einzelfall 6 bzw. 14 oder 8 bzw. 16 Teilnehmer die Grenze bilden, ist sicher, daß sich in diesen Bereichen qualitative Sprünge für die freie, unstrukturierte Zusammenarbeit befinden. Überschreitet die Zahl der Agenten 7 bzw. 15, nehmen die Prozeßverluste aus Interaktion zu (Abschnitt 2.2). Zusätzlich müssen, z. B. wegen des Gebrauchs gemeinsamer Objekte, einfache bzw. umfangreiche Koordinierungsmaßnahmen eingesetzt werden, die die freie Kooperation behindern können.

2.3.2 Zielübereinstimmung

Die Intension (Inhalt) und die Intention (Absicht, Ziel) einer Zusammenarbeit sind die Leitlinien für die Handlungsweisen der Agenten. Es ist klar, daß jeder Agent seine eigenen Ziele verfolgt und an diesen den Inhalt seiner Beiträge orientiert. Wenn man Synergieeffekte als möglichen Grund für Zusammenarbeit (Abschnitt 2.1) außer Betracht läßt, gibt es drei verschiedene Grade der Zielübereinstimmung, welche die Ausprägungen dieser Dimension ausmachen (Abbildung 4).

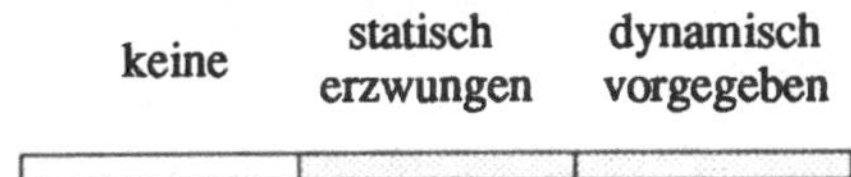

Abb. 4: Dimension: Zielübereinstimmung

Wie auch in der vorangegangenen Merkmalsklasse ist die weiß markierte Ausprägung nur eine Abgrenzung. Wenn keine Zielübereinstimmung vorliegt, kann auch keine Zusammenarbeit stattfinden, da sie auf nichts Gemeinsames gerichtet ist. Man wird daher fordern, daß eine Zielübereinstimmung mindestens von außen erzwungen wird, wenn die Ziele nicht durch die kooperierenden Parteien selbst vorgegeben werden. Typischerweise wird ein Vorgesetzter seinen Untergebenen Ziele vorgeben, die diese dann zu erreichen haben. Die Ziele müssen nicht inhaltsbezogen sein. Jeder der in Abschnitt 2.1 genannten generischen Gründe kann bereits als gemeinsames Ziel der Zusammenarbeit definiert werden. Beispielsweise ist das gemeinsame Ziel bei der Aktionsübernahme ([125]), daß der Gesamtaufwand minimiert wird. Mit dem kostengünstigen Bearbeitungsprozeß können aber trotzdem unterschiedliche inhaltliche Ziele verfolgt werden, wie sich am Beispiel des Nudelkochens für Mittag- und Abendessen (Abschnitt 2.1) zeigte. Eine qualitative Steigerung in der Zusammenarbeit ergibt sich, wenn die Übereinstimmung der Ziele nicht nur statisch zu Beginn der Zusammenarbeit erzwungen wird, sondern dynamisch zwischen den beteiligten Agenten festgelegt wird. Neben der Transparenz der Gruppenentscheidung ([4]) können die Agenten flexibel auf neue Situationen reagieren und die weitere Zusammenarbeit darauf abstellen. Auch wenn sich das Ziel der Zusammenarbeit ändert, darf die Übereinstimmung in den relevanten Teilzielen nicht verloren gehen. Gegebenenfalls muß die Zusammenarbeit unterbrochen und die Zielübereinstimmung separat wieder hergestellt werden. Agenten, welche die individuellen Ziele der anderen berücksichtigen, verhalten sich integrativ. Wenn sie diese Ziele ignorieren, wird ihr Verhalten als distributiv bezeichnet ([145]).

Um eine Zielübereinstimmung herbeizuführen, ist die Erfassung und Repräsentation der individuellen Ziele Voraussetzung. Die Erfassung ist ein Problem der Wissensakquisition und als solches allen bekannten Schwierigkeiten ausgesetzt ([16]): Auswahlproblem, Problem des Hervorbringens, Verfügbarkeit, Zuverlässigkeit und korrekte Interpretation. Diese Punkte sollen an dieser Stelle nicht diskutiert werden, weil es sich dabei um Probleme außerhalb des kooperativen Geschehens handelt. Die meisten Repräsentationsansätze ([25], [100], [123]) nutzen, soweit sie anwendungsunabhängig sind, semantische Datenmodelle (Übersicht in [75]). Durch bedeutungsreiche Beziehungsgeflechte zwischen Objekttypen mit mehr oder weniger vordefinierter Semantik werden Ziele und Argumentationen nachgebildet. Klassisch in dieser Beziehung ist das IBIS-(Issue Based Information System)-Modell, wenn es auch für die Zielrepräsentation erst nachträglich erweitert wurde. Es geht auf das Jahr 1970 zurück ([152]) und erlebt mit CSCW in etlichen Variationen eine Renaissance ([25], [31], [77], [107]). Abbildung 5 stellt das REMAP-Modell von Dhar ([31]) dar, eine moderne, prozeßorientierte Erweiterung von IBIS.

Im Kern von REMAP ist das Original-IBIS-Modell markiert. Die Agenten bringen in Form von Standpunkten (positions) und Argumenten ihre Meinung zu einem Sachverhalt (issue) ein. Argumente können für oder gegen Standpunkte eingesetzt werden. Die REMAP-Erweiterung sieht die Standpunkte als Folgerungen aus den Zielen (requirements), die untereinander wie die Standpunkte selbst spezialisiert oder generalisiert werden können. Die Argumente werden unter bestimmten Annahmen (assumptions) getroffen. Entscheidungen über einen Sachverhalt ergeben sich aus den Standpunkten und sind eventuell durch weitere Bedingungen (constraints), die ihrerseits wieder in Beziehung zu den Design-Objekten stehen, eingeschränkt.

Manche Ansätze gehen sogar soweit, zur Repräsentation der Intention Zielfunktionen anzugeben, mit deren Hilfe die einzelnen Agenten ihren Zielerreichungsgrad überprüfen können. Das Entwurfsumgebungsmodell von [180] und sein Verwandter CONCORD ([153]) geben für jeden Agenten, genannt Design-Aktivität (DA), eine Menge von Features an. Features sind Bedingungen, die den Wert von Design-Objekten (DO) durch Intervalle eingrenzen. Die Design-Aktivitäten müssen die durch die Features vorgegebenen Design-Spezifikationen schließlich erfüllen. Interactive transactions (ITX; [108]) unterstützen komplexe Interaktionen zwischen Agenten in einer Umgebung, die durch wechselnde Ziele und häufige

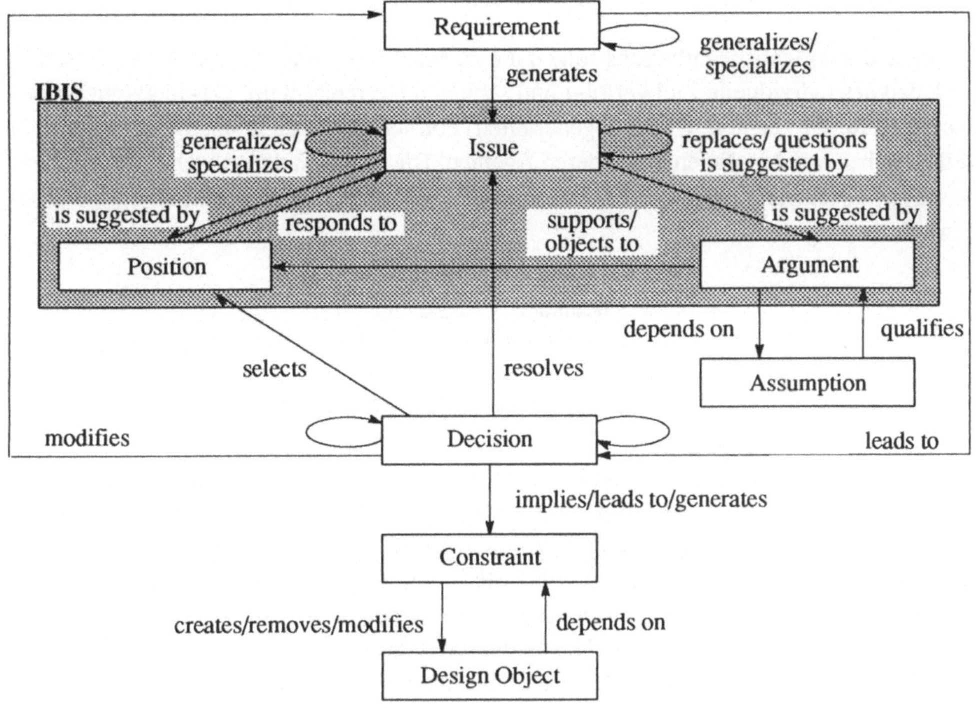

Abb. 5: Das REMAP-Modell (nach [31])

Benutzerinteraktionen gekennzeichnet ist. Mit Hilfe einer Zielfunktion, genannt Fixpunktkriterium, wird ein stabiler Zustand des Systems bezüglich einer ITX definiert, um das Ende der ITX anzuzeigen. Damit die ITX den Grad der Zielerreichung beurteilen können, werten sie das Fixpunktkriterium wiederholt aus.

Die Intention, d.h. die Absicht der Zusammenarbeit, ist durch Zielfunktionen nicht generell erfaßbar. Diese Technik beschränkt sich auf wenige, stark formalisierte Szenarien, wie z.B. auf die kooperative Entwicklung eines VLSI-Designs ([53]). Ein beschränkter Ausweg zur Erfassung des Kooperationsziels liegt jedoch in der Repräsentation des Kooperationsinhaltes. Wenn die Zusammenarbeit nicht aus synergetischen Gründen durchgeführt wird, ist das Ziel der Zusammenarbeit die Fortschreibung des Inhalts der Zusammenarbeit nach bestimmten Kriterien. Im Terminplanungsszenario (Abschnitt 1.2.1) ist z.B. ein bestimmter Termin für ein Kundengespräch die Intension und das Auffinden eines Termins ohne Konflikte die Intention. Auch wenn die Kooperationspartner nur den Inhalt „Termin für Kundengespräch" kennen, können sie daraus möglicherweise die Intention ableiten.

2.3.3 Planaufbau

Während der Aufgabenbearbeitung folgen die Agenten Handlungsplänen, die so konzipiert sind, daß das individuelle Ziel verfolgt und schließlich erreicht wird. Das individuelle Ziel deckt sich für die „echten" (nicht-degenerierten) Formen der Zusammenarbeit zumindest in Teilbereichen mit den Zielen der anderen Agenten. Die Frage ist daher, wer diese Zielüberdeckung herstellt und daraus die Handlungspläne der einzelnen Agenten ableitet (Abbildung 6).

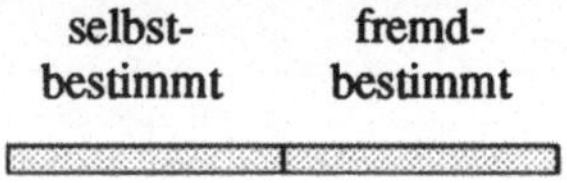

selbst-bestimmt | fremd-bestimmt

Abb. 6: Dimension: Planaufbau

Die Mitwirkung eines Agenten beim Planaufbau wird entscheidend dadurch charakterisiert, ob er seine Aufgaben selbst bestimmen kann oder ob sie ihm durch fremde Agenten vorgegeben werden. Wenn ihm Aufgaben zugeteilt werden, braucht sich der Agent nicht mehr um die Zielidentität zu kümmern. Dies hat an seiner Stelle derjenige übernommen, der ihm die Aufgabe zugeteilt hat. Trotz Fremdbestimmung der Aufgaben bleibt dem Agenten immer noch eine „gewisse Entscheidungsfreiheit" für die Bearbeitung der Aufgabe. Er kann insofern auch nach der Definition aus Abschnitt 2.3.1 noch als Agent bezeichnet werden. Wenn der Agent seine Aufgaben selbst festlegt, muß er im Sinne einer effektiven Zusammenarbeit für die Zielidentität oder zumindest Zielkompatibilität im globalen Zusammenhang sorgen. Sein Aufgabenbereich und damit auch die nötige Expertise ist also schon vor der eigentlichen Aufgabenbearbeitung deutlich größer als bei Agenten mit fremdbestimmten Aufgaben.

Kontraktnetze ([174]) sind ein Mechanismus, der die Zielidentität aller Agenten dadurch sichert, daß hierarchisch und sukzessive nur Aufgaben angeboten werden, die mit dem Globalziel vereinbar sind. Das Verfahren beginnt, indem eine Aufgabe (die natürlich mit dem verfolgten Ziel identisch ist) öffentlich ausgeschrieben wird. Um die Ausführung der Aufgabe bewerben sich im nächsten Schritt Agenten und geben an, welche Teile der Aufgabe sie erledigen können. Der geeignetste Bewerber wird ausgewählt und mit ihm ein Kontrakt geschlossen. Nun kann der Auftragnehmer seinerseits die Aufgabe zerlegen und wieder öffentlich ausschreiben. Er sorgt durch eine geeignete Aufgabenzerlegung dafür, daß die Teilaufgaben auch weiterhin mit dem Globalziel vereinbar sind. Voraussetzungen für Kontraktnetze sind die funktionale Aufteilbarkeit der globalen Aufgabe und eine Beurteilungsfähigkeit der Agenten, welche Aufgaben sie bewältigen können.

Einfachere Konzepte zur Erhaltung der Zielidentität als Kontraktnetze sind Delegation und Befehl. Sie setzen allerdings voraus, daß der Bearbeiter willens und in der Lage ist, die Aufgabe durchzuführen. Während bei einer Delegation die Verantwortung für die Zielkonformität an den Bearbeiter übergeht, bleibt sie beim Befehl für den Befehlsgeber bestehen. Mit Hilfe einer entsprechenden Rückmeldung kontrolliert er die Einhaltung der Vorgaben.

2.3.4 Planexekution

Wenn die Ziele der Zusammenarbeit festgelegt sind, die Zielidentität der Einzelziele gesichert ist und die individuellen Handlungspläne zur Erreichung der Ziele aufgestellt wurden, kann die eigentliche (Zusammen-)Arbeit (Planexekution) beginnen. Man geht dabei von der Vorstellung aus, daß Agenten schrittweise arbeiten. Nach einem abgeschlossenen Bearbeitungsschritt kann ein Eingriffspunkt eingefügt werden, an dem der eigene Handlungsplan mit dem Handlungsplan eines anderen Agenten gekoppelt wird ([143]). Die Zulässigkeit der Eingriffspunkte und der Ursprung der Eingriffe unterscheiden die Typen der Zusammenarbeit. Diese Differenzierung führt zu den in Abbildung 7 dargestellten Ausprägungen der Dimension Planexekution.

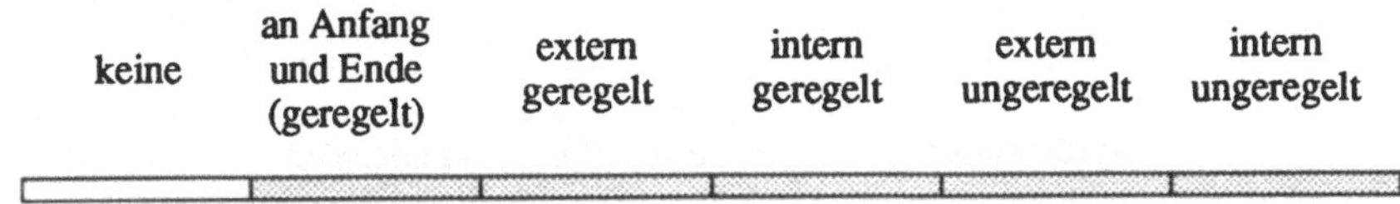

Abb. 7: Dimension: Beeinflussung der Planexekution durch Eingriffspunkte

Auch in dieser Dimension dient die weiß markierte Ausprägung „keine Eingriffspunkte" wieder zur Abgrenzung von den eigentlichen Formen der Zusammenarbeit. Wenn keine Eingriffspunkte vorhanden sind, gibt es keine Möglichkeit zur einseitigen oder gegenseitigen Beeinflussung der Handlungspläne und damit auch keine Ausrichtung auf ein gemeinsames Ziel. Diese Situation ist in Abbildung 8a illustriert.

In Abbildung 8b ist eine Situation dargestellt, bei der sich die beiden einzigen Eingriffspunkte ausschließlich vor dem Beginn bzw. nach dem Ende der Aufgabenbearbeitung befinden. Nach der Aufgabenanalyse erhalten die beiden Agenten ihre Teilaufgaben, die sie dann isoliert voneinander bearbeiten. Wenn sie das Ende erreicht haben, werden die Teilresultate in der Synthesephase integriert. Genaugenommen ist der zweite Eingriffspunkt kein Punkt mehr, an dem die Handlungspläne der Agenten A_1 und A_2 beeinflußt werden. Weil von den Agenten an diesem Punkt jedoch eine Beeinflussung ausgeht, wird er als Eingriffspunkt betrachtet.

Aus Sicht der Agenten sind die beiden Situationen in Abbildung 8c und 8d zunächst ähnlich. Die Handlungspläne sind jeweils durch einen Eingriffspunkt unterbrochen, an dem z. B. die

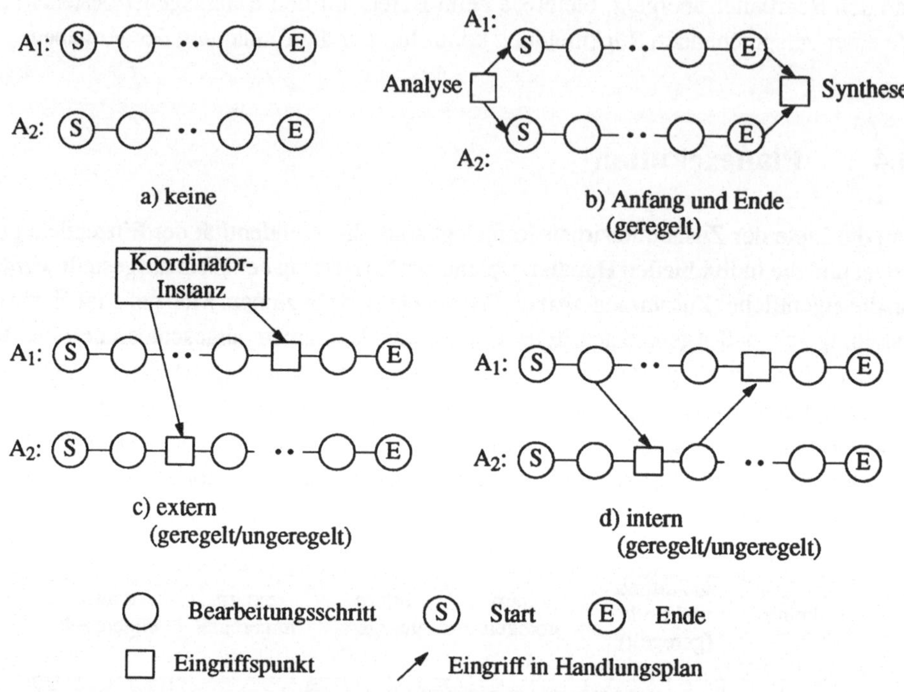

Abb. 8: Eingriffspunkte während der Planexekution von zwei Agenten A_1 und A_2

Aufgabe revidiert wird oder Zwischenergebnisse mitgeteilt werden. Im externen Fall (Abbildung 8c) erfolgt der Eingriff jedoch durch eine Instanz, die nicht an der Zusammenarbeit der Agenten A_1 und A_2 beteiligt ist. Diese Instanz hat die Aufgabe eines Koordinators. Treten genau zwei externe Eingriffspunkte an Anfang und Ende auf, entsteht die Situation aus Abbildung 8b. Im anderen Fall (Abbildung 8d) geht die Beeinflussung von den beteiligten Agenten aus, sie ist intern. Eine Verhandlung ist typisch für eine Zusammenarbeit mit wiederholten, internen Eingriffspunkten.

In Abbildung 8 nicht sichtbar ist die Unterscheidung zwischen geregelten und ungeregelten Eingriffspunkten. Geregelte Eingriffspunkte sind solche, die durch vorhersehbare Ereignisse definiert werden. Beispielsweise ist in einer synchronen Auftraggeber/Auftragnehmer-Beziehung die Rückgabe des Resultats als Eingriffspunkt vorhersehbar. Auch sind die Eingriffspunkte am Anfang und Ende stets geregelt. Ungeregelte Eingriffspunkte sind wie nicht-deterministische Ereignisse. Der Zeitpunkt oder die Umstände ihres Auftretens können in der Modellwelt nicht deterministisch beschrieben werden. Beispiele für ungeregelte Eingriffspunkte sind Anfragen an menschliche Agenten oder Interrupts an Prozesse. Aus Sicht eines einzelnen Agenten und eines Eingriffspunkts mögen geregelte und ungeregelte Eingriffspunkte identisch sein. Der Agent muß in beiden Fällen auf den Eingriff reagieren. Aus Sicht des gesamten Geschehens sind jedoch geregelte Eingriffspunkte unabdingbar, um geregelte, arbeitsteilige Abläufe ([149]) durchzusetzen. Häufig ist dabei eine Bearbeitungsreihenfolge im Sinne eines Ablaufschemas (Abschnitt 1.1) vorgegeben; seltener unterliegt der Bearbeitungsprozeß Realzeitbedingungen ([125]). Ungeregelte, kooperative Abläufe, bei denen sich die Interaktion der Agenten aus dem Problemlöseprozeß ergibt, verlangen ungeregelte Eingriffspunkte. Verhandlungen ([158]) sind hierfür ein typisches Beispiel. Eine ähnliche Unterscheidung wie zwischen geregelten und ungeregelten Eingriffspunkten wird in [112] in Bezug auf das gesamte Gruppenverhalten mit deterministischen und nicht-deterministischen Gruppen vorgenommen.

2.4 Formen der kooperativen Gruppenarbeit

Die Klassifizierung von kooperativen Handlungen ist Gegenstand vieler Untersuchungen. Je nach Provenienz der Autoren werden Taxonomien nach den Anwendungsgebieten ([43], [104], [142]), nach der sprachlichen Art der Äußerungen ([73]), nach der eingesetzten Unterstützungstechnologie ([148]), nach Zeit und Ort ([82]) oder nach einer ganzen Reihe von Kriterien auf einmal (Problemtyp, Koordinationsbedarf, Kooperationsbeziehungen, Kontrolle, Unterstützungsbedarf, Verteilung, Aufgabe; [131], [156]) angegeben. Eine an der Intention orientierte Klassifizierung kooperativer Handlungen führt ([143]) aus: Die Zusammenarbeit findet aus Gründen der Aushandlung von Sachverhalten, der Hilfeleistung, der Aufgabenweitergabe oder der Lastverteilung statt. Die kurze Übersicht zeigt, daß viele Taxonomien anwendungsabhängig, stark beurteilungsbezogen, werkzeug- und inhaltsorientiert sind.

Arbeitsform / *Dimension*	*isolierte Arbeit*	*Kollaboration*	*koordinierter Ablauf*	*freie Kooperation*
Anzahl der Agenten	1	2 bis mehr als 15	2 bis mehr als 15	2 bis 15
Zielübereinstimmung	keine	statisch erzwungen	statisch erzwungen	dynamisch vorgegeben
Planaufbau	selbstbestimmt	fremdbestimmt	fremdbestimmt	selbstbestimmt
Eingriffspunkte bei der Planexekution	keine	Anfang und Ende (geregelt)	extern geregelt/ intern geregelt	intern ungeregelt

Tab. 1: Formen der kooperativen Gruppenarbeit und ihre Charakteristika

Die im vorherigen Abschnitt 2.3 vorgestellten Dimensionen kooperativer Gruppenarbeit wurden so gewählt, daß Arbeitsabläufe mit zwei und mehr Beteiligten nach ihren Erscheinungsformen, anwendungs- und technologieunabhängig klassifiziert werden können. Außerdem wurde Wert auf Beurteilungskriterien gelegt, die nicht beliebig ausgelegt werden können, sondern zweifelsfrei die Zuordnung der Erscheinungsformen erlauben. In Tabelle 1 werden drei grundlegende kooperative Arbeitsformen und isolierte Arbeit durch Ausprägungen in den Dimensionen Agentenanzahl, Zielübereinstimmung, Planaufbau und Planexekution beschrieben.

Die Arbeitsformen sind mit isolierter Arbeit, Kollaboration, koordiniertem Ablauf und freier Kooperation bezeichnet. Isolierte Arbeit ist im wesentlichen die nicht mit anderen abgestimmte Arbeit eines Agenten. Typische Kollaborationsverhältnisse herrschen zwischen mehreren Auftragnehmern, die nur zu Anfang der Zusammenarbeit von einem Auftraggeber beauftragt wurden und alle an der Erreichung eines Ziels arbeiten. Im Gegensatz zum koordinierten Ablauf finden während der Zusammenarbeit keine Interaktionen statt. Bei der freien Kooperation sorgen die Kooperationspartner selbst für die Zielübereinstimmung und gleichen ihre Handlungspläne in unvorhersehbarer Weise während der Zusammenarbeit ständig an. Die vier Formen der kooperativen Gruppenarbeit werden in den Abschnitten 2.4.1 bis 2.4.4 erläutert. Die Diskussion beschränkt sich auf eindeutige Formen und läßt Mischformen kooperativer Zusammenarbeit außer Acht.

2.4.1 Isolierte Arbeit

Isolierte Arbeit als besondere Form der kooperativen Zusammenarbeit zu betrachten, mag auf den ersten Blick eigenartig erscheinen. Tatsächlich bedarf eine Zusammenarbeit stets zweier oder mehrerer Beteiligter. Isolierte Arbeit ist durch einen Bearbeiter gekennzeichnet, der ohne Kommunikation mit anderen ein selbstgestelltes oder von außen vorgegebenes Ziel verfolgt. Die Übereinstimmung dieses Ziels mit den Zielen anderer Agenten ist nicht gefordert bzw. wird nicht überwacht. Über welche Problemlöseschritte das Ziel erreicht wird (Planaufbau), liegt im Entscheidungsbereich des isolierten Agenten. Die isolierte Bearbeitung einer Aufgabe verbietet nicht, daß die Zielvorgabe von außen kommt oder die Resultate nach außen weitergegeben werden. Beispielsweise schreibt ein Romanautor sein Werk in Isolation. Der Anstoß mag von seinem Verleger kommen, und das fertige Buch soll sich möglichst oft verkaufen. Das Schreiben findet jedoch isoliert statt und steht in keinem Zusammenhang zu den Arbeiten anderer Autoren.

2.4.2 Kollaboration

Wenn ein Verleger mehrere Autoren gleichzeitig beauftragt, verschiedene Werke zu einem aktuellen politischen Thema zu verfassen, arbeitet jeder Autor in Isolation. Die vorgegebene, statisch erzwungene Zielidentität der Aufträge wird vom Verleger zwar nicht während des Schreibens erzwungen, aber nach der Bearbeitung verifiziert. Zudem werden die Resultate verglichen, indem das Manuskript mit den größten Marktchancen ausgewählt wird. Auch wenn es den Autoren vielleicht gar nicht bewußt war, stand ihre isolierte Arbeit in einem höheren, fremdbestimmten Zusammenhang. Diese statisch erzwungene Zielübereinstimmung und die anschließende isolierte Bearbeitung ist charakteristisch für Kollaboration, die stets in drei Phasen abläuft: In der Analysephase werden Teilaufgaben so spezifiziert, daß sie dem Globalziel entsprechen. Anschließend werden in Form eines ersten Eingriffspunkts die Teilaufgaben an die Bearbeiter übermittelt. Während der Bearbeitungsphase findet keine Interaktion zwischen den kollaborierenden Agenten statt. Die Synthesephase im Anschluß an die Bearbeitung sammelt zuerst die Resultate am zweiten, festen Eingriffspunkt und integriert sie dann zum Ergebnis der Kollaboration. Wie bei den Formen der Zusammenarbeit im engeren Sinne, müssen mindestens zwei Agenten beteiligt sein. Eine obere Grenze für die Anzahl der Agenten gibt es nicht. Beispielsweise kollaborieren mehrere Tausend Angestellte in den Abteilungen eines Unternehmens, um das Globalziel Gewinnmaximierung zu erreichen. Die Abteilungen interagieren in der Regel nur über erteilte und abgeschlossene Aufträge.

Der Begriff Kollaboration bezeichnet nach dem Duden in der deutschen Sprache normalerweise die „aktive Unterstützung einer feindlichen Besatzungsmacht gegen die eigenen Landsleute". Trotz dieser Vorbelegung ist der Begriff „Kollaboration" für die zweite Form kooperativer Gruppenarbeit geeignet. Der Begriff der Parallelverarbeitung ([195]) oder die Wendung 'koordiniertes Arbeiten nach einem Multi-Agentenplan' ([125]) drücken nicht aus, was mit „collaboration" gemeint ist: "peers working together on an intellectual endeavor" ([121]). In „peer" steckt gleichzeitig die Bedeutung der Gleichberechtigung und die klare Isolation unter den Agenten.

2.4.3 Koordinierter Ablauf

Die dritte Form kooperativer Gruppenarbeit wurde in Tabelle 1 als koordinierter Ablauf bezeichnet. Sie unterscheidet sich von der Kollaboration in der Dimension Planexekution. Die Arbeit einer möglicherweise sehr großen Anzahl von Agenten wird nicht nur am Anfang aufeinander abgestimmt (koordiniert), sondern auch während der eigentlichen Bearbeitungsphase. Um die besondere Art der Koordination herauszuarbeiten, wird zuerst ein kleiner Exkurs in Wesen und Aufgaben von Koordinationsvorgängen benötigt.

Die wohl umfassendste Definition von Koordination stammt aus den grundlegenden Arbeiten von Malone und Crowston ([120], [121]): "Coordination is managing dependencies between activities". Sie fordert Abhängigkeiten zwischen Aktivitäten bzw. den Aktivitätsträgern (Agenten) als Voraussetzung zur Koordination. Wenn es Abhängigkeiten gibt, die nicht ignoriert oder dem Zufall überlassen werden sollen, müssen sie verwaltet werden. Die Verwaltung schließt die Aufdeckung, Repräsentation und unter Umständen auch die Steuerung und Vermeidung von Abhängigkeiten mit ein. Typische Abhängigkeiten zwischen Aktivitäten entstehen aus dem Gebrauch von gemeinsamen Objekten ([2], [70], [81], [121]), Produzenten/Konsumenten-Beziehungen ([2], [70], [81], [121]), Gleichzeitigkeitsanforderungen ([121]), Aufgaben- und Zieldekomposition bei der Planung ([121], [125]) und sonstigen Reihenfolgevorgaben bei der Ausführung ([195]). Für die meisten dieser Abhängigkeitstypen lassen sich diverse Unterklassen bilden. So treten gemeinsame Objekte in Form eines globalen Datenbestandes, zentraler Ressourcen oder von Akteuren auf, die mehrere Aktivitäten ausführen. Die Produzenten/Konsumenten-Beziehung beinhaltet Aspekte der Ablaufsteuerung, Benachrichtigung und einheitlichen Formatdarstellung ([121]). Forderungen nach Gleichzeitigkeit sind in zeitrichtigen Ablaufsteuerungen (z.B. "just-in-time") enthalten.

Koordinierte Abläufe im Sinne der Tabelle 1 beziehen sich ausschließlich auf die Ausführung der Zusammenarbeit. Planungs- und Zielabhängigkeiten sind nicht von Interesse, weil die Ziele statisch vorgegeben sind. Ebensowenig soll die Zusammenarbeit unter Realzeitbedingungen problematisiert werden, so daß auch die zeitliche Simultan-Abhängigkeit ausgeklammert wird. Als Aufgabenstellung für die betrachteten Koordinationsmechanismen bleibt die Verwaltung von gemeinsamen Objekten, Produzenten/Konsumenten-Beziehungen und sonstigen (problembezogenen) Reihenfolgevorgaben, die einen Großteil der tatsächlich auftretenden Beziehungen in Situationen wie der Terminplanung (Abschnitt 1.2.1) und dem Automobilbau (Abschnitt 1.2.2) abdecken. Nach diesen Vorarbeiten kann nun zum Ausgangspunkt der Diskussion, der Planexekution beim koordinierten Ablauf, zurückkehrt werden.

Die Eingriffspunkte bei koordinierten Abläufen sind geregelt, d.h. „vorhersehbar" in Bezug auf allgemeine Bedingungen oder andere Eingriffspunkte. Reihenfolgevorgaben sind der Archetypus von geregelten Eingriffspunkten, da in der Vorgabe genau spezifiziert ist, wann welche Aktivität welche Aktion ausführt. Auch Produzenten/Konsumenten-Beziehungen benötigen auf der Seite des Konsumenten einen geregelten Eingriffspunkt, da der Konsument auf das Eintreffen der Nachricht warten muß. Der Gebrauch gemeinsamer Objekte ist teils geregelt, teils ungeregelt. Wenn die Ressourcen „zufällig" belegt werden und die Agenten im Falle inkompatibler Belegungsmodi abgewiesen oder blockiert werden, handelt es sich um ungeregelte Eingriffspunkte in den Handlungsablauf der Agenten. Sie werden durch Mechanismen der Zugriffssynchronisation (Abschnitt 2.4.4) gesteuert. Wenn das Belegungsverhalten aber z.B. aus den Reihenfolgevorgaben abgeleitet wird, ist die Koordination vorhersehbar. Die Belegungen finden damit an geregelten Eingriffspunkten statt. Ob die Beeinflussung an den Eingriffspunkten bei koordinierten Abläufen von einer an der Zusammenarbeit nicht beteiligten Instanz (externer Koordinator) oder durch die Agenten selbst durchgeführt wird (intern), ist unerheblich. Mit Bezug auf die Planexekution stellt ein koordinierter Ablauf im wesentlichen die Abarbeitung von vorgegebenen, geregelten Abläufen nach vorhersehbaren

Plänen und Bedingungen dar. In der Informatik bezeichnet man koordinierte Abläufe auch als Protokolle.

Beispiele für koordinierte Abläufe sind häufig in sprechaktbasierten Ansätzen zu finden. Die Sprechakttheorie ([6], [170]) teilt sprachliche Äußerungen in fünf („überraschend wenig"; [193]) Grundtypen ein: Assertive (Feststellungen), Direktive (Aufforderungen), Kommissive (Versprechen), Expressive (Ausdruck von Meinungen) und Deklarative (Erklärungen). Aus den Sprechakten werden bestimmte Abläufe zur Vereinbarung einer Aktion oder zur Diskussion von Möglichkeiten konstruiert. Abbildung 9 zeigt den Protokollautomaten einer Conversation for Action (CfA) nach [193].

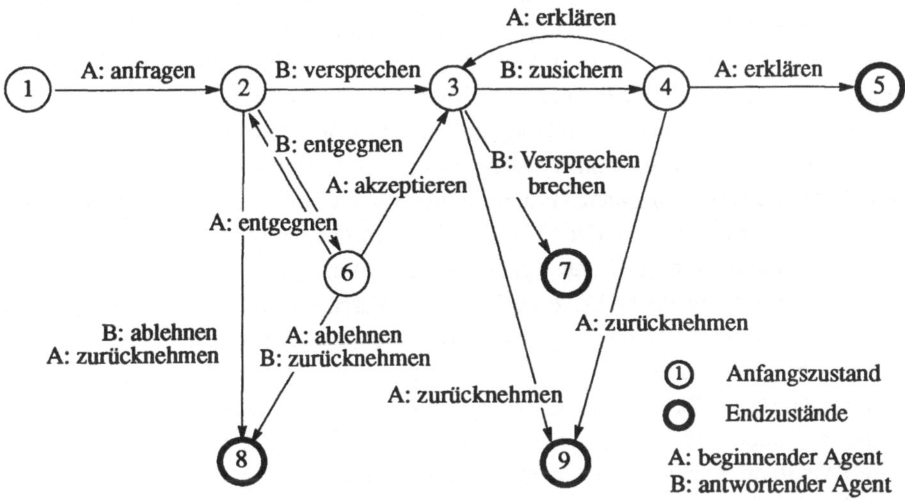

Abb. 9: Conversation for Action (CfA) (nach [193])

In einer erfolgreichen CfA wird zwischen zwei Agenten A und B die Ausführung einer Aktion zunächst vereinbart, die Aktion dann ausgeführt und bestätigt und schließlich durch den Auftraggeber A abgenommen (Zustände 1 bis 5). Die CfA kann jedoch auch ohne die Aktionsausführung enden, weil entweder B von vornherein die Ausführung verweigert (Zustand 8) oder sein Versprechen bricht (Zustand 7). Außerdem kann die Aktion unter Umständen nicht zur Zufriedenheit von A ausgeführt werden und so die CfA in Zustand 9 beenden.

Weil die Interaktion der Agenten in koordinierten Abläufen genau geregelt ist, ermöglichen sie die Beteiligung von sehr vielen (mehr als 15) Agenten. Durch geeignete Koordinationsmechanismen werden Ressourcenbelegung und Bearbeitungsreihenfolge bestimmt, so daß eine ad-hoc-Konkurrenz der Agenten unter Umständen ganz vermieden wird. Kollaboration ist der Spezialfall eines koordinierten Ablaufs, der lediglich aus den geregelten Eingriffspunkten zu Anfang und Ende besteht.

2.4.4 Freie Kooperation

Freie Kooperation ist eine Form der ungeregelten Zusammenarbeit in einer kleinen Gruppe von Agenten. Wie bei jeder anderen Form der Zusammenarbeit muß auch hier die Übereinstimmung der Agenten zumindest in Teilzielen gegeben sein. Im Verlauf des kooperativen Geschehens kann sich das gemeinsame Ziel jedoch verändern, was eine dynamische Verifikation der Zielübereinstimmung verlangt. Mit der Zieladaption geht zum Teil ein selbstbestimmter Planaufbau einher, da die zukünftigen Handlungen auf das neue Ziel ausgerichtet werden müssen. Zum anderen Teil charakterisiert ein selbstbestimmter Planaufbau auch die Stellung der Agenten in einer freien Kooperation zueinander. Sie entscheiden autonom und gleichberechtigt, ob und wie sie an der Kooperation teilnehmen wollen. Die Fortführung der selbstbestimmten Handlungspläne (Planexekution) kann durch eine beliebige Anzahl von Eingriffspunkten beeinflußt werden. Die Eingriffspunkte sind intern, d.h. nur durch andere an der freien Kooperation beteiligte Agenten adressierbar. Durch die Handlungsautonomie der Agenten ergibt sich auch die Ungeregeltheit der Eingriffspunkte. Sie müssen in der reinen Form der freien Kooperation ungeregelt sein, weil hier jeder Agent selbst entscheiden kann, ob er auf eine Beeinflussung von außen reagieren will. Ein verläßlicher Eingriff, eben eine Regelung, ist nicht im Sinne der freien Kooperation. Zum anderen bedeutet die Autonomie im Planaufbau auch, daß Beeinflussungen zu jeder Zeit abgesetzt werden können, d.h. daß die Eingriffspunkte im allgemeinen nicht vorhersehbar sind. Was die Planexekution betrifft, ist freie Kooperation im wesentlichen die ungeregelte Zusammenarbeit zwischen Agenten, die den Fortgang der Zusammenarbeit selbst (intern) bestimmen. Der bewußte Verzicht auf Reihenfolgevorgaben (Abläufe) beschränkt gleichzeitig die Anzahl der Agenten nach oben auf etwa 15 (vgl. Abschnitt 2.2).

In dem hier eingeführten Sinne kontrastiert die freie Kooperation in jeder der vier Beschreibungsdimensionen aus Abschnitt 2.3 mit den koordinierten Abläufen (Tabelle 1). Diese Gegenüberstellung scheint auf den ersten Blick der verbreiteten Ansicht zu widersprechen, daß für Kooperation unter anderem Koordination notwendig sei (z.B. [70]). Koordination ist insofern notwendig für Kooperation, als in einer Kooperation der Gebrauch gemeinsamer Objekte koordiniert werden muß. Andererseits sind koordinierte Abläufe, d.h. vorhersehbare Reihenfolgen, völlig orthogonal zur freien Kooperation, weil die freie Zusammenarbeit auch ohne Regelung des Ablaufs erfolgen kann. Richtiger wäre daher die Behauptung, daß Kooperation Synchronisation voraussetzt. Synchronisation bezeichnet die Koordinierung nebenläufiger Zugriffe auf gemeinsame Objekte. Der Terminus technicus Synchronisation ist etwas unglücklich gewählt, weil es z.B. bei der Zugriffssynchronisation nicht um gleichzeitigen Zugriff, sondern eben um die Vermeidung desselben geht (Glossar zu [190]).

Ein Beispiel für Kooperation sind freie Verhandlungen über gemeinsame Zeichnungen ([93]) oder Dokumente ([47]) in synchronen, räumlich verteilten Computer-Konferenzen. Sie arbeiten häufig nach dem WYSIWIS-(What You See Is What I See)-Prinzip ([177], [178]) und ohne eine sogenannte Floor control ([26]). Das WYSIWIS-Prinzip besagt, daß alle lokalen Änderungen am gemeinsamen Datenbestand sofort an alle anderen Teilnehmer übermittelt und dort auf dem Bildschirm dargestellt werden. Dadurch werden die Handlungspläne der Konferenzteilnehmer unmittelbar durch ein neues Bildschirmobjekt oder die Modifikation eines bestehenden Objektes beeinflußt. Eine vorhandene Floor control steuert das Zugriffsrecht auf den Konferenzdatenbestand, ähnlich wie das Rederecht in einer herkömmlichen Diskussion vergeben wird. Ohne Floor control kann jeder sofort auf die Modifikationen reagieren und so weitere Beeinflussungen der anderen Agenten auslösen. Die Eingriffspunkte sind daher in solchen freien Verhandlungen ungeregelt und können durch koordinierte Abläufe nicht im voraus beschrieben werden.

2.5 Gruppen- und Teambildung

Eine weitere Grundlage kooperativer Gruppenarbeit ist die Organisation der Agenten nach bestimmten Kriterien. Bei der Zusammenfassung wird von unterscheidenden Merkmalen der Agenten abstrahiert. Die gemeinsamen Merkmale werden in einer Äquivalenzrelation benannt; die entstandenen Strukturen meist als Gruppen oder Teams bezeichnet. Im folgenden wird sich zeigen, daß die Begriffe keine Synonyme sind, wenn sie auch häufig so gebraucht werden. Fundamental bei der Unterscheidung ist, ob bei der Strukturierung zeitfreie oder zeitbehaftete Kriterien angelegt werden. Diese Unterscheidung kommt aus der Allgemeinen Betriebswirtschaftslehre, wo zwischen zeitfreier Aufbau- und zeitbehafteter Ablauforganisation unterschieden wird: „Die *Aufbauorganisation* erstreckt sich auf die Verknüpfung der organisatorischen Grundelemente (Stelle, Instanz, Abteilung) ... und auf den Beziehungszusammenhang zwischen diesen Elementen. Bei der *Ablauforganisation* handelt es sich demgegenüber um die Ordnung von Handlungsvorgängen (Arbeitsprozessen)." ([196]; Hervorhebungen im Original).

Der Begriff der Gruppe wird in der Informatik zeitfrei gesehen. Betriebssysteme und Datenbanksysteme fassen Benutzer zu Gruppen zusammen, damit z.B. der Administrator sie einheitlich mit Rechten und Privilegien ausstatten kann. Die vielerorts praktizierte gruppenbasierte Abrechnung von CPU-Zeit oder Druckkosten (Accounting) setzt ebenfalls die Gruppenbildung voraus. Kennzeichnend für Gruppen ist nur die Zusammenfassung nach bestimmten Kriterien. Weil die Kriterien über einen langen Zeitraum gelten, können Gruppierungen als statisch angesehen werden. In der Regel kann ein Agent nur Mitglied einer einzigen Gruppe sein. Von ihm wird weder ein besonderes Verhalten gegenüber den Gruppenmitgliedern erwartet, noch gründen sich auf die pure Gruppenmitgliedschaft Beeinflussungsmöglichkeiten der anderen Gruppenmitglieder.

Teams sind zeitbehaftete Zusammenschlüsse von Agenten. Die Existenz und Lebensdauer eines Teams wird oft an die Erfüllung einer kooperativ zu erledigender Aufgabe geknüpft. Wenn die Agenten mehrere Aufgaben in nebenläufiger Weise abwickeln, können sie Mitglieder in mehreren Teams sein. Allgemein werden für Teams folgende, zum Teil verwandte Merkmale genannt: Gleichberechtigung ([93]), Offenheit der Information ([145]), wohlwollendes Verhalten ([158]). Diese Merkmale gehen über den Gruppenbegriff hinaus, da sie ein bestimmtes Verhalten der Teammitglieder postulieren. Gleichberechtigung bezieht sich auf die Möglichkeiten der Agenten im Team; innerhalb des Teams gibt es keine hierarchischen Strukturen mit Befehlsgebern und Befehlsempfängern. Aus der Gleichberechtigung folgt jedoch nicht die Autonomie der Mitglieder. Sie können zwar gleichberechtigt über die weiteren Handlungspläne entscheiden, müssen dann aber z.B. einer Mehrheitsentscheidung folgen. Mit Offenheit der Information ist eine besondere Form der Gleichberechtigung beim Zugriff auf die Ressource Information gemeint. Die Teammitglieder verfügen über gleichwertige Zugriffsmöglichkeiten. Unter der Bezeichnung „wohlwollendes Verhalten" verbergen sich unter anderem Verhaltensweisen wie fehlende Heimtücke ([125]), kein Wettbewerb unter den Teilnehmern ([80], [120]), keine bewußten Falschinformationen ([145]) und Hilfe ohne eigenen Nutzen ([4], [191]).

Etliche Autoren (z.B. [80], [100], [156], [182]) haben den Unterschied zwischen Gruppe und Team erkannt und benutzen in ihren Arbeiten den Begriff Team. Konsequenterweise sollte auch der Begriff „Groupware" in „Teamware" umbenannt werden, da Groupware-Werkzeuge nicht die Arbeit von Gruppen, sondern von Teams unterstützen. Da Groupware jedoch seit der Ersteinführung in [82] ein etablierter Terminus ist, wird er auch im folgenden verwendet.

2.6 Unterstützungsbedarf von koordinierten Abläufen und freier Kooperation

Die beiden Hauptformen kooperativer Gruppenarbeit sind koordinierte Abläufe und freie Kooperation (Abschnitt 2.4). Bei koordinierten Abläufen stehen geregelte Ablaufschemata mit einer begrenzten Autonomie der involvierten Agenten im Vordergrund. Freie Kooperation beruht dagegen auf selbständigen Agenten, die die Zusammenarbeit untereinander dynamisch gestalten.

koordinierter Ablauf	*2 bis mehr als 15 beteiligte Agenten*	*statisch erzwungene Zielübereinstimmung*	*fremdbestimmter Planaufbau*	*extern/intern geregelte Eingriffspunkte während der Planexekution*
Anforderungen an Agenten	Agenten- und Beitragsidentifikation	–	Aktivitätsausführung; Mittelbenutzung	Beeinflußbarkeit an vordefinierten Punkten
Anforderungen an Unterstützungssysteme	Agenten- und Objektkennungen; Teambildung; (konkurrierende) Zugriffssynchronisation	–	Datenverteilung; Funktionsverteilung	Spezifikation und Durchsetzung von Ablaufschemata

Tab. 2: Merkmale koordinierter Abläufe und ihre Anforderungen an Agenten und Unterstützungssysteme

freie Kooperation	*2 bis maximal 15 beteiligte Agenten*	*dynamisch vorgegebene Zielübereinstimmung*	*selbstbestimmter Planaufbau*	*interne, ungeregelte Eingriffspunkte während der Planexekution*
Anforderungen an Agenten	Agenten- und Beitragsidentifikation	Zielabgleich; Zieladaption	Bestimmung der Mittel und Aktivitäten aus dem Ziel; Aktivitätsausführung; Mittelbenutzung	Unterbrechbarkeit des Arbeitsablaufs
Anforderungen an Unterstützungssysteme	Agenten- und Objektkennungen; Teambildung; (kooperative) Zugriffssynchronisation	Zielrepräsentation und -übermittlung	dynamische Datenverteilung („bringen" und „holen")	Benachrichtigung über Beeinflussung; Rückmeldung über Beeinflussung; Organisatorischer Rahmen für Folge von Beeinflussungen

Tab. 3: Merkmale freier Kooperation und ihre Anforderungen an Agenten und Unterstützungssysteme

In den Tabellen 2 und 3 werden für beiden Typen der Zusammenarbeit die Anforderungen an Agenten und mögliche Unterstützungssysteme (enabling systems) vorgestellt. Die Anforderungen leiten sich aus ihren Charakteristika (Abschnitt 2.3) ab. In beiden Fällen wird davon ausgegangen, daß die Zusammenarbeit auf gemeinsame Daten gerichtet ist bzw. sich durch Datenstrukturen repräsentieren läßt. Die in den vier Merkmalsklassen genannten Einzelanforderungen stehen vertikal in einem kausalen Verhältnis, d. h. die Anforderungen an die Unterstützungssysteme hängen von den Anforderungen an die Agenten ab. Wenn sich eine bestimmte Anforderung an die Agenten richtet, muß das Unterstützungssystem teils die Voraussetzungen schaffen oder kann andernteils Funktionen unterlassen, weil sie durch die Agenten selbst wahrgenommen werden. In den folgenden Abschnitten 2.6.1 bis 2.6.4 werden die einzelnen Anforderungen vorgestellt.

2.6.1 Anforderungen durch die Agentenanzahl

Koordinierte Abläufe und freie Kooperation unterscheiden sich in der Obergrenze für die Agentenanzahl. Für die Agenten und die Unterstützungssysteme ergeben sich aus diesen Unterschieden aber keine prinzipiellen, sondern nur qualitative Konsequenzen. Ein einzelner Agent muß in beiden Fällen in der Lage sein, die anderen Agenten und ihre Beiträge zum kooperativen Geschehen zu identifizieren. Beispielsweise muß ein Agent den Auftrag eines anderen als solchen erkennen können, um ihm später ein Ergebnis zu senden. In Situationen mit anonymisierter Zusammenarbeit, wie bei der Kommunikation über ein schwarzes Brett, mag die Identifikation bis zur groben Klassifizierung in „eigene Beiträge" und „fremde Beiträge" degenerieren. Es sind dann nur zwei Teams bekannt, eines, dem nur der Agent selbst angehört, und ein weiteres mit allen anderen Agenten. Zwischenstufen der Teambildung, z. B. flache oder hierarchische Teams mit disjunkten oder überlappenden Teammitgliedern, sind denkbar. Unterstützungssysteme müssen die zur Identifikation nötigen Voraussetzungen schaffen, d. h. Agenten- und Objektkennungen bereitstellen. Ferner sollen sie auch die Gruppierung der Agenten in Teams ermöglichen. Eine völlig andere Art der Unterstützung, die aber ebenfalls aus der Beteiligung von mehr als zwei Agenten resultiert, ist die Forderung nach Zugriffssynchronisation. Weil mehrere Agenten auf einem gemeinsamen Datenbestand arbeiten, müssen unerwünschte Effekte des Mehrbenutzerbetriebs vermieden werden. Ob dies kurzfristige Blockierungen durch einen gegenseitigen Ausschluß auf Objektebene sind oder längere, transaktionale Synchronisation zur Vermeidung der "bad dependencies" ([58]) Lost update, Unrepeatable read und Dirty read ist, sei an dieser Stelle dahingestellt. Durch die geringere Agentenanzahl bei einer freien Kooperation können jedoch eher Mechanismen zur Zugriffssynchronisation genutzt werden, die einen anwendungsabhängigen, „kooperativen" Korrektheitsbegriff zugrunde legen. Predicatewise serializability ([102]) oder Korrektheitsbegriffe der „exotischen" Sperren (Abschnitt 3.4.3) sind Beispiele. Die möglicherweise sehr hohe Agentenanzahl bei koordinierten Abläufen fordert eine Zugriffssynchronisation, die auch eine große Anzahl konkurrierender Zugriffe regeln kann. Klassisches Beispiel hierfür ist die konfliktbasierte Serialisierbarkeit (Abschnitt 3.3.2).

2.6.2 Anforderungen durch die Zielübereinstimmung

In der Dimension Zielübereinstimmung gibt es zwischen koordinierten Abläufen und freier Kooperation beträchtliche Unterschiede. Bei ersteren ist die Übereinstimmung der Ziele der Agenten von außen erzwungen. Diese erzwungene Ausrichtung auf das Ziel wird auch im Laufe der Zusammenarbeit nicht geändert, d.h. sie ist statisch. Die Teilnehmer des koordinierten Ablaufs brauchen daher keine Anstrengungen zu unternehmen, um die Zielidentität herzustellen oder eine dynamische Zieladaption durchzuführen. Es ist weiterhin klar, daß das System keine Unterstützung bereitstellen muß, wenn von Seiten der Agenten keine Anforderungen vorliegen.

Die Teilnehmer an einer freien Kooperation sorgen selbst für die Übereinstimmung ihrer Ziele. Zumindest am Anfang wird ein gemeinsames (Teil-)Ziel der Zusammenarbeit festgelegt. Da sich dieses Ziel jedoch durch den Fortgang der Agentenaktivitäten verändern kann, ist auch die Fähigkeit zur Zieladaption bei den Agenten wichtig. Diese Aufgabe der Agenten wird durch eine formalisierte Beschreibung des Ziels vereinfacht. Weiterhin kann das Unterstützungssystem die Zielbeschreibungen dann weiterleiten und so den Abgleich der Agentenziele ermöglichen. Über die Problematik der formalisierten Zielrepräsentation wurde bereits in Abschnitt 2.3.2 diskutiert. Es sei deshalb an dieser Stelle nochmal auf die diesbezüglichen Schwierigkeiten hingewiesen, auf die ein Rechnersystem zur Unterstützung freier Kooperation trifft.

2.6.3 Anforderungen durch den Planaufbau

Aus den vereinbarten Zielen werden für jeden Agenten eine Reihe von Aktivitäten abgeleitet. Die Aktivitäten genügen in ihrer Gesamtheit zur Erreichung des vereinbarten Ziels. In der Dimension Planaufbau wird danach unterschieden, ob die an der Zusammenarbeit beteiligten Agenten die Aktivitäten selbst wählen oder ob diese von außen vorgegeben werden. Koordinierte Abläufe sind durch einen fremdbestimmten Planaufbau gekennzeichnet. Den Agenten werden, in der Regel durch einen Koordinator, Aktivitäten zur Ausführung zugewiesen.

Zur Durchführung der Aktivitäten sind Mittel notwendig. Datentechnisch gesprochen sind die Aktivitäten Funktionen und die Mittel Daten. Ein System zur Unterstützung koordinierter Abläufe ist daher mit der Anforderung konfrontiert, Daten und Funktionen entsprechend dem Planaufbau zu verteilen. Ist der Planaufbau wie bei der freien Kooperation selbstbestimmt, entscheiden die Agenten, welche Aktivitäten und sonstigen Mittel zur Zielerreichung eingesetzt werden. Sie müssen also neben den Fähigkeiten zur Aktivitätenausführung auch die Expertise zur Entscheidung über den Einsatz von Aktivitäten besitzen. Diese Entscheidung hängt auch von den zur Verfügung stehenden Mitteln ab. Für ein Unterstützungssystem beschränken sich die Aufgaben auf die Datenverteilung. Weil alle Agenten ihre Aktivitäten selbst bestimmen, müssen keine Funktionen verteilt werden. Damit die Agenten ihre selbstbestimmten Funktionen jedoch ausführen können, genügt es nicht, wenn das Unterstützungssystem die Daten nach einem vordefinierten Schema verteilen kann. Es muß vielmehr dynamisch auf Anforderungen der Agenten bzw. Funktionen reagieren und Daten von anderen „holen" und zu anderen „bringen" können.

2.6.4 Anforderungen durch die Planexekution

Als letzte Merkmalsklasse zur Beschreibung kooperativer Gruppenarbeit wurde die Planexekution herangezogen. Koordinierte Abläufe und freie Kooperation unterscheiden sich in dieser Dimension hauptsächlich aufgrund der geregelten bzw. ungeregelten Eingriffspunkte. Außerdem erfolgt bei freier Kooperation die Beeinflussung an den Eingriffspunkten nur von den anderen an der Zusammenarbeit beteiligten Agenten, während bei koordinierten Abläufen auch ein externer Koordinator eingreifen kann. Im Falle der geregelten Eingriffspunkte sind die Beeinflussungen vorhersehbar. Wenn beispielsweise ein Arbeitsschritt Ergebnisse einer vorangehenden Aktivität benötigt, ist die Beeinflussung am Anfang der Aktivität vorhersehbar. Ein anderes Beispiel ist die funktionale Aufteilung einer Aufgabe, bei der die Teilergebnisse vor dem darauffolgenden Schritt synthetisiert werden müssen. Auch hier ist nach der Parallelabarbeitung die Beeinflussung vorhersehbar. Die Agenten müssen bei dieser Art der Zusammenarbeit bereit sein, an den vorhersehbaren Eingriffspunkten Beeinflussungen entgegenzunehmen. Typischerweise warten sie vor dem Start einer Aktivität auf Eingabeparameter und stellen die Resultate nach der Ausführung bereit. Auch während der Ausführung einer Aktivität sind Beeinflussungen denkbar, z. B. wenn interaktiv Fragen über die weitere Fortsetzung der Aktivitäten beantwortet werden. Ein Unterstützungssystem für koordinierte Abläufe benötigt daher in erster Linie Mittel, um zu beschreiben, was „vorhersehbar" ist. Dazu dienen die Ablaufschemata, die vom sequentiellen Programm über hierarchisch strukturierte Workflows bis hin zu mächtigen Kontrollogiken reichen. Darüber hinaus muß für die Durchsetzung der vorgegebenen Ablaufschemata gesorgt werden. Beispielsweise muß das Unterstützungssystem den Zustand der Aktivitäten testen können und über ihren Abschluß informiert werden.

Bei der freien Kooperation sind die Eingriffspunkte nicht durch ein Ablaufschema im voraus beschreibbar. Die Agenten sind daher gezwungen, ihre Arbeitsabläufe unterbrechbar zu machen. Um Unterbrechbarkeit zu simulieren, steht es den Agenten frei, hinreichend oft nach anstehenden Beeinflussungen zu fragen (polling). Sinnvoller erscheint es jedoch, wenn das Unterstützungssystem Beeinflussungen an den Agenten meldet. Dieser kann im Falle der freien Kooperation dann autonom entscheiden, ob er seinen Handlungsplan aufgrund der Beeinflussung ändert. Der Agent, von dem die Beeinflussung ausging, ist in aller Regel an einer entsprechenden Rückmeldung interessiert. Daher soll das Unterstützungssystem in der Lage sein, über die Entscheidung des beeinflußten Agenten Auskunft zu erteilen bzw. eine entsprechende Rückmeldung an den beeinflussenden Agenten übermitteln. Diese Überlegungen zur Beeinflussung mit Rückmeldung kann man auf eine Folge von Bearbeitungsschritten und mehrere Agenten verallgemeinern: Während der Zusammenarbeit bzw. den Bearbeitungsschritten ergeben sich viele gegenseitige Beeinflussungen, von denen zunächst nicht bekannt ist, ob sie tatsächlich zur Veränderungen des Handlungsplans geführt haben. Zu einem späteren Zeitpunkt soll dies jedoch feststellbar sein. Vom Unterstützungssystem wird daher gefordert, daß es einen organisatorischen Rahmen für Beeinflussungen und ihre Wirkungen bereitstellt. Zu diesem Rahmen gehören z. B. die beeinflußten Agenten und solche, von denen Beeinflussungen ausgingen, sowie Anfang und Ende einer Folge von Beeinflussungen. Ein konkretes Beispiel für einen solchen Rahmen sind Verhandlungen. Am Anfang gehen in Form von Vorschlägen Beeinflussungen aus, über deren Annahme erst zu einem viel späteren Zeitpunkt entschieden wird. Ein Unterstützungssystem, das klären kann, welche Vorschläge zu welchen Entscheidungen geführt haben, ist zweifellos hilfreich für die freie Kooperation.

Die Unterstützung von freier Kooperation, speziell der datenorientierten Kooperation, ist Gegenstand dieses Buches. Es sind daher insbesondere die Anforderungen an die Systemunterstützung der Tabelle 3 interessant. Neben den skizzierten Anforderungen gibt es noch weitere sinnvolle Unterstützungen für eine freie Kooperation, die sich aber nicht aus der Gegenüberstellung mit koordinierten Abläufen gewinnen lassen oder nicht spezifisch für die freie Kooperation sind. Ein Beispiel dafür ist eine kooperative Zugriffsrechteverwaltung. Andere Anforderungen, z. B. semantische Datenmodelle für die Darstellung kooperativen Geschehens oder eine Kommunikationsinfrastruktur zur Realisierung von Interoperabilität, wurden bzw. werden an anderer Stelle (Abschnitte 1.3.1 und 3.2.1) von den weiteren Betrachtungen ausgeschlossen, weil sie z.B. die Datenrepräsentation und nicht den kooperativen Vorgang betreffen.

3 Rechnerunterstützung für datenorientierte Kooperation

Die Darstellung von Wesen und Formen kooperativer Gruppenarbeit in Kapitel 2 war unabhängig von konkreten Mechanismen. Das Ziel des vorliegenden Buches ist jedoch die technische Unterstützung von datenorientierter Kooperation als Form der freien Kooperation. Bevor die Anforderungen der freien Kooperation in Konzepte und Mechanismen umgesetzt werden, ist es sinnvoll, bereits bestehende Lösungen zu betrachten. Sie können gegebenenfalls später als Bausteine integriert werden. Um die Untersuchungen auf ein überschaubares Maß zu beschränken, muß zuerst eine Abgrenzung des Untersuchungsgebietes erfolgen (Abschnitt 3.1). Abschnitt 3.2 diskutiert das Spektrum der Anforderungen an die Rechnerunterstützung für kooperative Gruppenarbeit, wie sie in der einschlägigen Literatur genannt werden. Den Schlüssel zur Rechnerunterstützung bietet schließlich nicht ein bestimmter Ansatz, sondern das, was bezüglich des kooperativen Geschehens als korrekter Ablauf mit konsistenter Datenbasis betrachtet wird. Ablaufkorrektheit und Zustandskonsistenz werden unter dem Begriff Akzeptierbarkeit subsumiert (Abschnitt 3.3). Aus diesen Überlegungen folgt, daß die Rechnerunterstützung für akzeptierbare Korrektheit und Konsistenz sorgen muß. Anhand von ausgewählten datenbanknahen Mechanismen werden in Abschnitt 3.4 und 3.5 diesbezügliche Modelle erörtert. Abschnitt 3.6 schließt das Kapitel mit den Aufgabenfeldern einer Unterstützung für datenorientierte Kooperation ab.

3.1 Abgrenzung des Untersuchungsgebietes

Auf der Suche nach Anforderungen und Lösungsmöglichkeiten für kooperative Datenbanksysteme sind zunächst zwei Gebiete mit unterschiedlichen Zielrichtungen abzugrenzen, deren Basismechanismen sich jedoch überlappen: Datenbanksysteme, die kooperieren, und Kooperation auf gemeinsamen Datenbeständen.

Das Forschungsgebiet der kooperierenden Datenbanksysteme hat sich aus den Bemühungen um Verteilte Datenbanksysteme (Übersicht in [141]) entwickelt. Man erkannte, daß die Simulation eines logisch zentralen, ubiquitären Datenbestandes auf einer physisch verteilten Infrastruktur nur selten nötig und der enorme Aufwand dafür meist unbezahlbar ist. Stattdessen ging man dazu über, autonome Datenhaltungen fallweise, z. B. für globale Anfragen, zu koppeln. Das Gros der lokalen Operationen kann ohne den Verteilungs-Overhead abgewickelt werden. Datenbanksysteme, die solche Kopplungseigenschaften haben, werden Föderierte

Datenbanksysteme oder Multidatenbanksysteme genannt ([17], [172]). Hauptaufgabengebiete der diesbezüglichen Forschung sind die Integration unterschiedlicher Datenschemata ([10], [27], [35]), verteilte Anfrageoptimierung ([117]) und die konkurrierende Abwicklung lokaler und globaler Transaktionen unter Beibehaltung der Knotenautonomie ([198]).

Die Bestrebungen um Kooperation auf gemeinsamen Datenbeständen haben ihren Ursprung in der Unterstützung von Entwicklungsszenarien ([8], [89], [103]) und sonstigen Gruppenprozessen ([104]). In diesen Situationen arbeiten wohlwollende Datennutzer typischerweise in längeren Einheiten und in nicht konkurrierender Weise an der Lösung gemeinsamer Aufgaben. Das „kooperative" Datenbanksystem vermeidet ungewollte Beeinflussungen, die z.B. durch gleichzeitige Zugriffe auf gemeinsame Objekte entstehen, und unterstützt gewollte Interaktionen, z.B. durch die frühzeitige Weitergabe von noch ungültiger Information. Ein einheitlicher Name für dieses Forschungsgebiet hat sich noch nicht etabliert, die Veröffentlichungen laufen unter Stichwörtern wie langlebige Transaktionen ([89]), erweiterbare oder Nicht-Standard-Datenbanksysteme ([19], [67]), semantische Concurrency Control ([7]), Gruppen-Entscheidungsunterstützungssysteme ([104]).

Das vorliegende Buch befaßt sich mit der datenbanktechnischen Unterstützung für kooperative Gruppenarbeit, d.h. der Zusammenarbeit auf einem gemeinsamen Datenbestand. Zusammenarbeit zwischen autonomen Datenhaltungen, wie bei Föderierten und Multidatenbanksystemen, wird aufgrund ihrer Zielsetzung nicht behandelt.

3.2 Anforderungen an die Rechnerunterstützung

So vielschichtig, wie sich das Gebiet des CSCW heute darstellt, so unterschiedlich und weitreichend sind auch die Anforderungen, die an CSCW-bzw. Groupware-Systeme gestellt werden. Neben allgemeinen Anforderungen (Abschnitt 3.2.1) werden in den folgenden Abschnitten Anforderungsklassen genannt, die sich speziell auf die Durchführung datenorientierter Kooperation richten. Die Klassen werden nach den inhaltlichen Kriterien Datenabstraktion (Abschnitt 3.2.2), Steuerung der Datennutzung (Abschnitt 3.2.3), Ablaufkontrolle (Abschnitt 3.2.4), Transparenz (Abschnitt 3.2.5) und Transaktionsunterstützung (Abschnitt 3.2.6) gebildet.

3.2.1 Allgemeine Anforderungen

Zu den allgemeinen Anforderungen für alle Formen von rechnergestützter Kooperation zählen:

- Kommunikationsfähigkeit ([43], [80], [137]),
- Gruppenkommunikationsunterstützung ([93], [112]),

- Gruppenentscheidungsunterstützung ([80]) und
- Erweiterbarkeit, Anpaßbarkeit ([137]); Skalierbarkeit ([154]).

An erster Stelle der Liste steht die Forderung nach Kommunikationsfähigkeit. Die Unterstützung von Kooperation erfordert fundamental die Bereitstellung von Kommunikationsmechanismen. Nur mit Hilfe einer solchen Infrastruktur können die Agenten miteinander in Kontakt treten. Kommunikationsfähigkeit als Basisfunktion wird einesteils über den Austausch von Nachrichten und andernteils über gemeinsam genutzte Strukturen realisiert. Erfolgt die Verbindung zwischen den Agenten durch den Austausch von Nachrichten, sollen Gruppenkommunikationsmechanismen neben Performance-Verbesserungen vor allem die Konsistenz des Nachrichtenaustausches garantieren. Diese Dienste sorgen dafür, daß die Nachrichten bei allen Agenten in der gleichen Reihenfolge ankommen und verhindern ungünstige Wettbewerbssituationen (Race-Conditions). Die Forderung nach Gruppenentscheidungsunterstützung umfaßt die Techniken zur Herstellung eines einheitlichen Votums. Gerade koordinierte Abläufe und freie Kooperation, die während der Zusammenarbeit an vielen Eingriffspunkten vorläufige Information austauschen, benötigen separate Dienste, um Konsens unter den Agenten herzustellen. Der letzte der allgemeinen Punkte fordert Unterstützung für die Dynamik von kooperativen Gruppenprozessen. Unterstützungssysteme sollen erweiterbar und anpaßbar sein, um den veränderten Fortgang der Zusammenarbeit nicht zu behindern bzw. möglichst sogar zu unterstützen. Eine besondere Form der Anpaßbarkeit ist die Erweiterbarkeit der Unterstützungssysteme für größere Benutzerkreise (Skalierbarkeit).

Forderungen, die nicht mit der Durchführung von Zusammenarbeit in Bezug stehen, sind auf die Vor- oder Nachbereitung des kooperativen Geschehens gerichtet. An Einzelanforderungen zur Unterstützung von Vor- und Nachbereitung werden genannt:

- Aufgabendekomposition ([80], [112])
- Protokollierung ([31], [59])
- Überwachung ([160])

Vor der eigentlichen Zusammenarbeit muß jeder Agent seine Aufgaben zugewiesen bekommen. Häufig wird die große Aufgabe nach Ressourcen und Fähigkeiten der Agenten verteilt. Kontraktnetze (Abschnitt 2.3.3) sind Beispiele für solche Unterstützungsmechanismen. Forderungen nach Unterstützung der Ergebnissynthese werden in der Literatur nicht erhoben. Grund dafür ist wohl, daß dieser Vorgang sehr anwendungsspezifisch ist und deswegen keine allgemeinen Mechanismen angeboten werden können. Ebenfalls für die Nachbereitung einer Zusammenarbeit sind Protokolle gedacht. Über die Historie der Interaktionen können beispielsweise Argumentationsketten nachvollzogen und so Entscheidungen transparenter gemacht werden. Die Überwachung des Kooperationsprozesses (Monitoring) kann man als Nachbereitung einzelner Interaktionsschritte deuten. Entsprechende Mechanismen haben keinen unmittelbaren Einfluß auf die Durchführung der Zusammenarbeit.

Bedingt durch die Provenienz von CSCW und Groupware, beziehen sich viele publizierte Anforderungen auf die Durchführung von Zusammenarbeit vor dem Hintergrund eines gemeinsamen Datenbestandes. Die Verfügbarkeit eines gemeinsamen Datenbestandes selbst sehen viele Autoren als ähnlich fundamental wie Kommunikationsfähigkeit an ([124], [137]).

3.2.2 Datenabstraktion

Neben der puren Kommunikationsfähigkeit der Agenten, d.h. ihrer Fähigkeit zum Austausch von Daten als Bitstrom, bildet auch die inhaltliche Ebene der Kommunikationselemente eine Klasse von Anforderungen. Es macht einen Unterschied, ob ein Bitstrom oder Nachrichtentypen zur Verfügung stehen oder ob der Datenaustausch durch globale Konsistenzeigenschaften gesichert ist oder nicht. Die Klasse Datenabstraktion faßt die Forderungen nach der Bedeutung und Nutzung der ausgetauschten Daten zusammen. Zu den Einzelforderungen zählen:

- Nachrichtenobjekte ([86], [124], [127]),
- nicht-serialisierbarer Datenaustausch ([9]),
- explizite Darstellung des kooperativen Prozesses ([160]),
  z. B. Argumentationsmodelle ([80]) und
- Kontextbereitstellung ([43], [160]).

In der Kategorie Datenabstraktion werden zuerst die Forderungen nach den Datenaustauschmöglichkeiten konkretisiert. Nachrichtenobjekte sind Nachrichtentypen, die in einer Klassenhierarchie angeordnet sind. Sie enthalten einen Beschreibungsteil, z. B. für die Adressierung, und eine Menge von Datenobjekten. Je nach Auslegung des Beschreibungsteils und der Vermittlungsknoten können Nachrichten weitgehend autonom ihren Weg zu den Agenten suchen. Wenn auch der Nachrichteninhalt zur Wegbestimmung (Routing) herangezogen wird, spricht man von I-Mail ([72]). Die Forderung nach nicht-serialisierbarem Datenaustausch steht in Bezug zur globalen Datenkonsistenz. Kooperative Zusammenarbeit erfordert den Austausch von Information, die später noch invalidiert werden kann. Unterstützungsmechanismen müssen zur Aufdeckung drohender Inkonsistenzen die Historie des Datenaustausches nachvollziehbar halten. Weiterhin soll ein Unterstützungssystem ausreichende Ausdrucksmöglichkeiten für kooperative Prozesse bereitstellen. Argumentationsmodelle sind ein Beispiel für die explizite Modellierung eines kooperativen Geschehens. Ein anderes Beispiel für die explizite Darstellung wurde in Abschnitt 1.3.1 mit den verschiedenen Arten der Unsicherheit diskutiert. Mit der Bereitstellung eines Kontexts sind die Agenten in der Lage, ihre Äußerungen auf die Historie und die Gegenwart der Zusammenarbeit zu beziehen. Gleichzeitig begrenzt der Kontext die Wirkung der Äußerungen. Neben den genannten spezifischen Forderungen an die Datenabstraktion, fordern einige Quellen ([59], [124]) noch eine ganze Reihe anderer Merkmale, die aber allgemeiner Natur sind: Es ist nicht ersichtlich, warum eine kooperative Zusammenarbeit von redundanzfreier Datenhaltung, Persistenz oder assoziativem Zugriff mehr profitieren soll als isolierte Arbeit. Anforderungen dieser Art sollte jede Datenhaltung erfüllen.

3.2.3 Steuerung der Datennutzung

Die Forderungen der Unterkategorie Steuerung der Datennutzung sind zentral für den kooperativen Mehrbenutzerbetrieb und unterteilen sich in Forderungen nach Zugriffskontrolle und nach Concurrency control. Zugriffskontrolle bezieht sich auf Zugriffsrechte wie Lesen, Modifizieren, Einfügen und Löschen und wer wann diese Zugriffsrechte nutzen und weitergeben darf. Concurrency control umfaßt die Techniken zur Kontrolle und Steuerung des Mehrbenutzerbetriebes auf einem gemeinsamen Datenbestand.

- Zugriffskontrolle ([59], [124], [137])
  - mit Rollenmodell ([43], [124])
  - mit Teambildung ([124]).
- Concurrency Control ([59], [124], [137])
  - optimistisch ([42], [124], [177])
  - durch Sperren ([177]), Floor control ([42])
  - Konflikterkennung mit Notifikation ([124]), WYSIWIS ([42])
  - Korrektheitskriterium unter Benutzerkontrolle ([9])

Die Installation einer Zugriffskontrolle soll Groupware-Systeme den Szenarien der Wirklichkeit näherbringen. Die Vorstellung, daß während der Zusammenarbeit jeder Agent auf die Daten aller anderen Agenten zugreifen darf, ist nicht realistisch. Zur strukturierten Verwaltung der Zugriffsrechte und Privilegien werden Rollenkonzepte und Teambildung (Abschnitt 2.5) benötigt. Die Zugriffe können dann kraft Amtes oder kraft der Aufgabe erlaubt oder verhindert werden.

Concurrency control erkennt und löst eventuell sogar die Konflikte und Abhängigkeiten bei der konkurrierenden Nutzung eines gemeinsamen Datenbestandes. Wenn die Zusammenarbeit der Agenten zeitlich versetzt erfolgt, ist die Konfliktwahrscheinlichkeit niedrig bis Null. Dementsprechend genügen optimistische Mechanismen zur Concurrency control. Diese Verfahren gewähren zunächst alle Datenzugriffe und stellen später vor der Beendigung der Arbeitseinheit (transaktionales „Commit") die Gültigkeit der Operationen fest. Diese späte

Kontrolle birgt die Gefahr der Invalidierung von Benutzeraktionen in sich. Wenn die Konfliktwahrscheinlichkeit hoch ist, setzt man daher besser pessimistische Verfahren wie Sperren ein. Durch das erfolgreiche Sperren eines Datenobjektes werden Zugriffe anderer Agenten bis zum Ende der sperrenden Arbeitseinheit auf kompatible Operationen limitiert. Die Sperren müssen nicht objektbezogen sein. Durch die Reihum-Verteilung des Zugriffsrechts (Floor control; Abschnitt 2.4.4) erhält ein Agent exklusiven Zugriff auf alle Objekte, während alle anderen Agenten blockiert sind. Eine grundsätzliche andere Möglichkeit der Concurrency control besteht in der Steuerung der Datennutzung durch die Agenten selbst. Vom Unterstützungssystem wird nur die Aufdeckung von Konflikten, nicht aber ihre Lösung gefordert. Es benachrichtigt die Agenten (Notifikation), deren Zugriffe konfligieren. Noch einfacher aus Sicht des Groupware-Systems ist die WYSIWIS-Technik (Abschnitt 2.4.4). Weil jeder Agent unmittelbar die Arbeitsergebnisse der anderen sieht, kann er auch die Konflikterkennung übernehmen. Insofern ist Concurrency control per WYSIWIS weniger eine Forderung als eine Entlastung des Unterstützungssystems. Der letzte Punkt fordert statt eines bestimmten Korrektheitskriteriums, die Wahl dem Benutzer bzw. einem Administrator zu überlassen. Der Mechanismus zur Concurrency control kann dann auf bestimmte Anwendungssituationen zugeschnitten werden. Beispielsweise kann es im Terminplanungsbeispiel erlaubt sein, daß die Kalendereinträge für Abteilungsbesprechungen konkurrierend zu individuellen Einträgen modifiziert werden, weil man sowieso nicht davon ausgeht, daß jeder an den Abteilungsbesprechungen teilnehmen kann.

3.2.4 Ablaufkontrolle

Die in diesem Abschnitt eingeführte Unterkategorie richtet sich an die Unterstützung von koordinierten Abläufen (Abschnitt 2.4.3). Die Forderungen, wie sich Abläufe gegenseitig beeinflussen oder in welcher Reihenfolge (Teil-)Aktivitäten ausgeführt werden sollen, unterteilen sich in die zwei Unterkategorien:

- Koordination ([46], [80], [160])
- Aktivitätenmanagement ([43], [86], [137], [160])

Zunächst nennen einige Quellen Koordination als generell wünschenswertes Kennzeichen von Groupware-Systemen. Da dieser Begriff ein Homonym für Ablaufkontrolle und Zugriffssynchronisation ist (Abschnitt 2.4.4), fordern etliche Referenzen bei näherer Betrachtung Concurrency-control-Mechanismen. Sie wurden bereits unter der vorherigen Kategorie Steuerung der Datennutzung diskutiert. Die restlichen Referenzen fordern tatsächlich eine Ablaufkontrolle, also die geordnete Abwicklung der kooperativen Bearbeitungsschritte (routing of work; [160]). Zur Spezifikation koordinierter Bearbeitungsschritte dienen Protokolle oder skriptähnliche Kontrollflußbeschreibungen mit Sequenz, Alternative und Iteration. Mit der Kontrolle beabsichtigen sie hauptsächlich die Beschleunigung des gesamten kooperativen Geschehens. Liegt ein Skript vor, dann ist beispielsweise der nächste Schritt bekannt und kann aktiv angestoßen oder die Daten für ihn bereitgestellt werden. Häufig wird der Schwerpunkt der Ablaufkontrolle auch weniger in der Steuerung, sondern in der Verwaltung gesehen. Ein Aktivitätenmanagement soll Aktivitäten verwalten, die zur Bearbeitung anstehenden Bearbeitungsschritte den Agenten in Form von "To-Do-Lists" anbieten oder sogar selbst ausführen.

3.2.5 Transparenz

Die Forderungen nach Transparenz, d.h. dem Unsichtbarmachen oder Bestehenlassen der verschiedenen Verteilungsaspekte, sind Gegenstand der nun betrachteten Kategorie von Anforderungen an die Rechnerunterstützung.

- Verteilter Zeitdienst ([112])
- Verteilter Namensdienst ([59], [112])
- Datenverteilung ([42], [112], [124])
- Datenreplikation ([42])
- Transparenz des Interaktionsmodus ([43], [137])
- Transparenz der Sicht ([137], [155])

In verteilten Betriebssystemen und Datenbanksystemen sollen alle Arten der Verteilung möglichst vollständig vor den Anwendungsprogrammen verborgen werden. Ortstransparenz führt dazu, daß die Nutzer eines Dienstes nichts über seinen Ausführungsort wissen müssen, Zugriffstransparenz gestattet den uniformen Zugriff auf alle Objekte, Migrationstransparenz erlaubt die Verlegung eines Objektes, ohne die Benutzer zu informieren, usw. ([155]). Auch Groupware-Systeme beanspruchen zum Teil eine völlige Transparenz, z.B. durch verteilte Zeit- und Namensdienste. Ein verteilter Zeitdienst schafft Transparenz bezüglich der unterschiedlichen lokalen Uhren der Teilnehmer. Entweder durch die logische Ordnung der Ereignisse entlang einer virtuellen Zeitskala ([105]) oder durch durch physische Zeitprotokolle wie NTP oder DTS ([87]) werden die Gangunterschiede der einzelnen Uhren ausgeglichen. Kausale Ordnungen können so über ihre Entstehungszeit definiert werden. Verteilte Namensdienste sind wichtig für die Lokalisierung von Objekten. Ohne die Transparenz eines Namensdienstes muß jeder Teilnehmer wissen, wo sich im verteilten System das benannte Objekt befindet. Der Namensdienst übernimmt diese Aufgabe für ihn und stellt ortsunabhängige, systemweit eindeutige Namen bereit. Andere Aspekte der Verteilung sollen nicht vollständig maskiert werden, sondern als selektive Transparenz bereitgestellt werden ([155]). Beispielsweise soll eine Ortsverteilung der Daten zum Teil ohne die Transparenz in der Objektbenennung überwunden werden. Es genügen dann Techniken der Datenreplikation wie Primary-copy Techniken, wo eine ausgezeichnete Kopie (Primärkopie) stets den gültigen Datenzustand reflektiert, oder Versionskontrollverfahren, bei denen die Gültigkeit der Daten durch den Vergleich der oder die Kontrolle über die Replikate durchgeführt wird ([124]). Als Interaktionsmodi werden synchrone und asynchrone Zusammenarbeit unterschieden ([82]). In [43] wird für Systeme geworben, die beide Interaktionsmodi gleichzeitig anbieten, so daß die Äußerungen der Teilnehmer unabhängig vom aktuellen Modus abgegeben werden können ([137]). Schließlich meint die Transparenz der Sicht die Unabhängigkeit von der Nutzung der Daten. Als Gegenbeispiel zu Sichttransparenz gilt WYSIWIS, das von jedem Teilnehmer die gleiche Sicht auf den gemeinsamen Datenbestand fordert.

3.2.6 Transaktionsunterstützung

Die letze Kategorie geht auf spezielle Forderungen nach Transaktionsunterstützung bei Groupware-Systemen ein. Hierbei stehen insbesondere Fragen der Ausfallsicherheit und der modellinhärenten Organisation der Agenten bei der Durchführung der datenorientierte Kooperation im Mittelpunkt.

- Transaktion als organisatorische Einheit ([34])
- Robustheit/Recovery ([42], [160])
- verteilte Transaktionen ([42])
- erweiterte Transaktions-Modelle ([80])
- lange Transaktionen ([9], [124])
- mehrstufige Datenbasis ([8])

Grund für eine transaktionale Unterstützung kooperativer Gruppenarbeit sind, wie stets, die Klammerung logischer zusammengehöriger Arbeitsschritte im Mehrbenutzerbetrieb und die Robustheit der Verarbeitung durch eine kontrollierte Fehlersemantik. Weil kooperative Zusammenarbeit inhärent verteilt ist, müssen die Transaktionen über Teilnehmer- bzw. Knotengrenzen hinweg definiert sein. Zu den spezifischen Anforderungen von Groupware-Systemen zählen erweiterte Transaktionsmodelle mit langen Transaktionen. Trotz der langen Dauer der Zusammenarbeit will man es sich nicht leisten, im Fehlerfall alle Änderungen zu verlieren. Zudem sind bei kooperativen Prozessen die Charakteristika von ACID-Transaktionen, insbesondere die Isolationseigenschaft, inadäquat. Erweiterte, vornehmlich geschachtelte Transaktionsmodelle mit relativem Commit gegenüber der Vatertransaktion scheinen dafür geeigneter. Eine andere Möglichkeit zur Auflösung der strikten Isolation ist eine mehrstufige Datenbasis. Die öffentliche Datenbank enthält konsistente Versionen der Datenobjekte, die Gruppendatenbank ermöglicht die Zusammenarbeit innerhalb der Gruppe und die private Datenbank verwaltet Objekte, die gerade in Bearbeitung sind. Mit Check-in/Check-out Operationen werden Datenobjekte zwischen der öffentlichen, gruppeninternen oder privaten Datenbank hin- und herkopiert (Abschnitt 3.5.1).

Die in Abschnitten 3.2.2 bis 3.2.6 dargestellten Anforderungen sind nicht alle für die datenorientierte Kooperation jedoch von Bedeutung. Ablaufsteuerung wurde bereits in Abschnitt 1.1 von den weiteren Betrachtungen ausgeschlossen. Ebenso wurden Fragen der Datenabstraktion und der Datenrepräsentation ausgeklammert (Abschnitt 1.3.1). Es bleiben die Forderungen nach Steuerung der Datennutzung, Transparenz und Transaktionsunterstützung, die Unterstützungssysteme für datenorientierte Kooperation berücksichtigen müssen. Zu jeder der drei Kategorien existieren eine beträchtliche Anzahl von Ansätzen, die unter den Begriffen Ablaufkorrektheit und Zustandskonsistenz im folgenden Abschnitt 3.3 diskutiert werden sollen.

3.3 Ablaufkorrektheit und Zustandskonsistenz als Schlüssel zur Rechnerunterstützung

Abgeschwächte Korrektheitskriterien und semantische Concurrency control Mechanismen (Übersicht in [9]) dienen der Steuerung der Datennutzung. Replikationsprotokolle (Übersicht in [20]) sorgen für die Konsistenz von Objektkopien in einem verteilten System. Neue Transaktionsmodelle (Übersicht in [44]) bieten vielfältige Arten der Transaktionsunterstützung. Es kann nicht Aufgabe dieses Buches sein, diesen Arbeiten eine weitere und aus Platzgründen sicherlich unvollständige Übersicht hinzuzufügen. Stattdessen sollen die Dimensionen der Akzeptierbarkeit ([147]) präsentiert werden, in denen sich die Diskussion um die drei Kategorien bewegt. Akzeptierbarkeit umfaßt die Korrektheit der Verarbeitung (Ablaufs) und die Konsistenz des Datenzustands. Beides auch für datenorientierte Kooperation zu sichern, ist das Anliegen einer entsprechenden Rechnerunterstützung. Ein Exkurs über den Begriff „committed" in Abschnitt 3.3.1 zeigt, daß ein Basisproblem der Datenbankunterstützung in der vielfachen, aber unteilbaren Semantik des Begriffs liegt. In Abschnitt 3.3.2 werden in der gebotenen Kürze die Grundlagen des korrekten Mehrbenutzerbetriebs, namentlich das Korrektheitskriterium Serialisierbarkeit, wiedergegeben. Abschnitt 3.3.3 stellt dann die Taxonomie der Akzeptierbarkeit vor. Sie beleuchtet die Facetten von „committed" und ist damit der Schlüssel zur Rechnerunterstützung, der in der unabhängigen Nutzung der Interpretationen dieses zentralen Begriffs der Transaktionsverarbeitung liegt. Ausgewählte Ansätze, die vor allem im Hinblick auf das Konzept der Datenbankkonversationen (Kapitel 5) einen kooperativen Arbeitsstil erlauben, werden in den Abschnitten 3.4 und 3.5 erläutert.

3.3.1 Der Begriff „committed"

ACID-Transaktionen klammern eine aus Anwendungssicht zusammengehörige Folge von Bearbeitungsschritten der Datenbasis. Der Anwendungsprogrammierer markiert die Folge mit den Anweisungen Begin of Transaction (BOT) und End of Transaction (EOT). Im erfolgreichen Fall ist EOT das Commit, sonst ein Abort. Weil eine Transaktion die Einheit der

- Atomarität (Vollständigkeit)
- Concurrency Control (Isolation, Sichtbarkeit),
- Konsistenz (Gültigkeit) und
- Dauerhaftigkeit

ist ([66]), beendet das EOT alle diese Einheiten. Mit dem Begriff „committed" sind dann die Bedeutungen der Vollständigkeit, Sichtbarkeit, Gültigkeit und Dauerhaftigkeit verbunden. Bei ACID-Transaktionen sind diese vier Prädikate untrennbar verbunden. Die Bedeutung von Sichtbarkeit und Gültigkeit sowie ihre Konsequenzen für die kooperative Zusammenarbeit sollen im folgenden kurz diskutiert werden.

Kooperative Zusammenarbeit beruht auf dem Austausch von vorläufigen Informationen, deren Gültigkeit erst später festgestellt wird. Beispielsweise werden im Szenario der Automobilentwicklung (Abschnitt 1.2.2) Daten weitergegeben und die Gültigkeit der Information durch Freigabestufen separat festgelegt. Der Programmierer von ACID-Transaktionen hat diese Trennungsmöglichkeiten nicht. Wegen der Weitergabe von Daten müßte die Isolation aufgehoben und damit die Transaktion beendet werden. Sind die weitergegebenen Daten aber noch nicht gültig, dürfte die Transaktion nicht beendet werden, um die Konsistenz der Datenbasis nicht zu gefährden. Bei ACID-Transaktionen gibt es keine Möglichkeit, beide Vorgänge separat abzuwickeln.

Aufgrund der geschilderten Beobachtungen sind für rechnerunterstützte, kooperative Zusammenarbeit Techniken gesucht, welche die Gültigkeit und Sichtbarkeit der Daten getrennt verwalten. Geschachtelte Transaktionsmodelle ([133]) sind diesbezüglich ein Schritt in die richtige Richtung. Die Kindtransaktionen machen ihre Datenmodifikation gegenüber der Elterntransaktion sichtbar, und die (Wurzel-)Elterntransaktion bestimmt die Gültigkeit der Datenmodifikation erst an ihrem Ende. Allerdings kann die Datenweitergabe ohne Gültigkeit nur zwischen Kindern- und Elterntransaktionen erfolgen und ist insofern eingeschränkt. Das Konzept der Datenbankkonversationen (Kapitel 4) beruht auf einer völligen Trennung des Gültigkeits- und des Sichtbarkeitsbegriffs.

Zur Zerlegung des Transaktionsbegriffs in seine Bestandteile werden auch in [33], [41] und [188] Überlegungen angestellt. Ziel von [41] ist einerseits die orthogonale Darstellung und anderseits die Bereitstellung von getrennten Objektklassen mit den orthogonalen Eigenschaften. Auch [33] strebt solche Objekttypen an. Bei [188] steht eine systematische Rekonstruktion des Begriffs „committed" aus logischer Sicht im Vordergrund, jedoch werden in diesem Beitrag auch die Konsequenzen für kooperative Zusammenarbeit angerissen. Insbesondere wird die Notwendigkeit von kooperativen Kontrollsphären, sogenannten Problemlösezyklen, begründet.

3.3.2 Serialisierbarkeit

Ausgangspunkt für die Definition von Serialisierbarkeitskriterien ist die Darstellung von transaktionalen Abläufen als History von Lese- und Schreiboperationen auf Datenobjekten. Jede Operation ist genau einer Transaktion zugeordnet. Im üblichen Mehrbenutzerbetrieb werden nicht alle Lese- und Schreiboperationen einer Transaktion direkt hintereinander, sondern verschränkt mit den Operationen anderer Transaktionen ausgeführt, beispielsweise um die Wartezeit für E/A-Operationen einer Transaktion durch andere zu nutzen. Das allgemeine Serialisierbarkeitskriterium gibt an, wie die Operationen unterschiedlicher Transaktionen verschränkt sein dürfen, damit der gesamte Ablauf als korrekt betrachtet wird. Es verlangt, daß die History aus verschränkten Operationen äquivalent zu einem Ablauf mit der seriellen Ausführung der Transaktionen ist. In praktischer Hinsicht ist dieser allgemeine Begriff der Serialisierbarkeit jedoch nicht brauchbar. Die Entscheidbarkeit des Prädikats ist ein NP-vollständiges Problem, und serialisierbare Histories alleine können die Wiederherstellung im Fehlerfall unmöglich oder folgenreich (z.B. durch rekursives Rücksetzen) machen ([102]). Aus diesen Gründen wird ein strengeres Kriterium eingeführt, das allein aufgrund syntaktischer Eigenschaften und bereits für Präfixe von Histories entscheidbar ist. Das Kriterium wird über die Konflikte der Operationen definiert und heißt aus diesem Grund konfliktbasierte Serialisierbarkeit ([12]).

> DEFINITION:
>
> Zwei Transaktionen t_i und t_j stehen in direktem *Konflikt*, falls es Operationen p und q aus t_i und t_j auf dem gleichen Objekt ob gibt, die in der Reihenfolge p, q ausgeführt werden und die in der Reihenfolge q, p einen anderen Objektzustand von ob oder unterschiedliche Rückgabewerte liefern.

> DEFINITION:
>
> Eine History H ist genau dann *konfliktbasiert serialisierbar*, wenn für jede Transaktion t aus der History H gilt, daß sie nicht (transitiv) mit sich selbst in Konflikt steht.

Die direkte Konfliktrelation ([147]) ist auf der Ausführungsreihenfolge der Operationen unterschiedlicher Transaktionen definiert. Allgemein stehen zwei Operationen in Konflikt, "if their execution order matters" ([23]). Zwei Operationen konfligieren, wenn beide auf dasselbe Datenobjekt zugreifen und mindestens eine von ihnen schreibt. Wenn es in einer History keine zyklische Konfliktabhängigkeit gibt, d. h. keine Transaktion in der transitiven Hülle der direkten Konfliktrelationen mit sich selbst konfligiert, ist die History konfliktbasiert serialisierbar ([147]). Eine Übersicht über andere Arten der Serialisierbarkeit, wie Sicht-Serialisierbarkeit und Commit-Serialisierbarkeit, gibt [185].

Aus der Definition der konfliktbasierten Serialisierbarkeit wird klar, warum mit diesem Kriterium keine Kooperation zwischen den einzelnen Transaktionen möglich ist. Koordinierte Abläufe und freie Kooperation setzen wiederholte Beeinflussungen während des Handlungsablaufs voraus (Abschnitt 2.4.3 und 2.4.4). Erfolgreiche Beeinflussungen ändern den Handlungsplan. Technisch werden durch die Operationen einer Transaktion die Rückgabewerte der Operationen anderer Transaktionen beeinflußt. Wenn die Beeinflussungen bidirektional sind, entsteht ein Zyklus in den Konfliktrelationen, und der Ablauf ist nicht mehr konfliktbasiert serialisierbar. Gelingt es, die Beeinflussung auf eine Richtung zu beschränken, entstehen keine Zyklen, und Kooperation ist mit konfliktbasierter Serialisierbarkeit vereinbar (Delegation; Abschnitt 3.5.2). Auch wenn die Histories nicht mehr serialisierbar sind, können sie jedoch akzeptierbar sein. Die Formen der Akzeptierbarkeit sind im folgenden Abschnitt erklärt.

3.3.3 Taxonomie der Akzeptierbarkeit

Der Inhalt einer Datenbank reflektiert den Zustand einer Miniwelt. Wenn der Zustand der Datenbank dem Zustand der Miniwelt „gut" entspricht, handelt es sich um eine korrekte Repräsentation, die durch Anforderungen an die *Zustandskonsistenz* beschrieben wird. Die „Qualität" der Übergänge von einem Datenbankzustand in den nächsten wird durch Korrektheitskriterien beschrieben. Die Konsistenz des Zustands und die Korrektheit des Übergangs faßt [147] unter dem Begriff der Akzeptierbarkeit zusammen. Die Taxonomie der Akzeptierbarkeit ([147]) enthält deswegen auch diese beiden Aspekte. Sie ist auch ein vorläufiger Endpunkt aller Bemühungen um die Klassifikation von (neuen) Korrektheitskriterien, die mit den verschiedenen Isolationsgraden ([58]) ihren Anfang nahm. Andere übersichtliche Darstellungen der Ansätze bieten [185] und [9], allerdings nur mit geringem klassifikatorischen Anspruch. Eine Einteilung der Anforderungen an die Zustandskonsistenz nach [147] ist in Abbildung 10 mit Beispielen angegeben. Auf die Beispiele kooperative Serialisierbarkeit CoSR, Check-in/Check-out und Delegation wird in den Abschnitten 3.4 und 3.5 ausführlich eingegangen. Sie werden deshalb hier nicht diskutiert.

Die Zustandskonsistenz, d. h. die Fehlerfreiheit des Datenbankzustandes, unterteilt sich nach der Einheit der Konsistenz und nach der Art, wie und wann die Konsistenz gepflegt wird.

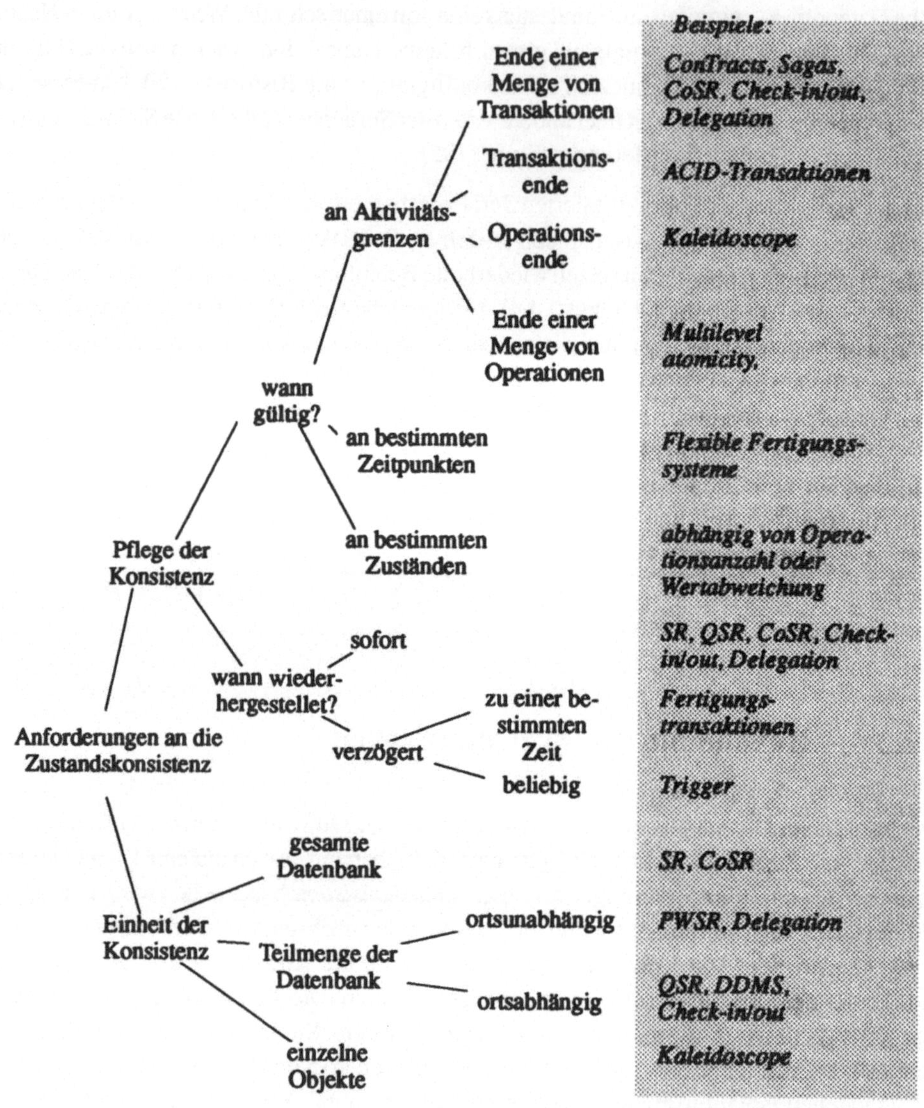

Abb. 10: Taxonomie der Anforderungen an die Zustandskonsistenz (nach [147])

Durch Integritätsbedingungen beschreibt man diesen Zustand bezüglich einer Dateneinheit. Herkömmliche ACID-Transaktionen mit konfliktbasierter Serialisierbarkeit (SR) erhalten die Konsistenz der gesamten Datenbank, wenn sie auf einem konsistenten Zustand begannen. Andere Korrektheitskriterien erhalten nur die Konsistenz einer Teilmenge der Datenobjekte. Die predicate-wise serializability (PWSR; [102]) definiert Integritätsbedingungen auf disjunkten Untermengen aller Datenobjekte, um die Entscheidbarkeit des Prädikats zu garantieren. Ein formales Kriterium ist die Quasi-Serialisierbarkeit (QSR; [37]). Die auf einen Knoten (Lokation) beschränkte Serialisierbarkeit im verteilten Datenhaltungssystem DDMS ([78]) ist ein informales Kriterium. Schließlich kann sich die Einheit der Konsistenz nur auf einzelne Datenobjekte beziehen. Objektsysteme wie Kaleidoscope ([48]) können z.B. Einschränkungen des Wertebereichs für einzelne Objektinstanzen spezifizieren.

Die durch die Integritätsbedingungen beschriebene Zustandskonsistenz muß nicht zu jedem Zeitpunkt gelten. Vielmehr wird die Konsistenz durch angefangene, aber noch nicht beendete Bearbeitungen zwischenzeitlich verletzt. Es stellt sich nun die Frage, wann die Konsistenz bezüglich der definierten Einheit gelten soll. Klassisch sind auch in diesem Fall ACID-Transaktionen, die die Integrität am Transaktionsende wahren. Andere denkbare Aktivitätsgrenzen sind das Operationsende oder das Ende einer Menge von Operationen oder Transaktionen. Objektsysteme wie Kaleidoscope sichern die Zustandskonsistenz am Ende jeder Operation. Ein Vertreter von Konsistenzspezifikationen am Ende einer Menge von Operationen innerhalb einer Transaktion ist die Mehrschichtatomarität (Multilevel Atomicity; [118]). ConTracts ([186]) und Sagas ([50]) fassen eine Menge von Transaktionen nicht nach strukturellen Gesichtspunkten, sondern nach anwendungsspezifischen Gesichtspunkten zusammen. Beispielsweise soll ein Flugticket, ein Mietauto und diverse Hotelübernachtungen für eine Reise gebucht werden. ConTracts und Sagas modellieren die Einzelbuchungen als Steps bzw. Transaktionen, die unabhängig von den anderen Buchungen durchgeführt werden können. Weil aber die erfolgreiche Buchung des Mietautos ohne einen Platz im Flugzeug nutzlos ist, wird der gesamte Buchungsvorgang anwendungsspezifisch in einem Vorgang, genannt ConTract bzw. Saga, geklammert. Nur wenn alle Steps eines ConTracts bzw. alle Transaktionen einer Saga abgearbeitet sind, müssen alle Konsistenzanforderungen erfüllt sein. Konsistenzanforderungen in Abhängigkeit von temporalen Kriterien oder Zustandsbedingungen sind vor allem im Zusammenhang mit Replikationsprotokollen zu finden ([111]). In flexiblen Fertigungssystemen müssen beispielsweise die Replikate der Fertigungsanweisungen alle acht Stunden zum Schichtwechsel konsistent sein. Zustandsbedingungen beziehen sich auf eine gewisse Anzahl von Operationen oder maximale Wertabweichungen ([111]).

Wenn die Zustandskonsistenz für die geforderte Einheit oder zum geforderten Zeitpunkt nicht gilt, werden in Datenbanksystemen automatische Verfahren zur Restaurierung eines früheren, aber konsistenten Zustands eingeleitet. Die dritte Einteilung der Konsistenz unterscheidet danach, wann die Konsistenz hergestellt werden kann. Bei den üblichen Verfahren wie SR und PWSR wird die Konsistenz sofort wiederhergestellt. Typischerweise wird an der geforderten Aktivitätsgrenze eine Konsistenzverletzung festgestellt und die Aktivität zurückgesetzt, damit der vorherige konsistente Zustand erhalten bleibt. Im Sinne einer forward recovery ([58]) wären auch Maßnahmen zur Wiederherstellung der Zustandskonsistenz ohne Zurücksetzen denkbar. Wenn die Konsistenz nur zu bestimmten Zeitpunkten oder bei bestimmten Zuständen erforderlich ist, können weitere Aktivitäten die Konsistenz verzögert herstellen. Trigger, die zur Konsistenzerhaltung eingesetzt werden und deren Aktionsteil vom Ereignis-/Bedingungs-Teil transaktional entkoppelt ist ([85]), sind Beispiele für eine beliebig verzögerte Konsistenzerhaltung. Transaktionen, die im Rahmen von CAM-Prozessen zur Abwicklungen des Datenaustausches eingesetzt werden (Fertigungstransaktion; [164]) könnten einen ähnlichen Mechanismus unter Echtzeitbedingungen realisieren.

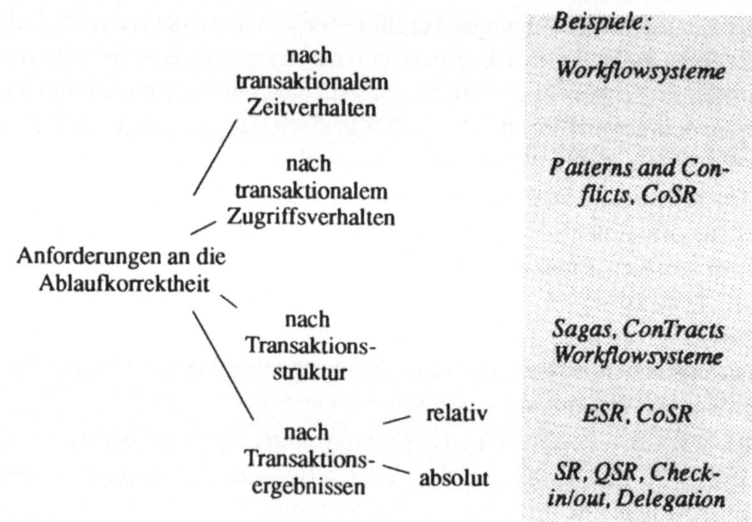

Abb. 11: Taxonomie der Anforderungen an die Ablaufkorrektheit (nach [147])

Die Anforderungen an die *Ablaufkorrektheit* beziehen sich auf die Bearbeitungsschritte der Datenbasis. Sie werden in [147] nach vier Kategorien unterschieden (Abbildung 11). Der klassische Repräsentant der Korrektheitsanforderungen ist die absolute Korrektheit wie bei ACID-Transaktionen. Die Korrektheit richtet sich hier nach dem Transaktionsergebnis. Am Transaktionsende muß die Datenbasis in einem vollständig konsistenten Zustand sein. Kriterien wie Epsilon-Serialisierbarkeit (ESR; [146]), die für Schreib- und Leseoperationen unterschiedliche konsistente Zustände anbieten, erzeugen nur relativ korrekte Transaktionsergebnisse (bezüglich des Korrektheitskriteriums). Bei Sagas und ConTracts wird die Ablaufkorrektheit nur durch die vollständige Abarbeitung der Saga bzw. des Skripts erreicht, so beispielsweise wenn Flugticket, Mietauto und Hotelreservierungen gebucht werden konnten. Die einzelnen Buchungen sind im Transaktionsmodell durch Abort- und Commit-Abhängigkeiten ([22]) gekoppelt. Schließlich kann die Korrektheit der Bearbeitungsschritte auch noch anwendungsabhängig definiert sein. Wenn die Anwendungssituation die Korrektheit durch bestimmte Verhaltensmuster vorgibt, können nicht-serialisierbare Histories entstehen, die aber dennoch korrekt sind. Kommutative Operationen wie Inkrement- und Dekrementanweisungen auf ganzen Zahlen können beliebig verschachtelt werden. Ein Ausdrucksmittel für verhaltensmäßige Korrektheit sind Patterns and Conflicts (Abschnitt 3.4.1). Hängt die Korrektheit von der fristgerechten oder verzögerten Ausführung der Aktivitäten ab, sprechen [147] von Korrektheitsanforderungen nach transaktionalem Zeitverhalten. Ablaufsteuerungen in Workflow-Managementsystemen ([18], [114]) verfügen typischerweise über solche Deadline- und Delay-Konstrukte. Weil Workflowsysteme jedoch darüber hinaus über weitere Konstrukte verfügen, mit denen strukturelle Eigenschaften von Ablaufschemata spezifiziert werden können, sind sie ebenfalls ein Beispiel für Korrektheitsanforderungen nach der Transaktionsstruktur.

Einige Ansätze sind gleichzeitig Anforderungen an die Ablaufkorrektheit und die Zustandskonsistenz. Die konfliktbasierte Serialisierbarkeit setzt (implizit) voraus, daß jede einzelne Transaktion die Konsistenz der Datenbasis wahrt. Dann sichert sie für eine Menge von ACID-Transaktionen, daß auch die nebenläufige Ausführung von Transaktionen die Konsistenz der Datenbasis wahrt. Daher ist das explizite Korrektheitskriterium der Serialisierbarkeit, daß jede einzelne Transaktion ein konsistentes Transaktionsergebnis liefert ([147]). Im Rest des Kapitels 3 werden nun einige der in Abbildung 10 und 11 angesprochenen Repräsentanten erläutert.

3.4 Kooperation durch abgeschwächte Anforderungen an die Ablaufkorrektheit

Durch Anforderungen an die Ablaufkorrektheit wird beschrieben, welche Folge von Bearbeitungsschritten als korrekt angesehen werden soll. Dabei interessiert zum einen die Korrektheit der Schritte eines einzelnen Agenten und zum anderen, welche Verschränkungen der Schritte von unterschiedlichen Agenten im nebenläufigen Betrieb erlaubt sind. Anhand eines Beispiels zeigt Abschnitt 3.4.1, wie solche Folgen spezifiziert werden können, und Abschnitt 3.4.2, was man damit ausdrücken kann. Abschnitt 3.4.3 zeigt, daß abgeschwächte Korrektheitsanforderungen bereits heute in SQL92 über den Isolationsgrad spezifizierbar sind, aber auch, daß die Sperrensemantik nicht ausreicht, um kooperative Korrektheit präzise zu beschreiben.

3.4.1 Pattern and Conflicts

Die Idee zur Spezifikation von transaktionalen Korrektheitskriterien über Muster- und Konfliktkriterien stammt von Skarra ([173]). Der Mechanismus wurde über verschiedene Stufen weiterentwickelt und fand schließlich Eingang in das Modell der Cooperative Transaction Hierarchies von [138]. Der folgenden Darstellung liegt die aktuelle Referenz [139] zugrunde.

Ziel von Patterns and Conflicts ist die Erzeugung einer History von Operationen, die dem gewählten Korrektheitskriterium entspricht. Das Korrektheitskriterium wird durch erzwungene (patterns) und verbotene (conflicts) Operationsfolgen beschrieben und gilt für eine bestimmte Gruppe von Transaktionen. Durch diese mächtigen Beschreibungen kann nicht nur der konkurrierende Zugriff auf Datenobjekte gesteuert werden (mehrseitige Synchronisation; [70]), sondern auch die Reihenfolge der Operationen (einseitige Synchronisation; [70]). Ausdrucksmittel für beide Formen der Synchronisation sind Operationsautomaten (Operation machines), die wie folgt definiert sind:

DEFINITION:

Ein *Operationsautomat* ist ein endlicher Automat, dessen Startzustand den Beginn und dessen Endzustände das Ende einer vollständigen Operationsfolge in der History kennzeichnen. Die Kanten des Automaten sind mit Operationen $\sigma = \langle M, o, O, P \rangle$ beschriftet, wobei

$M \in \{any, m_i, \overline{m_i}\}$ die Menge der Gruppenmitglieder ist, welche die Operation ausführen dürfen. *any* bezeichnet jedes Mitglied, m_i das Mitglied i und $\overline{m_i}$ alle Mitglieder mit Ausnahme von m_i;

$o \in \{r, w\}$ eine Schreib- oder Leseoperation ist;

O ein Objekt identifiziert und

$P \in \{a, r, q\}$ der Rückgabewert *a*(ccept), *r*(efuse) oder *q*(ueue) ist.

Jede Operation kann durch einen Operationsautomaten entweder akzeptiert, zurückgewiesen oder in eine Warteschlange eingereiht werden, wenn vom aktuellen Zustand eine entsprechende Kante ausgeht. Eine Operation wird von einem Operationsautomaten ignoriert, wenn vom aktuellen Zustand keine Kante mit passender Beschriftung ausgeht. Da sich die Spezifikation des Korrektheitskriteriums aus einer Menge von Operationsautomaten zusammensetzt, kann es passieren, daß in jedem Automaten unterschiedliche Rückgabewerte für eine einzige Operation entstehen. Der Synchronisationsalgorithmus aggregiert sie zu einem Wert nach folgender Vorgehensweise:

1. Wenn es mindestens eine Zurückweisung gibt, ist der gesamte Rückgabewert eine Zurückweisung, sonst:
2. Wenn es mindestens eine Warte-Anweisung gibt, wird die Operation in die Warteschlange eingereiht und später bei ihrer Aktivierung neu bewertet, sonst:
3. Wird die Operation akzeptiert.

Eine korrekte Folge von Bearbeitungsschritten hat immer dann stattgefunden, wenn alle Operationsautomaten in einem Endzustand sind. Die Automaten werden aus dem System entfernt, wenn das Gruppenmitglied seine Arbeit beendet hat, d.h. die zugehörige Transaktion beendet wurde. Um nicht für jedes Objekt oder jedes Gruppenmitglied eigene Automaten angeben zu müssen, gibt es neben den Operationsautomaten auch noch Vorlageautomaten (Operation machine templates), die bei den entsprechenden Operationen instanziiert werden. In Abbildung 12 sind zwei Beispiele aus [139] angegeben, die klassisch-serialisierbare und kooperative Operationsfolgen beschreiben.

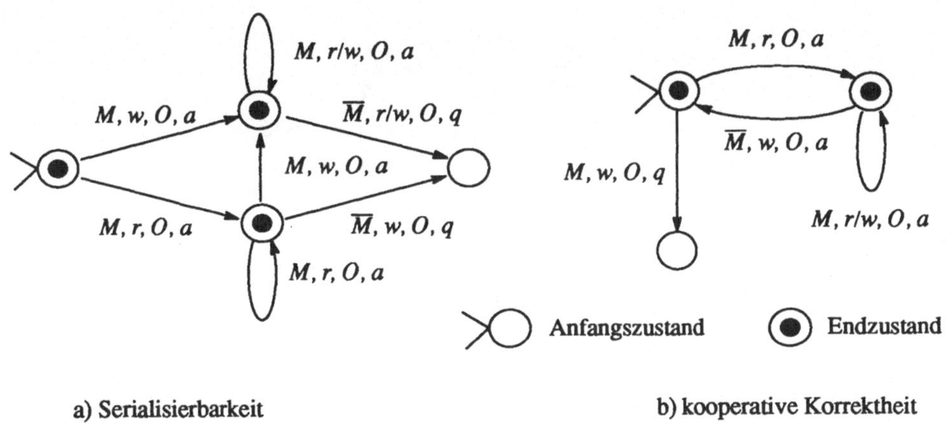

a) Serialisierbarkeit

b) kooperative Korrektheit

Abb. 12: Vorlagen für Synchronisationsautomaten für Serialisierbarkeit und kooperative Ablaufkorrektheit (nach [139])

Je nach ihrer Verwendung werden die Operationsautomaten Synchronisationsautomaten (Synchronization machines), Musterautomaten (Pattern machines) oder Schutzautomaten (Protection machines) genannt. Der linke Synchronisationsautomat aus Abbildung 12 läßt zuerst für jedes Gruppenmitglied *M* Lese- und Schreiboperationen zu, die dann beliebig oft wiederholt werden können. Der untere Zustand entspricht dabei dem Zustand „Objekt *O* gelesen", der obere dem Zustand „Objekt *O* geschrieben". Je nach eingenommenen Zustand werden nur die Schreiboperationen der anderen Mitglieder $\overline{M}$ (unten) oder Schreib- und Leseoperationen der anderen Mitglieder $\overline{M}$ (oben) in die Warteschlange eingereiht, bis *M* seine Transaktion beendet hat. Der kooperative Synchronisationsautomat erlaubt die Verschränkung von Lese- und Schreiboperationen unterschiedlicher Transaktionen, fordert aber, daß *M* erneut das Objekt *O* liest, falls es von $\overline{M}$ geschrieben wurde. Zulässige Operationsfolgen wie $<M_1, r, O, a>, <M_2, w, O, a> <M_1, r, O, a>$ sind nicht mehr im klassischen Sinn serialisierbar, weil M_1 bei seiner zweiten Leseoperation die unter Umständen schmutzigen Daten von M_2 sieht. Da die zweite Leseoperation aber nicht nur erlaubt, sondern sogar erzwungen wird, verhindert der kooperative Synchronisationsautomat aus Abbildung 12, daß M_1 Daten schreibt, die sich noch auf den Stand der ersten Leseoperation beziehen. Dabei wird angenommen, daß M_1 die gelesenen Datenwerte auch berücksichtigt und nicht ignoriert.

In Abbildung 13 ist ein Beispiel angegeben, das den Conflict-Aspekt deutlich macht. Der Synchronisationsautomat verhindert ein blindes Schreiben des Objektes *O* durch *M*. Wenn nämlich *M* als erste Operation eine Schreiboperation auf *O* durchführt, schaltet der Automat in den unteren Zustand und verweigert gleichzeitig die Schreiboperation. Nur wenn *M* zuerst *O* liest, schaltet der Automat in den Endzustand, von dem aus beliebig viele Lese- und Schreiboperationen erlaubt sind.

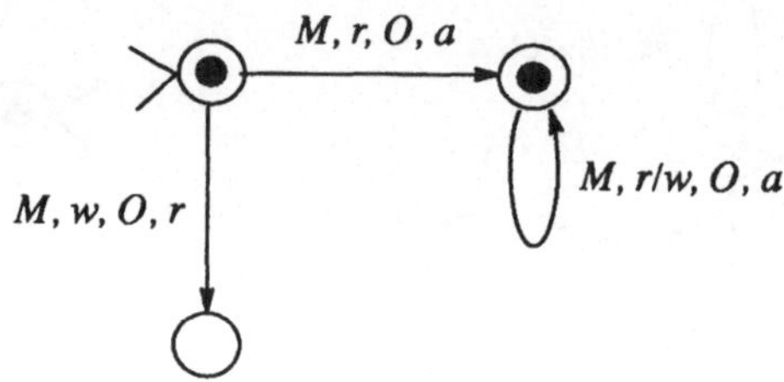

Abb. 13: Vorlage für einen Synchronisationsautomaten, der blindes Schreiben verhindert

Eine einfache, verzögerte Ausführung der Operationen mit queue-Kanten würde unter Umständen die Intention der Operationsautomaten verfälschen. Der Automat aus Abbildung 12a reiht beispielsweise Lese- und Schreiboperationen von Nicht-Gruppenmitgliedern $\overline{M}$ in die Warteschlange ein, damit Schreiboperationen von *M* durch $\overline{M}$ berücksichtigt werden. Würde nun nach Abschluß der Operationen von *M* einfach die in der Warteschlange gesammelten Operationen von $\overline{M}$ ausgeführt, käme dies einem Ignorieren von der Operationen von *M* gleich. Um diesen Effekt zu vermeiden, werden nicht die eigentlichen Operationen mit allen Ausführungsparametern in die Warteschlange eingereiht, sondern nur Absichtsanzeigen (Intentions). Später, wenn die Warteschlange abgearbeitet wird, erhält derjenige, der die Absichtsanzeige in die Warteschlange einbrachte, eine Benachrichtigung. Er kann dann die aktuelle Version des fraglichen Objektes neu lesen und gegebenenfalls die beabsichtigte Änderung tatsächlich durchführen. Die Abarbeitung der Warteschlangen wird mit über Wait-for-Graphen gesteuert, die nach jedem Operationsversuch aktualisiert werden.

Der Patterns and Conflicts-Ansatz ist ein äußerst flexibles Mittel, um alle Arten von Korrektheitskriterien zu beschreiben. Weil die Darstellung über endliche Automaten erfolgt, sind jedoch die Ausdrucksmöglichkeiten für Operationsfolgen gegenüber Kontrollogiken, die zur Prädikatenlogik äquivalent sind, eingeschränkt. Eine andere Kritik bezieht sich auf die Objektidentifikation in den Kantenbeschriftungen. Diese setzt eine Objektidentität für alle Datenobjekte voraus, über die relationale Systeme nicht verfügen ([126]). Darüber hinaus wächst die Anzahl der Muster-und Schutzautomaten für praktische Szenarien sehr schnell an. Ein Datenbankadministrator, der Korrektheitskriterien für Transaktionsgruppen entwirft, wird gegebenenfalls schnell den Überblick verlieren, welcher Automat wann schaltet.

3.4.2 Kooperative Serialisierbarkeit

Im vorangegangenen Abschnitt wurde informell die Idee einer kooperativen Ablaufkorrektheit durch einen Synchronisationsautomaten erklärt. Kern der Überlegungen war, die Änderungen eines Agenten zwangsweise für die anderen Agenten sichtbar zu machen, bevor diese selbst wieder auf die Datenbasis zugreifen. Damit wird verhindert, daß Datenmanipulationen unter falschen, d. h. nicht mehr bestehenden Voraussetzungen stattfinden. Dieser Ansatz soll nun verallgemeinert und formalisiert werden.

Die erste Verallgemeinerung bezieht sich auf die Strukturierung der Agenten. Kooperative Zusammenarbeit wird häufig in Teams organisiert (Abschnitt 2.5). Innerhalb eines Teams findet eine engere Zusammenarbeit statt als zwischen Mitgliedern unterschiedlicher Teams. Eine kooperative Serialisierung der Bearbeitungsschritte soll dieser Struktur Rechnung tragen. Die Operationen von Mitgliedern eines einzigen Teams sollen „stärker" verschränkt ablaufen können als entsprechende Aktionen aus verschiedenen Teams. Die zweite Verallgemeinerung bezieht sich auf die Art der Konflikte zwischen den Operationen. Die herkömmliche Kompatibilität zwischen Lese- und Schreiboperationen ist nur eine Möglichkeit zur Definition von Konflikten. Idealerweise soll ein Korrektheitskriterium für kooperative Zusammenarbeit jedoch unabhängig von der Kompatibilität bestimmter Operationen sein.

Der ersten Verallgemeinerung folgend, seien die Transaktionen nun in Teams organisiert. Ähnlich wie in der Cooperative transaction hierarchy von [138] ist jede Transaktion einem Team zugeordnet. Sie führt ihre Operationen in dieser organisatorischen Einheit aus (die Teams werden in [138] Transaktionsgruppen genannt). Zusätzlich können die Teams geschachtelt sein, so daß sich ein Team rekursiv aus weiteren Teams zusammensetzen kann.

Zur Verallgemeinerung von Lese-/Schreibkonflikten wird auf [7] zurückgegriffen. Operationen p auf Objekten ob haben stets einen Rückgabewert, d. h. entweder ein Resultat oder einen Statuswert. Der Wert des Rückgabewertes hängt vom Zustand s eines Objektes ab. Der Rückgabewert einer Operation p angewendet auf den Objektzustand s, wird als *return(s, p)* notiert. Der neue Zustand des Objektes nach Ausführung von p auf s wird mit *state(s, p)* bezeichnet. Mit diesen beiden Funktionen wird der Konfliktbegriff definiert ([7]):

> DEFINITION:
> Zwei Operationen p und q auf einen Objekt mit dem Zustand s stehen in Konflikt bezüglich dieses Objektes genau dann, wenn
>
> $(state(state(s,p),q) \neq state(state(s,q),p)) \vee$
> $(return(s,q) \neq return(state(s,p),q)) \vee$
> $(return(s,p) \neq return(state(s,q),p)).$
>
> Die Situation wird mit *conflict(s, p, q)* bezeichnet.

Die erste Zeile des Prädikats drückt aus, daß die Operationen p und q konfligieren, wenn nach der Anwendung von p, q bzw. q, p unterschiedliche Objektzustände entstehen. Die zweite und dritte Zeile definieren als hinreichendes Kriterium für *conflict(s, p, q)* ungleiche Rückgabewerte von q bzw. p bei vorheriger Ausführung von p bzw. q.

Zur Definition der kooperativen Serialisierbarkeit nach [147] wird nun noch eine kooperative Konfliktrelation $\mathcal{C}$ benötigt. Sie wird als binäre Relation zwischen zwei Transaktionen t_i und t_j auf Basis des Konfliktbegriffs *conflict(s, p, q)* zwischen Operationen eingeführt. Für die Festlegung ist es wichtig, ob die Transaktionen t_i und t_j dem gleichen kooperativen Team T_C angehören oder nicht. Die Menge der kooperativen Transaktionen T_C ist eine Untermenge aller Transaktionen T. Aus Gründen der Übersichtlichkeit wird im folgenden *conflict(s, p, q)* zu *conflict(p, q)* vereinfacht. $p_{ti}[ob]$ symbolisiert eine Operation p der Transaktion t_i auf dem Objekt ob. Der Pfeil $\rightarrow$ zwischen zwei Operationen $p \rightarrow q$ drückt ihre Präzedenz in einer Historie H aus: Wenn das Prädikat erfüllt ist, existieren p und q, und p tritt vor q in H auf (eine genaue Definition dieser Formalismen findet sich in Abschnitt 4.7.1).

DEFINITION:

Zwei Transaktionen t_i und t_j stehen in der kooperativen Konfliktrelation $\mathcal{C}$ unter folgenden Bedingungen:

$$\forall t_i, t_j, t_k \in T, t_i \neq t_j, t_i \neq t_k, t_j \neq t_k, \forall T_C \subseteq T: (t_i \,\mathcal{C}\, t_j), \text{ wenn } \exists\, ob\, \exists\, p, q$$
$$((t_i \notin T_C, t_j \notin T_C\ (\mathit{conflict}(p_{ti}[ob], q_{tj}[ob]) \wedge (p_{ti}[ob] \rightarrow q_{tj}[ob]))) \vee$$
$$(t_i \notin T_C, t_j \in T_C, t_k \in T_C\ (\mathit{conflict}(p_{ti}[ob], q_{tk}[ob]) \wedge (p_{ti}[ob] \rightarrow q_{tk}[ob]))) \vee$$
$$(t_i \in T_C, t_j \notin T_C, t_k \in T_C\ (\mathit{conflict}(p_{tk}[ob], q_{tj}[ob]) \wedge (p_{tk}[ob] \rightarrow q_{tj}[ob]))))$$

Die erste Teil der Disjunktion bezieht sich auf Transaktionen, die nicht dem gleichen Team angehören. Sie stehen dann in Konflikt, wenn sie konfligierende Operationen auf dem gleichen Objekt ob ausführen wollen. Dieses Vorgehen entspricht der konfliktbasierten Serialisierbarkeit. Die anderen beiden Zeilen beschreiben, daß t_i und t_j auch dann in Konflikt stehen, wenn zwischen einem anderen Mitglied t_k des gleichen Teams und t_i bzw. t_j konfligierende Operationen auf dem gleichen Objekt ausgeführt werden sollen. Die Konflikte eines Teammitgliedes vererben sich mit anderen Worten auf alle Mitglieder des Teams. Die Definition macht keine Aussage, wie zu verfahren ist, wenn t_i und t_j dem gleichen Team T_C angehören, d.h. zwischen Mitgliedern des gleichen Teams bestehen keine Konflikte. Mit diesen Vorarbeiten kann nun die kooperative Serialisierbarkeit einer History H für eine Menge von Transaktionen T definiert werden.

DEFINITION:

Die History H ist kooperativ serialisierbar genau dann, wenn
$\forall t \in T: \neg (t\, \mathcal{C}^*\, t)$

$\mathcal{C}^*$ ist die transitive Hülle der Relation $\mathcal{C}$. Wenn es keine Transaktion t in der transitiven Hülle $\mathcal{C}^*$ gibt, die mit sich selbst in kooperativem Konflikt $\mathcal{C}$ steht, ist die History H kooperativ serialisierbar. Ein entsprechender Konfliktgraph ist dann zyklenfrei.

3.4.3 Beeinflussung der Isolation

Indem man den Isolationsgrad zwischen Transaktionen beeinflußt, können ebenfalls abgeschwächte Anforderungen an die Ablaufkorrektheit spezifiziert werden. Zur Abgrenzung der verschiedenen Isolationsgrade kann man die Art und Dauer der Sperren heranziehen, die eine Transaktion setzt:

- Isolationsgrad 0: Es werden nur Schreibsperren für die Dauer der Schreiboperationen gesetzt.
- Isolationsgrad 1: Es werden nur Schreibsperren gesetzt. Sie werden aber bis zum Transaktionsende gehalten.
- Isolationsgrad 2: Es werden zusätzlich zum Isolationsgrad 1 Lesesperren für die Dauer der Leseoperationen gesetzt.
- Isolationsgrad 3: Es werden Schreib- und Lesesperren gesetzt. Sie werden beide bis zum Transaktionsende gehalten.

Voraussetzung für den Isolationsgrad 1 bis 3 einer Transaktion ist, daß alle anderen Transaktionen zumindest Isolationsgrad 1 besitzen. Damit zwei Schreiber nicht gleichzeitig auf ein Objekt zugreifen (Anarchie; [58]), fordert man mindestens Isolationsgrad 1 für jede Transaktion.

Der Isolationsgrad beeinflußt die Korrektheit der Verarbeitung. Zur Unterstützung der datenorientierten Kooperation innerhalb eines Teams kann man auf die Korrektheit des Isolationsgrades 3, d.h. konfliktbasierte Serialisierbarkeit, verzichten. Es wurde schon in Abschnitt 1.3.2 angedeutet, daß SQL2 ([128]) Anweisungen zum Setzen des Isolationsgrades bereitstellt. Beispielsweise legt `set isolation level 1` fest, daß die Transaktion keine Lesesperren setzt und somit auch die Inkompatibilität zu bestehenden Schreibsperren nicht beachtet wird. Weil die Transaktion Daten liest, die noch nicht freigegeben wurden, bezeichnet man dies als Schmutziges Lesen (Dirty read). Kooperationsunterstützung durch schmutziges Lesen ist in vielen Datenbanksystem vorhanden (z.B. Rdb, Ingres).

Der Mechanismus der Lese- und Schreibsperren mit einem wohlgeformten, zweiphasigen Sperrprotokoll legt exakt die abstrakte Eigenschaft der konfliktbasierten Serialisierbarkeit fest (Sperrtheorem; [58]). Werden nur kurze Sperren bzw. nur Schreibsperren gehalten, ergeben sich die anderen Isolationsgrade. Der Zusammenhang zwischen Mechanismus und abstrakter Eigenschaft geht bei den unten genannten Ansätzen verloren. Durch veränderte oder zusätzliche Sperrensemantiken soll eine bessere Zusammenarbeit der Transaktionen ermöglicht werden. Es ist jedoch meist nicht mehr klar, welche Ablaufkorrektheit durch den Mechanismus implementiert wird. Klar ist lediglich, daß es ein schwächeres Korrektheitskriterium als Serialisierbarkeit ist.

Grundlegende Annahme in den Arbeiten von [183] ist, daß es eine Innen- und eine Außenwirkung von Sperren gibt. Die Innenwirkung einer Sperre bezeichnet die Möglichkeiten, die der

Halter der Sperre durch ihren Besitz erworben hat. Die Außenwirkung beschreibt, was alle anderen Transaktionen trotz der gehaltenen Sperre dürfen und was nicht. Bei einer S-Sperre sind Innen- und Außenwirkung jeweils das Leserecht, bei einer X-Sperre erlaubt die Innenwirkung jede Datenmanipulation und die Außenwirkung keine Operation auf dem Datenobjekt. Weil es bei den herkömmlichen S- und X-Sperren zu wenig Abstufungen zwischen einer exklusiven und keiner Zugriffsmöglichkeit gibt, werden zusätzliche Sperren eingeführt ([183]). B-(Browse)- Sperren erlauben das Lesen des Objektes unabhängig von den anderen Sperren auf diesem Objekt. Die B-Sperren entsprechen damit dem Schmutzigen Lesen. U-(Update)-Sperren sind wie X-Sperren ohne Löschmöglichkeit. D-(Derivation)-Sperren erlauben das Lesen eines Objektes und das Ableiten einer neuen Version. Modifikation oder Löschen sind nicht möglich. Zwischen den gehaltenen und den angeforderten Sperren, d.h. der Innen- und der Außenwirkung, wird die Kompatibilitätsmatrix aus Tabelle 4 angegeben.

		Außenwirkung				
		B	S	D	U	X
Innenwirkung	B	+	+	+	+	+
	S	+	+	*	*	–
	D	+	+	*	!	–
	U	+	*	!	!	–
	X	+	–	–	–	–

+: erlaubt; –: verboten; *: möglich; !: nur in bestimmten Umgebungen verwendbar

Tab. 4: Kompatibilität zwischen Innen- und Außenwirkung (nach [183])

Die „interessanten" Fälle sind mit „*" und „!" gekennzeichnet. Beide Einträge geben an, daß die Kompatibilität nur unter bestimmten Umständen gegeben ist. In der Quelle ([183]) fehlen jedoch Hinweise, welche Umstände dies sind. Es wird lediglich auf die Pflicht der Anwendung hingewiesen, in diesen Fällen selbst für die Korrektheit der Verarbeitung bzw. der Konsistenz des Datenbestandes zu sorgen.

Die Pflicht der Agenten, selbst für die Ablaufkorrektheit zu sorgen, wird in den folgenden „exotischen Ansätzen" ([58]) noch größer. Notify-Sperren ([58]) sind eine Art von Triggern, die feuern, wenn eine andere Transaktion ihre Sperren auf das Objekt aufgibt. Read-past-Sperren ([58]) blockieren nicht, wenn andere inkompatible Sperren bestehen, sondern geben den Kontrollfluß an das Anwendungsprogramm zurück. Dadurch können z.B. Relationen-Scans gesperrte Objekte überspringen und weiterlesen (read-past). Verwandt mit Notify-Sperren sind Tickle-Sperren ([42]). Hier wird die Sperranforderung dann befriedigt, wenn der aktuelle Halter der Sperren eine gewisse Zeit nicht aktiv war.

Gemeinsames Kennzeichen der Exoten ist, daß sie nur einen Mechanismus bieten, aber keine Aussagen zur Ablaufkorrektheit, d.h. zur Semantik der Verarbeitung machen. Sie sind deswegen in der Taxonomie der Akzeptierbarkeit kaum einzuordnen. Gleichzeitig wird deutlich, daß die bloße Darstellung der Mechanismen zur Rechnerunterstützung wenig sinnvoll ist. Der in Kapitel 3 eingeschlagene systematische Weg der Darstellung von Akzeptierbarkeit zeigt eher die prinzipiellen Ansatzmöglichkeiten für Kooperationsunterstützung als eine Aneinanderreihung von Einzeltechniken.

3.5 Kooperation durch abgeschwächte Anforderungen an die Zustandskonsistenz

Die Zustandskonsistenz beschreibt zum einen die Widerspruchsfreiheit des Datenbestandes in sich und zum anderen, inwieweit der Datenbestand der modellierten Miniwelt entspricht. Beide Aspekte werden durch Integritätsbedingungen der Datenbank beschrieben. Beim Check-in/Check-out-Verfahren werden Datenobjekte aus der Datenbank kontrolliert entnommen und so von den Konsistenzanforderungen zeitweilig ausgenommen (Abschnitt 3.5.1). Mit der Delegation (Abschnitt 3.5.2) können Objekte aus der Kontrollsphäre einer Transaktion entnommen und einer anderen Transaktion zugewiesen werden. Die Integritätsprüfung am Ende der Sendertransaktion wird positiv ausfallen, wenn alle fraglichen Objekte vorher delegiert wurden.

3.5.1 Check-in/Check-out-Modelle

Die fundamentale Idee beim Check-in/Check-out-Verfahren ist ein mehrstufiger Konsistenzbegriff. Statt *eine* absolute Zustandskonsistenz auf *der* Datenbank zu gewährleisten, werden mehrere Datenbanken mit unterschiedlichen Konsistenzbegriffen verwaltet. Je nachdem, in welcher Datenbank sich die Datenobjekte befinden, können durch die abgeschwächten Konsistenzanforderungen unterschiedliche Formen der Kooperation realisiert werden. Der Transport eines Objektes von einer Datenbank zur anderen wird durch die Check-in- und die Check-out-Operation durchgeführt.

Die erste Idee zum Check-in/Check-out stammt von [116], die unmittelbar darauf von [8], [89] und [98] erweitert wurde. Die ersten Arbeiten gehen von einer zweistufigen Datenbank aus, die an die tatsächliche Struktur in Entwurfsumgebungen angelehnt ist. In einer globalen oder öffentlichen Datenbank werden statische, relativ unveränderliche Entwurfsdaten und Metadaten verwaltet. Die lokalen oder privaten Datenhaltungen bestehen aus aktuellen Entwürfen, die gerade bearbeitet werden. Die lokalen Bearbeitungen laufen als CAD-Transaktionen ([8]), die zuerst die benötigten Daten aus der globalen Datenbank holen (check-out), sie dann lokal manipulieren und später wieder in die globale Datenbank zurückbringen (check-in). Während die Daten lokal bearbeitet werden, erhalten andere Benutzer der globalen Datenbank einen Hinweis auf das Check-out. Sie können sich dann auf eine bevorstehende Veränderung der ausgecheckten Daten einstellen. Die vorherige Version der ausgecheckten Daten kann noch gelesen werden ([116]).

Zwischen der öffentlichen und den privaten Datenbanken führen [89] und [98] noch eine halböffentliche oder Gruppendatenbank ein (in der Terminologie von Abschnitt 2.5 ist eigentlich eine Teamdatenbank gemeint). Die benötigten Objekte werden zuerst von der öffentlichen Datenbank in die halböffentliche transferiert und von dort aus in die private Datenbank. Jede Ebene hat ihre eigenen Zugriffsmöglichkeiten und einen eigenen Konsistenzbegriff (Abbildung 14).

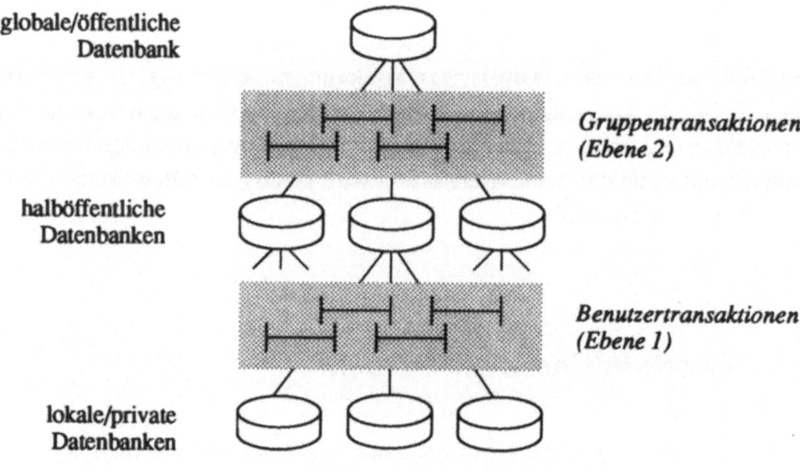

Abb. 14: Transaktionsebenen zwischen öffentlichen, halböffentlichen und privaten Datenbanken

Auf die öffentliche Datenbank darf jeder Agent zugreifen. Die Zugriffe werden in klassischer Weise gegeneinander serialisiert, so daß der Konsistenzbegriff genau dem einer herkömmlichen Datenbank entspricht. Dementsprechend gibt es in der Ebene 2 auch keine verbesserten Kooperationsmöglichkeiten. Wenn die Daten allerdings aus der globalen Datenbank ausgecheckt und in die Gruppendatenbank eingecheckt werden, ergibt sich eine andere Situation. Nur die Mitglieder eines Teams können auf „ihre" Gruppendatenbank zugreifen. Da sie per definitionem eng zusammenarbeiten, können die Zugriffe der Ebene 1 auf die Gruppendatenbank nun anwendungsorientiert serialisiert werden. Beispielsweise wird auf Lesesperren verzichtet, wodurch schmutzige Daten für die anderen Teammitglieder sichtbar werden ([98]). Die Konsistenz der Daten in der Gruppendatenbank ist damit im allgemeinen geringer als in der öffentlichen Datenbank. Ebene-2-Transaktionen heißen auch Gruppentransaktionen, Transaktionen auf Ebene 1 werden Benutzertransaktionen genannt ([98]).

Man kann die Gruppentransaktionen zu geschachtelten Transaktionen erweitern ([89]). Damit können Gruppentransaktionen, die ihre Ergebnisse noch nicht in die öffentliche Datenbank einbringen wollen, die Daten direkt in die halböffentlichen Datenbanken anderer Teams einbringen. Mit einen downward commit ([89]) werden Daten in einer halböffentlichen Datenbank zur Verfügung gestellt. Transaktionen, die diese Daten benutzen, werden zu Kindtransaktionen der Transaktion mit dem downward commit. Mit einem upward commit ([89]) geben sie die Kontrolle an die Elterntransaktion zurück. Diese Operation entspricht damit dem Check-in in die halböffentliche Datenbank eines anderen Teams. Im Unterschied zu den geschachtelten Transaktion nach [133] sind die Commit-Operationen der Kindtransaktionen gegenüber ihren Elterntransaktionen dauerhaft. Sie können damit auch als Sequenz von ACID-Transaktionen betrachtet werden ([89]).

3.5.2 Delegation

Informell handelt es sich bei der Delegation um den Transfer eines Datenobjektes aus dem Verantwortungsbereich einer Transaktion in den einer anderen Transaktion. Anders als am Transaktionsende, erfolgt die Weitergabe nicht über ein Commit der Sendertransaktion und den Zugriff der Empfängertransaktion, sondern direkt. Die Sendertransaktion muß durch die Delegation nicht beendet werden, und die Empfängertransaktion kann schon lange vor dem Empfang des Objektes gestartet worden sein. Damit ist Delegation ein Mittel, um Daten ohne Konsistenzverletzungen auszutauschen ([98]).

Eine einfache Form der Delegation ist das Verleihen von Objekten ([98]). Die Objekte werden nur zeitweilig aus der Kontrollsphäre einer Transaktion ausgelagert. Sie kehren später wieder dorthin zurück. Damit ist es nicht nötig, alle Informationen zur Verwaltung des verliehenen Objektes mit zu transferieren. Technisch genügt es, den Eintrag in der Sperrtabelle durch einen anderen Transaktionsidentifikator zu ersetzen und die Rückgabe spätestens am Transaktionsende sicherzustellen. Die Übergabe kann auch als Rechtetransfer mit den Operationen `grant <object>`, `fetch <object>` und `return <object>` realisiert werden. Sobald die erforderlichen Rechte zur Verfügung stehen, holt `fetch` wie ein Check-out die Daten, und `return` bringt sie wie ein Check-in zurück ([98]).

Eine andere Form der Delegation entsteht durch die Beendigungsabsicht der Sendertransaktion. Weil die Sendertransaktion insbesondere alle Objekte, die (noch) nicht konsistent sind, delegieren kann, werden die Integritätsbedingungen auf den restlichen Objekten erfüllt sein und die Transaktion kann beendet werden. Diese Delegationen werden in der Regel nicht durch eine andere Delegation rückgängig gemacht. Alle Informationen, die zur Wahrnehmung der Verantwortung für dieses Objekt benötigt werden, müssen mit übergeben werden. Beispielsweise müssen die Recovery-Informationen und Commit- und Abort-Abhängigkeiten ebenfalls delegiert werden. Allgemein bedeutet Delegation eines Objektes, daß die Sendertransaktion, die eine Operation auf dem Objekt ausführte, nach der Delegation nicht mehr für das Commit oder das Abort dieser Operation sorgen muß ([24]). An ihre Stelle tritt die Empfängertransaktion. Es ist insbesondere möglich, daß die Sendertransaktion nach der Delegation abbricht und die Empfängertransaktion erfolgreich endet und umgekehrt.

Die Delegationsoperation trägt neben der Übertragung der Daten keine weitere Semantik. Der Anwendungsprogrammierer ist für ihren korrekten Einsatz in der Anwendungssituation und im zugrundeliegenden Transaktionsmodell verantwortlich. Damit liegt das Problem der Delegationsoperation in ihrer Verwendung, d. h. in der Konsistenzerhaltung der Datenbasis beim Abbruch der Sender- oder Empfängertransaktion. Definitionsgemäß entsteht zwischen der Sender- und Empfängertransaktion keine Abort-Abhängigkeit. Beide Transaktionen können unabhängig voneinander mit Commit oder Abort abgeschlossen werden. Insbesondere wird die Delegationsoperation nicht, wie alle anderen Operationen, durch ein Abort der Sendertransaktion zurückgesetzt. Weil keine Abort- oder Commit-Abhängigkeiten entstehen, bleibt eine History mit Delegationsoperationen konfliktbasiert serialisierbar. In den Abhängigkeitsgraphen werden durch die Delegation keine neuen Abhängigkeiten eingetragen.

3.6 Aufgabenfelder einer Unterstützung der datenorientierten Kooperation

Bis zu dieser Stelle des Buches wurden das Untersuchungsgebiet sukzessiv eingeschränkt. Die allgemeinen Formen der Zusammenarbeit wurden über die freie Kooperation bis hin zur datenorientierten Kooperation fokussiert. In diesem Abschnitt sollen diese Fokussierungen zum einen zusammengefaßt und zum anderen durch die Angabe von Aufgabenfeldern für eine Rechnerunterstützung der datenorientierten Kooperation präzisiert werden. Die wesentlichen Aufgabenfelder bei der Durchführung einer freien Kooperation sind:

- Verwaltung der Kooperationsinhalte,
- Zugriffssynchronisation,
- Organisation autonomer Problemlöser,
- Teamverwaltung und
- Zugriffsrechteverwaltung.

Vor dem Beginn der Arbeiten werden den Agenten Aufgaben vorgegeben. Die erarbeiteten Lösungen müssen später auf ihre Zielerreichung geprüft werden. Wegen den in Abschnitt 2.3.2 angesprochen prinzipiellen Schwierigkeiten, beschränkt sich das Buch auf die *Verwaltung der Kooperationsinhalte* und aller anderen im Laufe einer freien Kooperation anfallenden Daten. Dem Grundsatz der Datenunabhängigkeit folgend, stehen dabei anwendungsunabhängige Möglichkeiten im Vordergrund. Spezielle Datenmodelle, z.B. zur Verwaltung von Argumentationen (IBIS, Abschnitt 2.3.2), werden ausgeklammert. Die Abhängigkeiten zwischen Agenten während einer Zusammenarbeit kann man im wesentlichen nach dem Gebrauch gemeinsamer Objekte und Produzenten/Konsumenten-Beziehungen klassifizieren (Abschnitt 2.4.3). Zur Verwaltung und Steuerung der Abhängigkeiten wird *Zugriffssynchronisation* bzw. Ablaufkoordination eingesetzt. Das im folgenden entwickelte Kooperationskonzept der Konversationen stellt die Zugriffssynchronisation in den Mittelpunkt. Die Ablaufkoordination wird z.B. in Workflow-Managementsystemen ([114]) angegangen. Damit ist auch klar, daß vordefinierte Abläufe wie beim automatischen Problemlösen in anderen Arbeiten behandelt werden müssen. Zur Durchführung von freier Kooperation gilt es schließlich noch, die *Problemlöser zu organisieren.* Ein Konzept für die freie Kooperation soll die *Teambildung* ermöglichen (Abschnitt 2.5) und *Zugriffsrechte* auf der Basis von solchen Organisationseinheiten vergeben können. Den Rahmen für alle Punkte bildet, wie bereits angedeutet, die Rechnerunterstützung für Durchführung einer freien Kooperation. Ausgegrenzt werden die Verfahren zur Planung, Organisation und Aufgabenverteilung vor Beginn der freien Kooperation. Die Verteilte Künstliche Intelligenz ([14]) stellt hier einige Mechanismen bereit.

4 Konzept der Datenbankkonversationen

Der Begriff der Konversation induziert die Vorstellung von einer zwanglosen Plauderei, die zwischen wechselnden Parteien stattfindet. Es steht weniger die Verbindlichkeit der Aussagen im Vordergrund als der Austausch von Informationen. Führt der Informationsaustausch zu Ergebnissen, so wird die Gültigkeit der Ergebnisse durch besondere, deutlich abgehobene Wendungen („Bleibt es dabei?") festgestellt. Diese Vorstellung steht durchaus Pate für Datenbankkonversationen. Das Konzept der Datenbankkonversationen ermöglicht ebenfalls einen unverbindlichen Informationsaustausch zwischen Datenbankanwendungen und -anwendern, dessen Konsequenzen zu einem späteren Zeitpunkt separat festgestellt werden. Durch diesen unverbindlichen Informationsaustausch mit abgekoppelter Festlegung der Gültigkeit können Datenwerte kooperativ verändert werden. Damit in der Zwischenzeit keine inkonsistenten mit konsistenten Daten vermischt werden, beschränken Datenbankkonversationen den Austausch von Informationen in geeigneter Weise. Die fundamentale Idee dabei ist, einen kooperativen Vorgang in Teilschritte zu zerlegen und die wegen des Mehrbenutzerbetriebs benötigte Isolation zwischen den Arbeitseinheiten von der Gültigkeit des Arbeitsergebnisses zu trennen. Während jeder Arbeitsschritt weiterhin transaktional von anderen, nebenläufigen Arbeitsschritten isoliert wird, wird die Gültigkeit aller Arbeitsschritte des gesamten Vorgangs erst am Ende einer Konversation festgelegt. Die umgebende Konversation stellt den gemeinsamen Gültigkeitsrahmen für die Effekte der ihr zugeordneten Transaktionen dar.

Datenbankkonversationen haben nichts mit den Conversational transactions ([58], [116]) zu tun. Conversational transactions sind Transaktionen, die vor dem Transaktionsende Meldungen ausgeben oder sogar Eingaben verlangen. Sie sind in Transaktionssystemen auch unter der Bezeichnung Dialog- oder Vorgangsprogramme bekannt ([130]). Conversational transactions unterstützen nicht die freie, ungeregelte Kooperation zwischen gleichberechtigten Agenten.

In Abschnitt 4.1 wird das Konzept der Datenbankkonversationen überblicksartig vorgestellt. Das „Thema" der Konversation, der Konversationsgegenstand, wird in Abschnitt 4.2 erläutert. Aufgabe und Inhalt des Konversationskontextes wird in Abschnitt 4.3 beschrieben. Abschnitt 4.4 behandelt das Verhältnis von Konversationen und Transaktionen. Daran schließt die Erklärung eines konversationalen Ablaufmodells an (Abschnitt 4.5). Im Mittelpunkt des Abschnittes 4.6 stehen Metakonversationen und dynamische Restrukturierungsmöglichkeiten von Konversationen. Das Kapitel schließt mit einer formalen, axiomatischen Darstellung des Konversationskonzeptes (Abschnitt 4.7).

4.1 Überblick

Um das Konzept der Konversationen zu veranschaulichen, wird zunächst der Ablauf und das Verhältnis von Konversationen zu Transaktionen im Überblick erläutert. Das Konversationskonzept ist ein Dienst des Datenbanksystems, der Datenmodifikationen ermöglicht, die durch mehrere Agenten gemeinsam bestimmt werden. Das Datenbanksystem soll nicht nur Daten verwalten, sondern auch bei der kooperativen (Neu-)Bestimmung und Fortschreibung der Datenwerte helfen. Ähnlich wie Transaktionen sind Konversationen ein Basisdienst. Sie verhindern bestimmte Effekte des Mehrbenutzerbetriebs und ermöglichen gleichzeitig Kooperation. Sie sind jedoch kein Vorgehensmodell in Form eines dedizierten, ablauforientierten Lösungsverfahrens, wie z.B. sprechaktbasierte Kooperationsmethoden (CfA; Abschnitt 2.4.3).

Eine Datenbankkonversation hat einen definierten Anfang und ein definiertes Ende, welche durch BOC (Begin of Conversation) und EOC (End of Conversation) markiert werden (Abbildung 15). Am Anfang wird ein Ausschnitt der Datenbank als Gegenstand der Konversation festgelegt. Während der Konversation bleibt diese Datenmenge unverändert. Alle auf sie gerichteten Datenmodifikationen werden separat im sogenannten Konversationskontext gesammelt. Vor dem Konversationsende wird das Ergebnis ermittelt. Das Ergebnis der Konversation ist eine einzige, meist komplex strukturierte Wertekombination für den Datenbankausschnitt, der als Gegenstand der Konversation definiert wurde. Diese Wertekombination ersetzt am Konversationsende die während der Konversation unveränderlich gehaltenen Werte des Konversationsgegenstandes. Die Konversation kann auch ohne Ergebnis beendet werden; dann bleiben die bestehenden Werte des betrachteten Datenbankausschnitts unverändert erhalten.

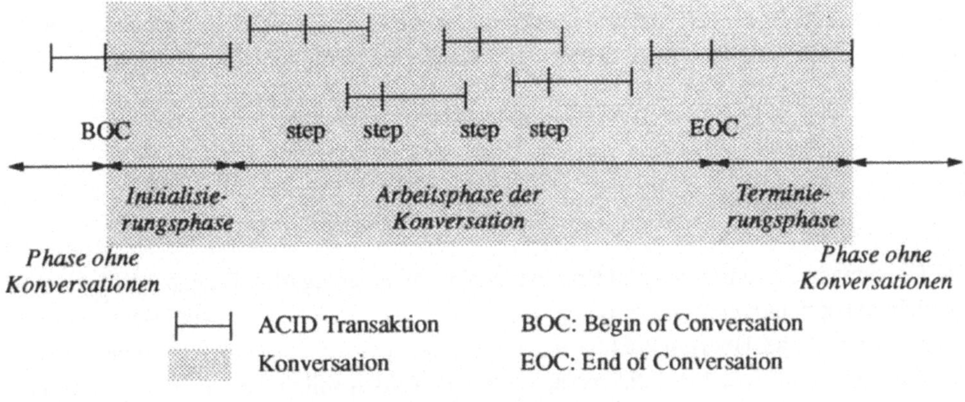

Abb. 15: Ablauf einer Konversation

Die Operationen zum Beginn (BOC) und zur Beendigung (EOC) sowie alle anderen Operationen auf und innerhalb von Konversationen werden transaktional durchgeführt. Sie werden im Regelfall in unterschiedliche Transaktionen eingebettet. Die Effekte der Operationen werden, wie üblich, erst nach dem erfolgreichen Ende der Transaktionen sichtbar. Wird die Transaktion abgebrochen, bleiben keinerlei Auswirkungen in der Datenbank zurück. Aus operationaler Sicht sind Konversationen daher eine nebenläufige Abfolge von Transaktionen, wobei die erste Transaktion der Folge die Konversation eröffnet und die letzte sie beendet. Alle Transaktionen der Folge beziehen sich direkt oder indirekt auf den Gegenstand der Konversation. Neben den konversationalen Operationen können die Transaktionen der Folge auch „normale" Datenmanipulationsoperationen oder Operationen für mehr als eine Konversation ausführen.

4.2 Konversationsgegenstand

Operationen, die eine Konversation fortschreiben, sind genauso wie alle Datenmanipulationsoperationen auf eine bestimmte Menge von Daten der betrachteten Datenbank gerichtet. Zwei verschiedene Klassen von Daten, der Konversationsgegenstand und die Kontextdaten (Abschnitt 4.3), spielen dabei eine Rolle.

> DEFINITION:
> Der *Gegenstand* einer Konversation bezeichnet die Daten, für die innerhalb der Konversation ein neuer Wert ermittelt werden soll. Sie bleiben während der laufenden Konversation unverändert und werden ausschließlich am Konversationsende geschrieben.

In diesem Abschnitt werden Aufgabe, Bestimmung und Eigenschaften des Konversationsgegenstandes erklärt. Kontextdaten dienen der Charakterisierung von Konversationen.

4.2.1 Aufgabe

Die Trennung in Gegenstands- und Kontextdaten ist nicht einzigartig. Datenmodifikationen, die nicht in kooperativer Weise erfolgen, verwenden eine ähnliche Trennung, wenn auch auf einer anderen Ebene. Über ein Prädikat oder durch Navigation werden vor der Update-Operation die Zieldaten bezeichnet, die später verändert werden sollen. Die alten Werte werden dann ausgelesen und in einem privaten Speicher der ausführenden Applikation abgelegt. Währenddessen sind die Zieldaten gegen Zugriffe aller anderen Anwendungen in der Datenbank gesperrt. Im privaten Speicher werden sie modifiziert und anschließend auf die Originaldaten zurückgeschrieben. Wenn die Datenveränderung durch eine mengenorientierte SQL-Update-Operation erfolgt, bleibt der private Speicher völlig unsichtbar für den Programmierer. Falls der Anwendungsprogrammierer sich jedoch entschließt, die Daten vorher über eine SQL-Select-Anweisung zu lesen und hinterher mit einer separaten Anweisung zu modifizieren, spielen die Hostvariablen die Rolle des privaten Speichers. Solange die Werte der Hostvariablen noch nicht in die Datenbank eingebracht wurden, existieren zwei Versionen der Zieldaten. Mit der Materialisierung der neuen Daten wird die bestehende Version überschrieben (Update-in-Place, [57]).

Im Konversationskonzept wird diese Vorstellung in zweifacher Hinsicht erweitert. Zum einen darf die bei Konversationsbeginn gültige Version der Gegenstandsdaten während der gesamten Konversation von anderen Transaktionen gelesen werden. Die Änderungsabsicht allein belegt den Konversationsgegenstand noch nicht mit einer exklusiven Sperre. Zum anderen werden die geplanten Modifikation der Gegenstandsdaten nicht bis zum Konversationsende im privaten Speicher der Applikationen gehalten, sondern in der Datenbank (genauer: im Konversationskontext; Abschnitt 4.3) veröffentlicht. Andere Konversationsteilnehmer sehen so die beabsichtigten Änderungen noch vor der tatsächlichen Übernahme. Damit wird die Möglichkeit zur aktiven Kooperation, z.B. durch Zustimmung oder Gegenvorschläge, geschaffen.

Eine Konversation schafft den organisatorischen Rahmen zur kooperativen Modifikation eines bestimmten Konversationsgegenstandes. Die von anderen Konversationsteilnehmern eingehenden Vorschläge und Beiträge werden durch die Konversation in einen inhaltlichen Zusammenhang gebracht. Divergierende und sogar widersprüchliche Änderungsvorschläge für den Konversationsgegenstand werden registriert und am Konversationsende bereinigt. Wäre ein Datum gleichzeitig Gegenstand mehrerer Konversationen, bestünde die Gefahr, die Varianten dieses Datenobjektes später nicht zusammenführen zu können. Ein konversationsübergreifendes, automatisches Verfahren müßte geschaffen werden, das die gültigen Ergebnisse unterschiedlicher Konversationen konsistent aneinander anpaßt. Zur Vermeidung solcher Situationen müssen die Gegenstandsdaten laufender Konversationen paarweise disjunkt sein.

4.2.2 Bestimmung

Vernachlässigt man Mischformen, wird je nach verwendetem Datenmodell auf die Daten einer Datenbank allein über ihren Wert (relationales Datenmodell), über Identifikatoren (objektorientiertes Datenmodell) oder über ihre relative Anordnung (CODASYL-Datenmodell) zugegriffen. Diese unterschiedlichen Zugangsweisen verschleiern den darunterliegenden, vom Prinzip her einheitlichen Aufbau jeder Art von Datenbasis, inklusive den von (satzorientierten) Dateisystemen. Um die Bestimmung des Konversationsgegenstandes vom Datenmodell unabhängig zu halten, wird ein einheitliches Repräsentationsmodell verwendet, das im folgenden skizziert wird (Abbildung 16). Um ein Datenmodell zu erhalten, müßten auf diesem Repräsentationsmodell noch Operationen wie Restriktion, Projektion, Aggregation usw. definiert werden, worauf an dieser Stelle jedoch verzichtet wird.

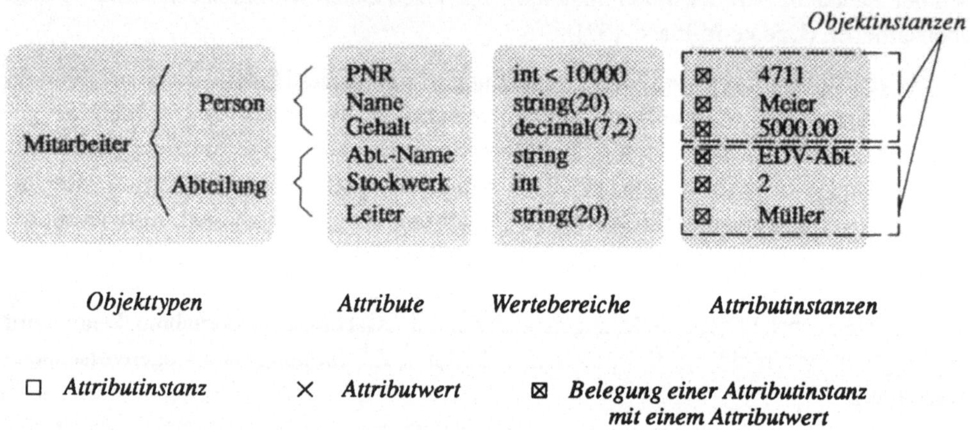

Abb. 16: Begriffe und Bezeichnungen eines einfachen Datenrepräsentationsmodells

Jede Datenbasis speichert die Ausprägungen von Objekttypen (Synonym: Entities). Die atomaren Bestandteile von Objekttypen heißen Attribute. Nicht-atomare Bestandteile können durch rekursives Ersetzen der komplexen Objekttypen durch ihre Bestandteile auf atomare Attribute zurückgeführt werden. Gleichartige Ausprägungen von Objekttypen sind als Sätze organisiert und werden auch als Instanzen von Objekttypen bezeichnet. Objektinstanzen werden durch Attributwerte (Einträge) beschrieben, die als Belegung der Attribute des Objekttyps zu verstehen sind. Zur Interpretation der Einträge sind Strukturinformationen wichtig. Im Beispiel aus Abbildung 16 steht z.B. der dritte Eintrag im Personalsatz für das Gehalt (5000 DM) und der fünfte für das Stockwerk (2. Stock), in dem sich die Abteilung befindet. Die Wertebereiche der Attribute sind rudimentär als Datentypen definiert oder in einem Datenwörterbuch (Data Dictionary) detaillierter als Datentypen plus Integritätsbedingungen hinterlegt, wie es z.B. die maximal vier-stellige Personalnummer verlangt.

Die Bestimmung des Konversationsgegenstandes (und anderer Mengen im Konversationskonzept) baut auf dem einfachen Repräsentationsmodell „Objekttypen – Attribute – Wertebereiche – Instanzen" auf. Zunächst wird eine Menge von Objektinstanzen ausgewählt, die auch unterschiedlichen Objekttypen angehören dürfen. Ausdrücklich eingeschlossen in diese

Auswahl sind, neben in der Datenbasis bereits existierenden Einträgen, auch potentielle (zukünftige) Instanzen, da Konversationen sowohl bestehende Werte verändern als auch neue Einträge kooperativ erzeugen können. Soll nicht die gesamte Objektinstanz für die Konversation zur Verfügung stehen, kann ein Ausschnitt von Attributinstanzen gebildet werden. Damit ist der Konversationsgegenstand eine Menge von Attributinstanzen aus einer Menge von bestehenden und potentiellen Objektinstanzen der Datenbasis.

Für Objekttypen und Attribute gibt es in jedem realen Datenmodell Bezeichner. Daher können die Attribute, die den Konversationsausschnitt bilden, für jeden Objekttyp benannt werden. Die Beschreibung von Objekt- bzw. Attributinstanzen variiert jedoch von Datenmodell zu Datenmodell, insbesondere weil bestehende und zukünftige Instanzen identifiziert werden sollen. Als Beispiel sei eine Personaldatenbasis betrachtet. Im objektorientierten Datenmodell werden tatsächlich vorhandene Mitarbeiter, d.h. bestehende Instanzen, über ihre Object-Id angesprochen. Eine zukünftige Instanz, z.B. der noch nicht vorhandene Personalsatz eines Bewerbers, kann nur über seine Klassendefinition bezeichnet werden. Die wertabhängigen Restriktionsklauseln des relationalen Zugriffs qualifizieren eine Menge von bestehenden Tupeln. Eine Restriktion auf alle Personalsätze, die unter einer bestimmten Gehaltsgrenze liegen, bezeichnet neben bestehenden Tupeln auch solche, die später hinzukommen. Aus diesem Grund muß bei transaktionalen Systeme mit mengenorientiertem Zugriff der höchste Isolationsgrad 3 durch Prädikatsperren gesichert werden ([58]). Objektorientierte Systeme ersparen sich diesen erheblichen Aufwand, weil der Zugriff über die Object-Id nur bestehende Instanzen trifft. Um im folgenden keine datenmodellspezifischen Unterscheidungen treffen zu müssen, wird eine datenmodellunabhängige charakteristische Funktion zur Benennung der Konversationsinstanzen herangezogen. Die Funktion entscheidet für jede Instanz, ob sie zum Konversationsgegenstand gehört oder nicht. Sie ist auf allen bestehenden und potentiellen Instanzen der Datenbasis definiert und liefert einen Wahrheitswert zurück.

Es ist wichtig, daß der Konversationsgegenstand nur auf direkt repräsentierbaren Attributinstanzen der Datenbasis definiert ist. Obwohl eine Konversation über den Durchschnitt aller Budgets, die für die Pausenverpflegung bei Geschäftstreffen zur Verfügung stehen, durchaus sinnvoll erscheint, gibt es Schwierigkeiten beim Einbringen des Konversationsergebnisses in die Datenbank. Der neu ausgehandelte Durchschnittswert müßte auf die Einzelinstanzen der Verpflegungsbudgets verteilt werden. Von der gleichmäßigen Verteilung auf alle Budgets bis hin zur alleinigen Anhebung des Budgets der Geschäftsführertreffen gibt es hier beliebig viele Optionen, um den gewünschten Durchschnittswert zu erreichen. Wenn das Ergebnis einer Konversation nur Daten enthält, die entweder neue Werte bestehender Instanzen sind oder selbst neue Instanzen, besteht das Zuordnungsproblem nicht. Aus diesem Grund ist die Konversationen über virtuelle Werte, wie sie von Aggregatsfunktionen erzeugt werden, nicht möglich.

4.2.3 Unveränderlichkeit

Im Unterschied zu Transaktionen wird der Gegenstand einer Konversation nicht während des Konversationsfortschrittes bestimmt, sondern ist von Beginn an festgelegt. Er ist dann während der ganzen Laufzeit der Konversation unveränderlich. Begründet wird diese statische Vorgehensweise mit zwei unterschiedlich wichtigen Argumenten:

- Kontextinvarianz der Konversationsbeiträge
- Zielnachbildung

Vor allem um die Gültigkeit der Konversationsbeiträge bis zum Ende der Konversation zu erhalten, darf der Konversationsgegenstand während der Konversation nicht verändert werden. Das folgende Beispiel demonstriert, was passieren könnte, wenn der Konversationsgegenstand veränderlich wäre. Eine Terminplanungskonversation werde mit dem Ziel bzw. Konversationsgegenstand initialisiert, ein Treffen der Entwicklungsabteilung zu vereinbaren. Zu Beginn geht man davon aus, daß nur noch die Uhrzeit festzulegen sei, weil das Datum durch andere Restriktionen vorgegeben ist. Ein Teil der potentiellen Teilnehmer gibt unter diesen Voraussetzungen Vorschläge und Stimmen für die Tageszeit ab. Dann fallen plötzlich die Restriktionen für das Datum weg, so daß der Termin ebenfalls ausgehandelt werden muß. Der Konversationsgegenstand erstreckt sich nun über Tageszeit und Datum. Konsequenterweise beziehen sich ab diesem Zeitpunkt neue Vorschläge und Stimmen auf Datum/Zeit-Kombinationen. Jedoch ist die Bewertung der eingegangenen Vorschläge am Konversationsende durch die dynamische Anpassung des Konversationsgegenstandes unmöglich geworden. Die Vorschläge wurden unter unterschiedlichen Voraussetzungen gegeben, die im allgemeinen nicht konsistent zusammengeführt werden können. Wenn der Gegenstand einer Konversation unveränderlich ist, kann bei der Bewertung der gesammelten Beiträge am Ende einer Konversation davon ausgegangen werden, daß alle Vorschläge und Stimmen unter den gleichen Annahmen abgegeben wurden.

In Abschnitt 2.3.2 wurde erläutert, daß die Zielbeschreibung einer Konversation nicht allgemein und nicht formal dargestellt werden kann. Der Gegenstand der Kooperation ist auf Schema- und Ausprägungsebene jedoch beschreibbar, z. B. durch Kennzeichnung mit Attributen oder Eigenprädikatoren ([187]). Ein Datenbanksystem stellt dafür die Datenbeschreibungssprache zur Verfügung. Da nur der Kooperationsgegenstand technisch erfaßt werden kann, ist seine Festlegung wünschenswert, um Anhaltspunkte für die Kooperationspartner zu schaffen. Wenn der Konversationsgegenstand sukzessive und dynamisch angepaßt wird, bietet er nur punktuelle Hinweise auf die aktuellen Ziele der Kooperation. Wenn er über die gesamte Dauer der Konversation fixiert ist, kann der Konversationsgegenstand wirklich als Hinweis auf das Ziel gedeutet werden.

Trotz der genannten Gründe ist die statische Festlegung des Konversationsgegenstandes während der gesamten Konversation unflexibel. In vielen Fällen ist eine Anpassung des Kooperationsgegenstandes im laufenden kooperativen Prozeß wünschenswert. Wenn auch eine völlige Neuausrichtung der Kooperation eher selten sein dürfte, ist die Erweiterung oder Begrenzung des ursprünglichen Gegenstandes an der Tagesordnung. Der statische Gegenstand von Datenbankkonversationen ist in diesen Situationen hinderlich. Abhilfe können hier die Möglichkeiten zur dynamischen Restrukturierung von Konversationen schaffen. Mit Split- und Join-Operationen werden Konversationen über die ursprünglichen Gegenstände beendet und unmittelbar darauf neue Konversationen über andere Gegenstände eröffnet. In den Abschnitten 4.6.4 und 4.6.5 wird die dynamische Restrukturierung von Konversationen ausführlich erörtert.

4.3 Kontext

Die Kontextdatenstruktur ist in der Datenbank enthalten, für jede Applikation einsehbar und für die Konversationsteilnehmer modifizierbar, falls keine weiteren Zugriffsbeschränkungen gelten.

> DEFINITION:
> Der *Kontext* einer Konversation bezeichnet die Daten, die zur Verwaltung, Fortschreibung und Charakterisierung von Konversationen und deren beabsichtigten und beschlossenen Änderungen dienen. Sie werden während der Konversation laufend aktualisiert.

In diesem Abschnitt werden Aufgabe und Stellung des Konversationskontextes detailliert erklärt.

4.3.1 Aufgabe

In herkömmlichen, nicht kooperativen Datenbanken werden nur Daten sichtbar, die konsistent und gültig sind. Jede Datenbankanwendung kann von diesen garantierten Datenqualitäten ausgehen und bei ihren Lese- und Schreibzugriffen annehmen, daß einmal sichtbar gewordene Objektinstanzen nicht später für ungültig erklärt werden. Das Transaktionskonzept implementiert dieses erwünschte Verhalten, indem vor dem Transaktionsende keine und nach dem Transaktionsende alle Änderungen der Transaktion sichtbar werden und bleiben.

Fundamentale Idee des Konversationskonzeptes ist die Trennung des Zeitpunktes, an dem beabsichtigte Änderungen in der Datenbank sichtbar werden, von dem Zeitpunkt, an dem über die Gültigkeit der Änderungen entschieden wird. In der Zeitspanne dazwischen ist Kooperation möglich: Die beabsichtigten Änderungen einer Partei dienen einer anderen als Ausgangspunkt zu weiteren Überlegungen, ohne daß mit der Änderungsabsicht eine Verpflichtung zur tatsächlichen Durchführung verbunden ist. In kooperativer Weise kann dann die Realisierung oder Unterlassung der Absichten beschlossen werden. Aus diesen Überlegungen heraus muß eine kooperative Datenhaltung Daten in drei prinzipiell unterschiedlichen Qualitäten verwalten:

- Konsistente, gültige und sichtbare Daten;
- Daten, die gerade bearbeitet werden und unsichtbar sind;
- Sichtbare Daten, deren Bearbeitung abgeschlossen ist, die aber noch nicht gültig sind.

Daten der ersten Qualitätsstufe unterscheiden sich nicht von Daten in nicht-kooperativen Datenbanken. Alle Änderungen sind abgeschlossen, sie erfüllen die Integritätsbedingungen und sie sind dauerhaft im Sinne des ACID-Paradigmas. Daten der zweiten Qualitätsstufe werden im allgemeinen nicht in der materialisierten Datenbank, sondern möglichst im Systempuffer gehalten, solange keine Verdrängung stattfindet. Diese Daten sind gerade in Bearbeitung, möglicherweise inkonsistent und deswegen gegen Zugriffe Dritter gesperrt. Neu hinzu kommen bei einer kooperativen Datenhaltung die Daten der dritten Kategorie. Sie werden sichtbar für alle Anwendungen in der Datenbank verwaltet. Um diese Daten von denen der ersten Klasse unterscheiden zu können, werden sie in einem Datenpool verwaltet, der auf ihre fehlende Gültigkeit hinweist. Dieser Datenpool heißt Konversationskontext. Er enthält während einer laufenden Konversation unter anderem die *Konversationsvorschläge* (Abschnitt 4.3.2) und ein (Zwischen-)*Resultat* (Abschnitt 4.3.3). Beides sind Belegungen des Konversationsgegenstandes. Wie in Abbildung 17 illustriert, dürfen sich Vorschläge nur auf eine Untermenge des Konversationsgegenstandes beziehen, müssen dies aber nicht. Das Konversationsresultat umfaßt immer eine vollständige Belegung aller Attributinstanzen des Konversationsgegenstandes.

Neben der Bereitstellung eines ausgezeichneten Datenpools für noch nicht gültige Belegungen der Attributinstanzen aus dem Konversationsgegenstand, hat der Konversationskontext noch die weitere, wichtige Aufgabe der Repräsentation eines umfassenden Handlungszusammenhangs. Dazu werden die in Abbildung 17 rechts dargestellten Teile *Charakteristika* (Abschnitt 4.3.4) und *weitere Kontextdaten* (Abschnitt 4.3.5) benötigt. In den Konversationscharakteristika sind die kennzeichnenden Merkmale der Konversation festgehalten, z.B. eine Teilnehmerliste oder Beschränkungen der Ausführungszeit. Die weiteren Kontextdaten enthalten Argumente, Begründungen, Einschätzungen usw. Im Gegensatz zu den Vorschlägen und dem Resultat beschreiben Charakteristika und die weiteren Kontextdaten stets gültige Datenwerte (siehe unten). Für die Konversationsteilnehmer ist die Kenntnis des globalen Handlungszusammenhangs zwingend, um Vorschläge bewerten und evtl. selbst abgeben zu

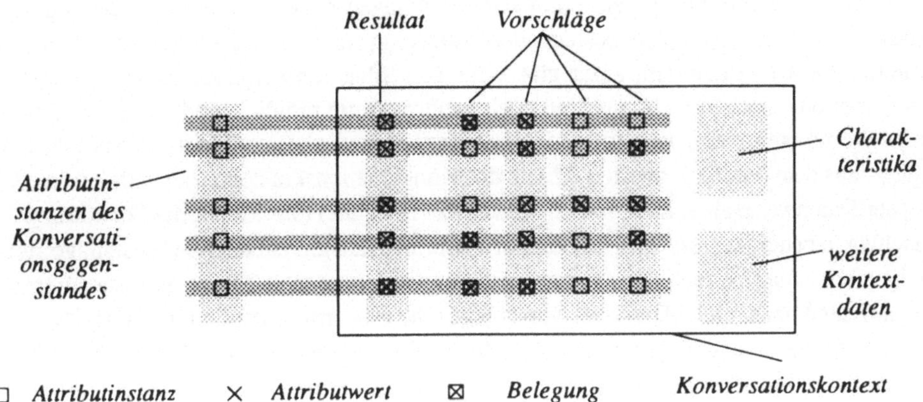

Abb. 17: Bestandteile des Konversationskontexts

können. Die Erkenntnis, daß jede Handlung kontext- und historiensensitiv ist, läßt sich auch aus einer Philosophie der Handlungstheorie begründen ([169]). Diese Gedanken sollen hier nicht vertieft werden – was jedoch bleibt, ist der Name „Kontext".

Kontextdaten bestehen nur während einer laufenden Konversation. Beim Beginn einer Konversation wird der zugehörige Konversationskontext erzeugt und mit den Charakteristika der Konversation initialisiert. Zum Ende einer Konversation werden die gesammelten Vorschläge entweder als Konversationsresultat dem gültigen Datenbestand zugeordnet oder wegen fehlender Gültigkeit gelöscht. Gleiches passiert mit den weiteren Kontextdaten. Sie werden in der Regel vorher zur Bewertung der Vorschläge und damit zur Ermittlung des Resultats herangezogen. In jedem Fall wird der Kontext am Konversationsende gelöscht. In den folgenden Abschnitten 4.3.2 bis 4.3.5 werden Aufgabe und Funktion der vier Teile der Kontextdaten genau beschrieben.

4.3.2 Vorschläge

Vorschläge beschreiben eine Menge von möglichen Ausprägungen des Konversationsgegenstandes oder Teilen davon.

> DEFINITION:
> Ein einzelner *Vorschlag* ist eine Menge von Belegungen für Attributinstanzen aus dem Konversationsgegenstand.

Die Interpretation der Vorschläge ist im Konversationskonzept festgelegt: Jeder einzelne Vorschlag ist eine alternative Belegungskombination für die in Konversation stehenden Attributinstanzen. Über ihren Wert hinaus ist in den Vorschlägen keine weitere Semantik enthalten. Insbesondere wird aus einem bestehenden Vorschlag allein keine Präferenz für eine bestimmte Alternative deutlich. Zwar gibt jeder Vorschlag Hinweise auf mögliche Attributwerte, aber das schließt nicht aus, daß noch weitere Werte möglich sind und eine nicht genannte Wertekombination für das Resultat herangezogen wird. Diese Sichtweise ist eine Konsequenz aus dem datenorientierten Ansatz des Konversationskonzepts, bei dem jede Bedeutung der Datenwerte ausschließlich im Wert selbst liegt. Im Hinblick auf die Verwaltung von Vorschlägen bedeutet diese Art von Datenorientierung, daß gleichlautende Vorschläge als ein einziger Vorschlag betrachtet und abgespeichert werden können. Die an sich naheliegende Idee, aus der Anzahl gleichlautender Vorschläge eine Bewertung abzuleiten, würde die unabhängigen Aspekte Vorschlagswert und Anzahl der eingegangenen Vorschläge verknüpfen. Es könnten dann nur Stimmen abgegeben werden, indem der unter Umständen umfangreiche Vorschlag nochmals in den Konversationskontext eingebracht wird.

Wie bereits im Abschnitt 4.3.1 angedeutet wurde, sind die Vorschläge während einer laufenden Konversation sichtbar. Die durch sie ausgedrückten alternativen Belegungen der Attributinstanzen sind zu dieser Zeit ungültig. Dies hat nichts mit der Gültigkeit der Vorschläge selbst zu tun. Sie müssen sogar vor dem Konversationsende gültig (und sichtbar) werden, damit sich weitere Operationen wie Stimmabgabe oder Argumentationen auf sie beziehen können. Jeder Vorschlag wird gültig, sobald die Transaktion erfolgreich abgeschlossen wurde, die den Vorschlag in den Kontext einbrachte. Die durch den Vorschlag ausgedrückte Modifikation des Konversationsgegenstandes bleibt jedoch bis zum Konversationsende ungültig. Zur Verdeutlichung dieser wichtigen Unterscheidung sei an das Terminplanungsbeispiel (Abschnitt 1.2.1) erinnert: Während der Diskussion über den Wochentag gibt es keine gültige Belegung des Attributs „Wochentag", sieht man von einer eventuell vorhandenen Vorgängerversion ab. Die bestehenden Vorschläge „Mittwoch" und „Dienstag oder Mittwoch" sind gültige Vorschläge, beschreiben aber nicht eine gültige Belegung von „Wochentag", die erst am Konversationsende festgestellt wird. Trotz dieses Unterschiedes wird der sprachlichen Einfachheit halber im folgenden von ungültigen Vorschlägen gesprochen, wenn die Ungültigkeit der durch die Vorschläge ausgedrückten alternativen Belegungen des Konversationsgegenstand gemeint ist. Die gleichen Aussagen über die Gültigkeit gelten auch für das Konversationsresultat, dessen Funktion im folgenden Abschnitt erklärt wird.

4.3.3 Resultat

Die Struktur des Konversationsresultats ist der eines einzelnen Vorschlags sehr ähnlich. Das Resultat muß sich allerdings auf alle Attributinstanzen des Konversationsgegenstandes beziehen. Es enthält für jede Attributinstanz genau eine Belegung.

DEFINITION:
Das *Resultat* ist eine Menge von Belegungen für alle Attributinstanzen des Konversationsgegenstandes.

Die Verwendung des Resultats ist, im Gegensatz zu der Verwendung von Vorschlägen (Abschnitt 4.3.2), exakt im Konversationskonzept festgelegt: Bei einem positiven Konversationsende ersetzen die im Resultat enthaltenen Belegungen die bestehenden Belegungen der Attributinstanzen im Konversationsgegenstand. Da es keine weitere Funktion des Resultats gibt, ergeben sich daraus zwei Folgerungen. Das Resultat einer Konversation kann

- in einer beliebigen Weise und
- schon vor dem Konversationsende und wiederholt

bestimmt werden. In der Regel dienen die Vorschläge zur Bestimmung des Resultats. Weil das Konversationskonzept jedoch kein Verfahren zur Bestimmung des Resultats vorschreibt, wird Unabhängigkeit von spezifischen Kooperationsmodellen erreicht. Zwei Beispiele verdeutlichen, was mit Unabhängigkeit gemeint ist: Würde man zum einen die Verwendung der Vorschläge als Eingabeparameter zu einer Durchschnittsbildung festlegen, wäre das sehr einfache Kooperationsmodell „Durchschnitt-über-alle-Vorschläge" optimal unterstützt. Alle anderen Funktionen, wie z. B. die Minimum-Berechnung, wären damit ausgeschlossen. Fordert man zum anderen etwas allgemeiner, daß die Vorschläge in einem funktionalen Zusammenhang zum Konversationsresultat stehen, könnte die Bestimmung des Resultats automatisch durch das Datenbanksystem vorgenommen werden, falls diese Funktion z. B. als Datenbankprozedur ([176]) zur Verfügung gestellt wird. Ein Kooperationsmodell mit externen Prioritäten wie „Der-Chef-hat-das-letzte-Wort" bleibt immer noch unberücksichtigt. Das Konversationskonzept verzichtet daher auf eine vorgeschriebene Verwendung der Vorschläge, sorgt im Sinne des datenorientierten Ansatzes jedoch für ihre Verwaltung. Diese prinzipielle Vielfalt kann durch eine konkrete Implementierung durchaus beschränkt werden, wo es nötig erscheint. Zum Beispiel können automatisch Abstimmungsmodi mit einer gewissen Teilnehmerzahl realisiert werden.

Die Möglichkeit der vorzeitigen und wiederholten Resultatsermittlung entkoppelt die Ergebnisbestimmung vom Konversationsende. Damit die neuen Belegungen dem Konversationsgegenstand zugewiesen werden können, muß zwar das Resultat spätestens am Konversationsende vorliegen; es kann jedoch auch zu einem beliebigen Zeitpunkt vorher bestimmt werden. Insbesondere kann die Berechnung des Resultats in einer anderen Transaktion als das Konversationsende durchgeführt werden. Darüber hinaus können wiederholt Zwischenresultate ermittelt und wieder verworfen werden. Wenn das Resultat erst am Konversationsende berechnet werden soll, kann eine Implementierung ebenfalls Unterstützung, z. B. in Form der oben genannten Datenbankprozeduren, anbieten.

Eine Konversation kann auch ohne Ergebnis beendet werden. Der Inhalt des Konversationsresultats, so vorhanden, ist dann bedeutungslos. Es bleiben einfach die bestehenden Belegungen der Attributinstanzen aus dem Konversationsgegenstand erhalten.

4.3.4 Charakteristika

Ein Agent könnte bei der Recherche in der Terminplanungsdatenbank feststellen, daß gerade eine Konversation über einen bestimmten Kundentermin läuft. Damit er sich zur Beteiligung an der Konversation entscheiden kann, sind für ihn neben dem Konversationsgegenstand und den bereits bestehenden Vorschlägen auch die anderen Rahmenbedingungen der laufenden Konversation wichtig: Initiator, Anfangszeit, maximale Ausführungszeit, andere beteiligte Agenten, usw. Wenn die maximale Ausführungszeit in nächster Zukunft erreicht ist, könnte der Agent auch seine Recherche zurückstellen, um später das dann verfügbare Konversationsergebnis in seine laufende Anwendung zu integrieren. Diese Rahmenbedingungen dienen jedoch nicht nur der Information nachträglich hinzukommender Konversationsteilnehmer. Sie können auch eine weitere Grundlage für die Bestimmung des Konversationsresultates sein. Um beispielsweise die absolute Mehrheit der Stimmen festzustellen, ist die Kenntnis der Anzahl der beteiligten Agenten erforderlich.

> DEFINITION:
> Die *Charakteristika* einer Konversation beschreiben den globalen Handlungszusammenhang in einer Konversation. Für sie ist kein bestimmtes Schema vorgesehen.

Mögliche Quellen der Informationen in den Konversationscharakteristika sind entweder das Konversationssystem oder ein Agent, z. B. der Initiator, der Administrator oder ein Teilnehmer einer Konversation. Die bereitgestellten Daten können entweder zur Information der teilnehmenden Agenten oder als Eingabeparameter für Funktionen des Konversationssystems verwendet werden. Hinweise und Kommentare, die von Agenten erstellt und nur beschreibend verwendet werden, sind aus Sicht des Konversationssystems völlig beliebige Merkmale. Mustervorschläge werden von einem Agenten definiert und das Konversationssystem muß sicherstellen, daß nur Vorschläge abgegeben werden, die den Mustervorschlägen entsprechen. Umgekehrt ist es mit Merkmalen wie dem Initiator der Konversation. Diese Information wird vom Konversationssystem zur Verwendung außerhalb der Systemfunktionen bereitgestellt. Die Restlaufzeit wird schließlich vom Konversationssystem laufend aktualisiert und löst bei Überschreitung weitere Funktionen des Systems bis hin zum Abbruch der Konversation aus.

Das Konversationskonzept gibt kein bestimmtes Schema der Konversationscharakteristika vor. Die Informationen der drei Kategorien Agent/Konversationssystem, Konversationssystem/Agent und Konversationssystem/Konversationssystem werden jedoch entweder durch das Konversationssystem geschrieben oder von ihm verwendet. Ihre Semantik muß deshalb im Konversationskonzept bzw. in den Konversationscharakteristika festgelegt sein. Die Charakteristika der Kategorie Agent/Agent könnten prinzipiell außerhalb der Datenbank verwaltet werden und dort den potentiellen Konversationsteilnehmern zugänglich gemacht werden. Das Konversationssystem muß die Semantik dieser Beschreibungen nicht kennen.

Ein weiterer Grund gegen ein festes Schema der Konversationscharakteristika ist die Erweiterbarkeit des Systems. Anwendungen, die auf dem Konversationskonzept aufbauen, oder die Integration einer Ablaufsteuerung sind so leichter möglich. Eine Ablaufsteuerung kann beispielsweise unterstützt werden, indem eine Ablaufbeschreibung in den Charakteristika abgelegt wird. Die Ablaufbeschreibung enthält etwa eine Reihenfolgevorgabe für das Einbringen von Vorschlägen und Stimmen. Sie benötigt und liefert Informationen von bzw. an das Konversationssystem. Die Vollständigkeit der Vorschläge ist nur mit Hilfe der Teilnehmerliste zu beantworten. Außerdem darf das Konversationssystem nur Stimmabgaben entgegennehmen, wenn alle Vorschläge vorliegen. Indem das Konversationskonzept keine bestimmten Zustandsbeschreibungen für die Charakteristika festlegt, kann eine Implementierung beliebige, insbesondere auch ablauforientierte Aspekte in den Kontext integrieren. Mit den Agendas (Abschnitt 5.7) werden Wege zu einer solchen Integration aufgezeigt.

Die Hervorhebung der Charakteristika aus den Kontextdaten hat auch im Zusammenhang mit Metakonversationen (Abschnitt 4.6.3) eine Bedeutung. Obwohl Konversationen konzeptionell über beliebige Teile des Konversationskontexts anderer Konversationen zulässig sind, beschränken sich Metakonversationen aus Anwendungsgründen in der Regel auf Charakteristika im Kontext. Metakonversationen z. B. über die Vorschläge oder das Ergebnis anderer Konversationen sind sehr schnell nicht mehr handhabbar.

4.3.5 Weitere Kontextdaten

Entities zur Dokumentation kooperativen Geschehens, wie Begründungszusammenhänge, Konfliktpotentiale und Bearbeitungsziele sind kaum anwendungsunabhängig zu repräsentieren. Gleichwohl sind sie für die adäquate Reaktion der Kooperationspartner wichtig. Diese erweiterten Beschreibungen des kooperativen Geschehens sind in den weiteren Kontextdaten enthalten.

> DEFINITION:
> Die *weiteren Kontextdaten* einer Konversation beschreiben und interpretieren die Kontextdatenstruktur. Auch für sie ist kein bestimmtes Schema vorgesehen.

Beispiele dafür sind ergänzende Argumente oder Bewertungsgrundlagen für Vorschläge oder auch das Resultat. Repräsentationsformen können Semantische Netze ([55]), IBIS-Modelle

([25]) oder andere im verwendeten Datenmodell darstellbare Konzepte sein. Durch ihre Zugehörigkeit zum Kontext wird der potentielle Konversationsteilnehmer auf solche Ergänzungen hingewiesen. Von Seiten des Konversationskonzeptes wird jedoch keine Bedeutung mit den weiteren Kontextdaten assoziiert.

Weil kein bestimmtes Datenschema für die weiteren Kontextdaten festgelegt wird, ist es denkbar, daß jede Konversation ein eigenes Datenschema verwendet. Im Beispiel der Terminvereinbarung (Abschnitt 1.2.1) werden z. B. als Begründungen wohl hauptsächlich Kausalketten der Art „Termin XYZ ist belegt, weil da gleichzeitig das Treffen ABC stattfindet" benötigt. Im Automobilszenario (Abschnitt 1.2.2) sind vielleicht physikalische Einflüsse auf die Konstruktionsentscheidungen, z. B. Berechnungsergebnisse, oder monetäre Begründungen zu repräsentieren. Ein problemspezifisches Datenschema konfligiert mit dem Grundsatz der Datenunabhängigkeit, weil für jedes Szenario eine eigene Datenverwaltung eingesetzt wird, die andere Anwendungsbereiche nicht mehr „verstehen". Der Mangel scheint jedoch erträglich, weil sonst gänzlich auf die Repräsentation wichtiger Kooperationsdaten verzichtet werden müßte.

4.4 Konversationen und Transaktionen

Charakteristisch für das Konversationskonzept ist, daß das ACID-Transaktionskonzept nicht, wie durch viele neue Transaktionsmodelle ([44]) ersetzt oder verändert wird, sondern uneingeschränkt weiter Verwendung findet. Konversationen verfügen selbst über keine Operationen zum Lesen oder Verändern der Datenobjekte. Alle Datenmanipulationsoperationen werden im Rahmen von ACID-Transaktionen ausgeführt. Dazu gehören insbesondere auch die Operationen zum Erzeugen und Beenden der Konversationen sowie die Manipulationen des Kontexts. Wie sich die Einbettung von ACID-Transaktionen in den Konversationsrahmen gestaltet, ist Gegenstand der folgenden Ausführungen. Dazu wird in Abschnitt 4.4.1 das strukturelle Verhältnis von Transaktionen und Konversationen diskutiert. Abschnitt 4.4.2 erläutert, wie Kooperation trotz Isolation und Dauerhaftigkeit stattfinden kann, und Abschnitt 4.4.3 zeigt Beschränkungen des transaktionalen Zugriffs durch das Konversationskonzept auf.

4.4.1 Strukturelles Verhältnis

Unabhängig von Implementierungsmechanismen werden Transaktionen durch die ACID-Eigenschaften Atomarität, Konsistenzerhaltung, Isolation und Dauerhaftigkeit charakterisiert ([66]). Weil sowohl Transaktionen als auch Konversationen Arbeitseinheiten sind, die eine Folge von inhaltlich zusammengehörenden Einzelschritten klammern, kann man beide direkt gegenüberstellen. Tabelle 5 ordnet dem ACID-Begriffsgerüst verwandte Konzepte und Begriffe auf seiten der Konversationen zu.

Transaktion (Ressourcenmanagement)	*Konversation (Problemlösevorgang)*
Einheit der Sichtbarkeit (Atomarität)	Einheit der Zusammenarbeit (Kooperation)
Einheit der Konsistenz	Einheit der Gültigkeit
Einheit der Serialisierbarkeit (Isolation)	–
Einheit der Dauerhaftigkeit	Versionierungseinheit

Tab. 5: Gegenüberstellung von Transaktions- und Konversationscharakteristika

Die links in Tabelle 5 genannten Merkmale gelten für unabhängige Transaktionen und für Transaktionen in Konversationen. Transaktionen klammern eine logische Arbeitseinheit hinsichtlich der Sichtbarkeit der Ergebnisse, der Konsistenz, der Einflüsse nebenläufiger Aktivitätsträger und der Dauerhaftigkeit der ausgeführten Änderungen ([66]). Das Ressourcenmanagement steht im Vordergrund. Konversationen stellen den Problemlösevorgang dar, der eine Folge von Konversationsschritten klammert, die ihrerseits in Transaktionen ausgeführt werden. Dabei kann eine Transaktion Operationen für unterschiedliche Konversationen durchführen. Eine Konversation beschreibt jedoch die Einheit der Zusammenarbeit (Tabelle 5 rechts). Während innerhalb einer Konversation Kooperation möglich ist, sind außerhalb nur konkurrierende Formen der Zusammenarbeit vorgesehen. Die Gültigkeit des Konversationsergebnisses wird ausschließlich am Ende jeder Konversation festgestellt. Die logische und physische Konsistenz der Daten besteht bereits am Ende jeder transaktionalen Bearbeitungseinheit. Insbesondere ist die Einhaltung aller Integritätsbedingungen auch während der Konversation gesichert, da die Datenobjekte aus dem Konversationsgegenstand während der Konversation unveränderlich sind und somit keine Integritätsverletzungen während der Konversation eingebracht werden können. Der Transaktionseigenschaft Serialisierbarkeit steht kein Äquivalent auf Konversationsseite gegenüber. Da eine Konversation keine direkten Operationen auf Datenobjekten ausführt, müssen auch keine Zugriffe auf Ebene der Konversationen serialisiert werden. Vielmehr finden die Zugriffe in Transaktionen statt und werden dort nach einem üblichen Verfahren (z.B. striktes Zwei-Phasensperrprotokoll; [12]) serialisiert. Auch die Dauerhaftigkeit der Transaktionsergebnisse gilt für jede einzelne Transaktion der Konversation, d.h. die am Kontext durchgeführten Änderungen bleiben nach dem Transaktionsende des Schreibers erhalten. Da einerseits die Gültigkeit der Vorschläge erst am Konversationsende feststeht und sich andererseits der Versionsbegriff an der Gültigkeit der Objektinstanzen konstituiert ([135]), tritt die Konversation als Einheit der Versionierung auf. Mit anderen Worten, eine Konversation überführt die alte Version des Konversationsgegenstandes in eine neue Version. Die Vorschläge während der Konversation können als (noch ungültige) Varianten der Objekte des Konversationsgegenstandes angesehen werden ([189]). In Abbildung 18 werden die Zeitpunkte bzw. Zeitintervalle mit Versionen, Varianten und der Gültigkeit des Konversationsgegenstandes gegenüberstellt. Es wird dabei angenommen, daß die gleichen Objektinstanzen Gegenstand von drei aufeinanderfolgenden Konversationen sind.

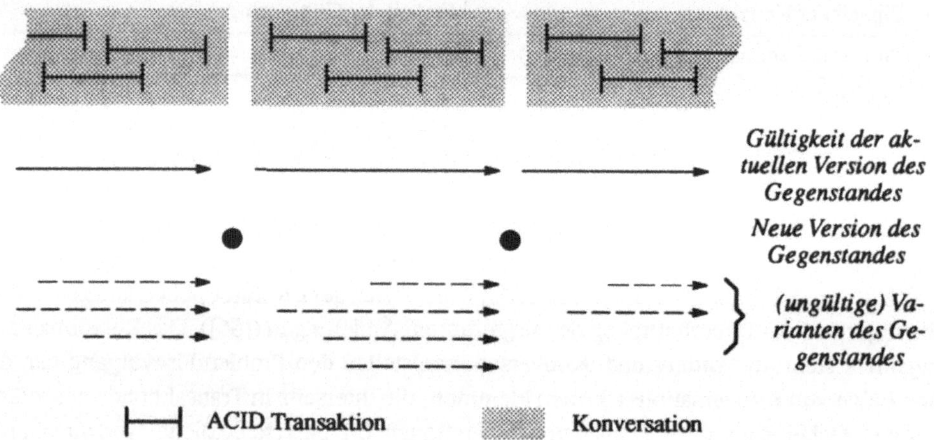

Abb. 18: Versionen, Varianten und Gültigkeit des Konversationsgegenstandes

Jede Konversation erzeugt an ihrem Ende eine neue Version des Konversationsgegenstandes. Da Versionen stets nur gelten, bis ihre Nachfolgerversion in die Datenbasis eingebracht wird, reicht die Gültigkeit der aktuellen Version des Konversationsgegenstandes bis zum Abschluß der folgenden Konversation. Während einer laufenden Konversation markieren die Vorschläge Varianten des Konversationsgegenstandes, die nicht gleichzeitig gültig sein können. Am Ende der Konversation wird unter Zuhilfenahme der Varianten (Vorschläge) eine neue Version des Konversationsgegenstandes generiert.

4.4.2 Isolation und Dauerhaftigkeit vs. Kooperation

Datenorientierte Kooperation beruht auf dem Austausch von bedingt gültiger Information (Abschnitt 1.3.1). Die ausgetauschte Information darf noch nicht gültig sein, damit die Kooperationspartner aktiv auf sie einwirken können, ohne daß durch die Veränderungen Verpflichtungen gegenüber Dritten entstehen (z. B. durch rekursives Rücksetzen). Durch den notwendigen Austausch und die Weitergabe von bedingt gültiger Information sind Transaktionen nicht ohne weiteres für kooperative Vorgänge einsetzbar. Einerseits garantiert das Commit am Ende einer Transaktion, daß die in dieser Bearbeitungseinheit sichtbar gewordenen Daten nicht mehr ohne Zutun anderer Transaktionen verändert werden (Dauerhaftigkeit). Andererseits werden die Transaktionseffekte während einer laufenden Transaktion nicht sichtbar (Isolation).

Im Konversationskonzept werden Transaktionen mit ACID-Eigenschaften genutzt. Dabei wird davon ausgegangen, daß die Transaktionen erheblich kürzer sind als eine Konversation. Dann kann die Konversation die Änderungen mehrerer Transaktionen inhaltlich zusammen klammern, soweit sie diese Konversation betreffen. Über den Konversationsgegenstand ist eine Zusammenarbeit zwischen Transaktionen bzw. zwischen den hinter ihr stehenden Agenten möglich. Sie kommt nicht durch die Weitergabe bedingt gültiger und veränderbarer Instanzen des Konversationsgegenstandes zustande. Vielmehr erfolgt die Kooperation durch den Austausch gültiger Kontextdaten. Durch die festgelegte Semantik der Kontextdaten werden die gültigen Vorschläge im Konversationskontext allerdings nur als bedingt gültige Varianten des Konversationsgegenstandes interpretiert. Weil diese Semantik allen beteiligten Agenten bekannt ist, können so trotz der Verwendung von ACID-Transaktionen bedingt gültige Daten zwischen unterschiedlichen Transaktionen ausgetauscht werden.

Zur Repräsentation ungültiger Varianten des Konversationsgegenstandes ist der Kontext nicht der einzige Weg. Beispielsweise könnten die Vorschläge auch mit speziellen Sperren markiert werden, um ihre eingeschränkte Gültigkeit anzuzeigen. Oder die Agenten könnten durch das bewußte Übergehen von Sperren, wie beim schmutzigen Lesen (Abschnitt 3.4.3), andeuten, daß sie sich der eingeschränkten Gültigkeit bewußt sind. Fundamental unterschiedliche Dinge wie die Isolation im Mehrbenutzerbetrieb und die Gültigkeit von Änderungen würden dadurch in unkontrollierbarer Weise vermengt, weil die „Gültigkeits"-Sperren dann auch Auswirkungen auf den Isolationsgrad haben. Eine entsprechende Kritik wurde schon in Abschnitt 3.6 angeführt. Die explizite Repräsentation von Ungültigkeit im Schema entkoppelt jedoch die Sperrensemantik von dem Merkmal Gültigkeit. Sie ist daher das geeignete Repräsentationsmittel für ungültige Varianten. Die Sichtbarkeit und Dauerhaftigkeit aller Änderungen am Transaktionsende hat auch Konsequenzen für die Fehlersemantik von Konversationen. Diese Implikationen werden in Abschnitt 4.5.4 diskutiert.

4.4.3 Konversationaler Zugriffsschutz

Der Zugriff auf Objektinstanzen wird in Datenbanksystemen durch zwei völlig unterschiedliche Mechanismen geregelt. Zum einen wird durch Zugriffsschutzmechanismen, d.h. durch

Rechte und Privilegien, die Möglichkeit zum Zugriff geschaffen. Ob der Zugriff im konkreten Fall tatsächlich erlaubt ist, hängt von der aktuellen Situation im nebenläufigen Betrieb und dem gewählten Isolationsgrad ([58]) ab. Wird der korrekte Mehrbenutzerbetrieb z. B. über Sperrverfahren sichergestellt, so drückt sich ein erlaubter Zugriff durch eine kompatible Sperre und ein verbotener Zugriff durch eine konfligierende Sperre aus.

Die durch das Konversationskonzept auferlegten Zugriffsbeschränkungen resultieren weder aus administrativen Erfordernissen noch aus Gründen der Concurrency control. Vielmehr wird im folgenden von ausreichenden Zugriffsrechten bzw. Privilegien der Agenten ausgegangen und das installierte Concurrency control-Verfahren beibehalten. Zu den beiden bestehenden Zugriffskontrollverfahren kommt eine Ergänzung hinzu, welche die weiter vorne ausführlich begründete Unveränderlichkeit der Konversationsgegenstandes (Abschnitt 4.2.3) sichert: Der konversationale Zugriffsschutz darf während einer laufenden Konversation ausschließlich lesende Zugriffe auf den Konversationsgegenstand erlauben. Bei der Realisierung dieser Forderung gibt es Freiheitsgrade, da sie nichts über versuchte Schreibzugriffe aussagt. Die verbotenen Schreibversuche können daher blockiert werden, bis die Konversation zu Ende ist, oder zurückgewiesen werden, um der Anwendung Alternativen zu ermöglichen. Weiterhin kann die Zurückweisung mit spezifischen Hinweisen auf die bestehende Konversation versehen werden, damit der Agent eventuell an der Konversation teilnehmen kann. Die Diskussion zur Implementierung des konversationalen Zugriffsschutzes (Abschnitt 5.5) wird zeigen, daß sowohl Blockierung als auch Zurückweisung gleichzeitig sinnvoll sind, um neue, konversationale Anwendungen und Legacy applications ([175]) gleichzeitig bedienen zu können. Unter Legacy applications versteht man bestehende Anwendungen, die, aufgrund ihres umfangreichen, komplexen Programmcodes oder fehlender Dokumentation, nur schwer oder gar nicht an neue Schnittstellen angepaßt werden können.

4.5 Ablaufmodell

Eine Konversation organisiert die Datenbankoperationen unterschiedlicher Transaktionen in einer Weise, daß die Änderungen am Konversationsgegenstand kooperativ durchgeführt und eingebracht werden können. Nachdem eine Konversation ins Leben gerufen wurde, folgt eine lange Phase der Bearbeitung, in der unterschiedliche Agenten Konversationsbeiträge aller Art abgeben oder lesen können. Zum Ende der Konversation werden die eingegangenen Beiträge bewertet und das Gesamtergebnis der Konversation festgestellt. In den folgenden Abschnitten 4.5.1 bis 4.5.3 werden die drei Phasen einer Konversation erklärt.

4.5.1 Initialisierungsphase

In der Initialisierungsphase wird eine Konversation eröffnet und ihre Charakteristika werden festgelegt. Die Phase der Eröffnung dauert von dem Zeitpunkt, an dem eine Transaktionen den Eröffnungsbefehl absetzt, bis zum Ende dieser Transaktion (Initialtransaktion). Erst mit dem erfolgreichen Transaktionsende wird die Instanziierung der neuen Konversation wie alle anderen Transaktionseffekte sichtbar und dauerhaft. Nur dann können andere Agenten an der Konversation teilnehmen. Die wesentlichen Aufgaben der Initialisierungsphase sind die Bestimmung des Konversationsgegenstandes und des Konversationskontextes.

Die Attributinstanzen des Konversationsgegenstandes dürfen nicht bereits Gegenstand einer weiteren, laufenden Konversation sein. Es muß daher zuerst geprüft werden, ob die als Parameter des Eröffnungsbefehls angegeben Attributinstanzen disjunkt zu den Konversationsgegenständen aller anderen Konversationen sind. Die Frage ist stets entscheidbar, weil Entscheidbarkeit von der charakteristischen Funktion gefordert wird, die den Konversationsgegenstand bestimmt (Abschnitt 4.2.2). Nach der Initialisierungsphase, d.h. während der gesamten Konversation, muß der Konversationsgegenstand unveränderbar gehalten werden (Abschnitt 4.2.3). Bis zum Abschluß der Initialisierungsphase kann der Konversationsgegenstand ohnehin nicht durch Dritte verändert werden: Um die Disjunktheit des Konversationsgegenstandes zu überprüfen, wird er durch die Initialtransaktion gelesen und dadurch bis zum Transaktionsende vor Veränderung geschützt. Ob die Initialtransaktion den Konversationsgegenstand verändert oder nicht, ist wegen der mit der Änderung verbundenen exklusiven Sperre gleichgültig. Nach dem Ende der Initialtransaktion muß das Konversationssystem für die Unveränderlichkeit sorgen. Mit Hilfe der charakteristischen Funktion kann es für alle Schreiboperationen entscheiden, ob sie sich auf Attribute in einer Konversation beziehen, und sie dann gegebenenfalls verhindern. Um die Prüfung zu vereinfachen, werden in der Realisierung jedoch Markierungen an den Attributinstanzen angebracht, die eine laufende Konversation anzeigen (Abschnitt 5.2.2). Sie müssen in der Initialisierungsphase angelegt und verwaltet werden. Als Konsequenz verzichtet die Realisierung auf Konversationen über potentielle Daten.

Ein weiteres Ziel der Initialisierungsphase ist es, die Verbindung zwischen dem Konversationsgegenstand und „seinen" Kontextdaten herzustellen. Durch die Verbindung können potentielle Konversationsteilnehmer umfassend über den Stand der Konversation informiert werden, wenn sie auf den Konversationsgegenstand zugreifen. Die Charakteristika selbst werden aus den Parametern der Eröffnungsoperation, Mustervorgaben des Datenbankadministrators, Default-Werten und dem Systemzustand zusammengesetzt.

Neben den beschriebenen Auswirkungen der Initialisierungsphase können in der Initialtransaktion auch Konversationsbeiträge, z.B. Vorschläge oder sogar ein (Zwischen-)Resultat, in den Kontext eingetragen werden. Weiterhin kann die Eröffnung einer neuen Konversation auf andere Konversationen wirken. Beispielsweise kann die neue Konversation aus der Vereinigung von zwei anderen Konversation hervorgehen (Join-Operation; Abschnitt 4.6.4), oder die neue Konversation ist als Metakonversation (Abschnitt 4.6.3) angelegt und suspendiert andere Konversationen.

4.5.2 Arbeitsphase

Ziel der Arbeitsphase einer Konversation ist die Ermittlung des Konversationsresultats. Dazu werden während der Arbeitsphase Vorschläge über neue Belegungen des Konversationsgegenstandes gesammelt, die dann zu einem Ergebnis verdichtet werden. Alle Konversationsbeiträge werden transaktional in den Konversationskontext eingebracht. Somit besteht die Arbeitsphase jeder Konversation strukturell aus einer Folge von Transaktionen, die den Konversationsgegenstand und -kontext (und die restliche Datenbasis) lesen, aber nur den Kontext modifizieren. Die Kooperation der Konversationsteilnehmer besteht daher aus einer sequentiellen Folge von Änderungen des Kontexts mit normierter Semantik und in festem organisatorischen Rahmen. Die Arbeitsphase einer Konversation dauert vom Ende der Initialisierungsphase bis zum Beginn der Terminierungsphase.

Ein Konversationsteilnehmer muß von der Konversation Kenntnis erhalten. Das Konversationssystem weist daher Agenten, die auf Benutzerdaten zugreifen, auf laufende Konversationen hin. Die Agenten unterteilen sich dabei in zwei Klassen: solche, die die Hinweise auf eine laufende Konversation interpretieren können, und solche, die dazu nicht in der Lage sind (Legacy applications). Hinweise auf laufende Konversationen erhalten nur Agenten der ersten Klasse. Legacy applications könnten diese Hinweise nicht verarbeiten und werden deswegen durch das Konversationssystem bis zum Ende der Konversation blockiert. Für sie entsteht durch das Konzept der Datenbankkonversationen keine neue Möglichkeit zur Kooperation.

Die Arbeitsphase wird gewöhnlich mit der Ermittlung des Konversationsresultats beendet. Die Vorschläge und alle anderen Informationen aus den weiteren Kontextdaten wie Stimmen, Argumente oder Begründungen werden bewertet und für jede Attributinstanz des Konversationsgegenstandes wird eine Belegung ermittelt. Nach welchen Vorschriften das Konversationsresultat ermittelt wird, hängt allein von der Transaktion ab, welche die Belegungen als Resultat in den Konversationskontext einträgt. Die Operationen der Terminierungsphase gehen davon aus, daß ein Resultat vorliegt. Der Wert des Resultats kann auch identisch mit den aktuellen Belegungen des Konversationsgegenstandes sein.

4.5.3 Terminierungsphase

Der Befehl einer Transaktion zur Beendigung der Konversation eröffnet die Terminierungsphase. Sie endet mit dem erfolgreichen Ende dieser Terminierungstransaktion. In der Terminierungsphase ist keine Kooperation mehr möglich. Auch der Konversationsgegenstand kann nicht mehr gelesen werden, weil diese Daten in der Terminierungsphase durch das Resultat verändert werden. Das Ziel ist die Wiederherstellung des normalen, nicht-konversationalen Datenbankbetriebs. Dazu sind bei einer erfolgreichen Beendigung das Konversationsresultat einzubringen, alle Arten von Verwaltungsinformationen aufzulösen und der Konversationsgegenstand für die normalen Datenmanipulationen freizugeben. Endet die Konversation nicht erfolgreich, müssen nur die Verwaltungsinformationen gelöscht und der Konversationsgegenstand freigegeben werden.

Da das Konversationsresultat bereits im Kontext gespeichert ist, brauchen die Attributinstanzen des Konversationsgegenstandes nur noch auf die entsprechenden Werte gesetzt zu werden. Alle anderen Informationen aus dem Kontext sind für das Konversationssystem wertlos und können einfach gelöscht werden. Damit entfällt auch die Bindung des Kontextes an den Konversationsgegenstand, der die nachträgliche Teilnahme der Agenten ermöglicht hat. Als letztes entfernt das Konversationssystem die Attribute des Konversationsgegenstandes aus der Liste der Attribute laufender Konversationen. Wenn die Terminierungstransaktion beendet ist, kann auf die Gegenstandsdaten wieder im Rahmen von normalen Operationen zugegriffen werden. Dazu gehört auch die Eröffnung neuer Datenbankkonversationen.

4.5.4 Fehlersemantik

Einer der großen Vorteile des ACID-Transaktionskonzepts ist die eindeutige Fehlersemantik. Die Klassifikation der Fehlerarten (Plattenfehler, Kanalfehler, Stromausfall, Maschinenausfall, Systemausfall, abnormales Programmende, Interferenzfehler) und der Recoverymaßnahmen (Zurücksetzen auf einen Binnensicherungspunkt (R0) bis Kompensation (R6)) von Reuter ([151]) gibt an, welche Fehler wie behandelt werden. Der zweite bahnbrechende Vorteil der Fehlerbehandlung in Datenbanksystemen ist, daß die Fehlerbehandlung eben durch das Datenbanksystem durchgeführt wird und nicht in den Aufgabenbereich des Anwendungsprogrammierers fällt. Die Recoverymaßnahmen des Datenbanksystems stellen den jüngsten bestätigten Zustand der Datenbank wieder her, der zudem konsistent ist. Die beiden traditionellen Eigenschaften der Fehlerbehandlung sollen auch für das Konversationskonzept angewendet werden.

Eine naheliegende Überlegung zur Fehlerbehandlung bei Konversationen würde zur Einführung einer „Abort-Conversation"-Operation führen. Analog zu ihrem transaktionalen Vorbild sollten durch sie die Effekte einer Konversation rückgängig machen, so als hätten sie nie stattgefunden. Durch die normierte Semantik des Konversationskontextes ist das Zurücksetzen von Konversationen im transaktionalen Stil bei genauer Betrachtung jedoch nicht nötig: Die einzig möglichen Effekte einer laufenden Konversation beziehen sich auf den Kontext. Ob der Inhalt des Kontexts in Form des Konversationsresultats zum gültigen Datenobjekt wird, ist ungewiß. Diese Unsicherheit ist in der Semantik der Vorschläge enthalten. Aus dieser Überlegung heraus kann es auch keine Transaktionen geben, die in die Pflicht zur Konsistenzerhaltung den Kontext mit einbeziehen. Die Vorläufigkeit und Ungültigkeit der Datenobjekte, die der Konversationskontext beschreibt, kann nicht als Basis zur Einhaltung von Integritätsbedingungen dienen. So kann der Verlust des Konversationskontextes bzw. des mit seiner Hilfe ermittelten Resultates vor dem Konversationsende keine Gefahr für die Integrität und Gültigkeit des Datenbestandes sein. Diese Merkmale sind der Schlüssel zur konversationalen Fehlersemantik.

Anders als bei Transaktionen spielen für das Konversationskonzept nur zwei Fehlerarten eine Rolle. Zum einen sind Fehler zu behandeln, welche die weitere Ausführung des aktuellen Konversationsschrittes unmöglich machen. Zum anderen gibt es Fehler, die verhindern, daß die Konversation als Ganzes fortgesetzt werden kann.

Ein Grund für den willentlichen, einseitigen Abbruch eines Konversationsschrittes ist z.B. die Rücknahme eines Vorschlags. Da die Konversationsschritte ausschließlich innerhalb von Transaktionen ausgeführt werden, führt das konversationale Undo zum Abort der laufenden Transaktion. Je nachdem, in welcher Phase sich die Konversation befindet, hat die Abort-Operation jedoch unterschiedliche Auswirkungen. Ein Abort in der Initialisierungsphase setzt sämtliche Markierungen des Konversationsgegenstandes und der Kontexteintragungen zurück, genau wie dies für alle anderen Effekte der Initialtransaktion geschieht. In der Arbeitsphase der Konversation führt ein Abort nur zum Abbruch des offenen Konversationsschrittes; die Konversation bleibt bestehen. Gleiches gilt in der Terminierungsphase für die Transaktion, die das Konversationsende einleitet: Lediglich die Effekte der Beendigungsoperation werden aufgehoben und die Konversation bleibt weiterhin bestehen. Sie kann später fortgeführt oder durch eine andere Transaktion beendet werden. Erzwingt umgekehrt nicht die Konversation, sondern ein klassischer Transaktionsfehler den Abbruch einer oder mehrerer Transaktionen, betrifft dies auch die darin enthaltenen konversationalen Operationen, d.h. den Abbruch des Konversationsschrittes. Die genannten Unterschiede in Initialisierungs-, Arbeits- und Terminierungsphase bleiben erhalten.

Kann kein Konversationsresultat gefunden werden oder ist die Fortsetzung der Konversation z.B. wegen einer veränderten Ausgangslage nicht (mehr) sinnvoll, kann die Konversation ohne Veränderung des Konversationsgegenstandes beendet werden. Wie oben begründet wurde, schafft die eingeschränkte Gültigkeit des Konversationskontextes die Voraussetzungen dazu. Die Gültigkeit und Integrität des Datenbestandes werden durch den wegfallenden Konversationskontext nicht gefährdet.

4.6 Kopplung von Konversationen

Bislang wurde das Konversationskonzept nur aus der Sicht einer einzigen Konversation dargestellt. Tatsächlich können auf dem gemeinsamen Datenbestand jedoch mehrere Konversationen gleichzeitig ablaufen, solange die Konversationsgegenstände aller laufenden Konversationen paarweise disjunkt sind. Neben völlig unabhängigen Konversationsabläufen treten jedoch auch Kopplungen auf, die das Konversationskonzept modellieren und verwalten muß. In Abschnitt 4.6.1 werden zuerst die Kopplungsmodi diskutiert und dann in den Abschnitten 4.6.2 bis 4.6.5 die gewählten Kopplungsformen vorgestellt.

4.6.1 Grundlagen

Die folgende Variation des Terminplanungsbeispiels zeigt, daß sich während des Konversationsablaufs Veränderungen ergeben können, die eine Kopplung von Konversationen sinnvoll erscheinen lassen. Für die Präsentationsveranstaltung einer neuen Produktpalette seien Termin und Ort der Veranstaltung festzulegen. Zur Diskussion von Vorschlägen und zur Ermittlung des Resultats wird eine Datenbankkonversation mit Termin und Ort als Konversationsgegenstand installiert. Weil beide Attribute der gleichen Konversation angehören, ist garantiert, daß die Konversation erst dann endet, wenn beide Resultate vorliegen. Eine verläßliche Vorabinformation über den Präsentationstermin kann, solange der Ort noch nicht feststeht, nicht gegeben werden. Wenn man jedoch davon ausgeht, daß die Räumlichkeiten am Veranstaltungsort stets verfügbar und alle Teilnehmer ausreichend mobil sind, beeinflussen sich Zeit und Ort nicht gegenseitig. Alternativ zu einer einzigen Konversation könnten daher zwei unabhängige, parallele Konversationen über Termin und Ort durchgeführt werden. Indem die Terminkonversation endet und die Ortskonversation weiterläuft, kann der Termin ohne den Ort bestätigt werden, sobald er bekannt ist. Durch die Problemstellung ist jedoch vorgegeben, daß entweder beide oder keine der Konversationen erfolgreich enden darf. Es ist nicht sinnvoll, den Termin zu bestätigen ohne irgendwann den Ort zu spezifizieren. Beide Konversationen sind so gekoppelt, daß sie unabhängig durchgeführt und beendet werden können, wenn beide terminieren oder durch die Anwendungssituation gewiß ist, daß sie erfolgreich terminieren werden.

Das geschilderte Szenario ist ein Beispiel für existentiell gekoppelte Konversationen. Existentielle Kopplungen zwischen Aktivitätsträgern A_1 und A_2 sind gerichtete Abhängigkeiten der Form $A_1 \rightarrow A_2$ mit der Semantik, daß A_2 existieren muß, wenn A_1 existiert. Die Existenz eines Aktivitätsträgers wird mit seinem erfolgreichen Ende gleichgesetzt ([21]). Eine existentielle Kopplung zwischen zwei Aktivitätsträgern sagt nichts über ihre Beendigungsreihenfolge aus. Um diese Kopplungsbedingung zu erfüllen, genügt es, daß der Aktivitätsträger, auf den die existentielle Kopplung gerichtet ist, existiert oder existieren wird. Nötigenfalls muß A_2 im Falle von $A_1 \rightarrow A_2$ auch erst gestartet werden. Wenn A_1 nicht existiert, kann A_2 beliebig beendet, abgebrochen oder auch erst gar nicht gestartet werden. Im Beispiel sind die Konversationen K_1 und K_2 über Termin und Ort der Präsentationsveranstaltung sogar wechselseitig existentiell gekoppelt, d.h. $K_1 \rightarrow K_2$ und $K_2 \rightarrow K_1$ (kurz: $K_1 \leftrightarrow K_2$).

Die existentielle Kopplung drückt eine Art Fortsetzungs-Abhängigkeit zwischen zwei Konversationen aus: Falls die erste Konversation beendet wird, muß die Konversation, auf die die Kopplung gerichtet ist, fortgesetzt werden. Umgekehrt gibt es auch eine Art Blockierungs-Abhängigkeit zwischen Konversationen, die Suspendierung genannt wird. Die suspendierte Konversation darf solange nicht fortgesetzt werden, bis die Kopplung aufgehoben wurde. Zur Verdeutlichung der Suspendierung sei das Szenario Präsentationsveranstaltung nun so abgeändert, daß der Ort erst nach der Terminfestlegung diskutiert werden soll. Weil im Beispiel der Termin jedoch so früh wie möglich publiziert werden soll, sind zwei getrennte Konversationen nötig. Die Terminkonversation kann dann vor der Ortskonversation enden. Solange die Terminkonversation läuft, suspendiert sie die Ortskonversation. Wegen der suspendierenden Kopplung können keine Vorschläge und erst recht keine Resultate für den Veranstaltungsort diskutiert werden, bis der Termin fixiert ist. Erst wenn die Suspendierung am Ende der Terminkonversation explizit aufgehoben wird, kann die suspendierte Ortskonversation fortgesetzt werden. Die suspendierende Kopplung ist auch zwischen Konversationen und Metakonversationen angezeigt, wenn auch nicht zwingend notwendig (Abschnitt 4.6.3).

Existentielle und suspendierende Kopplung folgen den datenorientierten Grundsätzen. Für die Suspendierung macht dies keine besonderen Schwierigkeiten. Suspendierung ist ein Konversationszustand, der zu beliebiger Zeit erzeugt und beendet werden kann (Abschnitt 4.6.2). Existentielle Abhängigkeiten implizieren zwar keine (Beendigungs-)Reihenfolge der Konversationen, benötigen aber ähnliche Mittel wie die ablauforientierten Abhängigkeiten zwischen Aktivitätsträgern. Beispielsweise werden zur Überwachung von sequentiellen, parallelen, alternativen, verzögerten, fristgerechten und existentiellen ([18]) Abhängigkeiten Informationen über beendete und laufende Aktivitäten benötigt. Zur Durchsetzung der Abhängigkeiten ist in der Regel eine Ablaufsteuerung nötig: Die Aktivitäten müssen gestartet, unterbrochen, fortgesetzt und beendet werden. Eine beschränkte, datenorientierte Umsetzung der wechelseitigen existentiellen Kopplung $K_1 \leftrightarrow K_2$ besteht jedoch im Zusammenführen von Konversationen. Dabei werden die Gegenstände, Vorschläge und sonstigen Charakteristika von zwei unabhängigen Konversationen zu einer einzigen integriert. So können die einzelnen Gegenstände nur noch gemeinsam als Gegenstand der neuen Konversation festgelegt werden. Insbesondere wird die Diskussion über den jeweils anderen Konversationsgegenstand genau dann beendet, wenn der eine Gegenstand fixiert ist. Die beschriebene Form der wechselseitigen existentiellen Kopplung wird durch die Join-Operation (Abschnitt 4.6.4) hergestellt und durch die Split-Operation (Abschnitt 4.6.5) gelöst.

4.6.2 Suspendierung

Das veränderte Beispiel zur Produktpräsentation zeigt, daß bestehende Konversationen voneinander abhängig werden können. Weil sich z.B. die Konversation über den Präsentationstermin verzögert, muß die Konversation über den Präsentationsort unterbrochen, d. h. suspendiert werden. Durch eine Suspendierung kann die Ortskonversation nicht fortgesetzt werden. Es sind keine Operationen erlaubt, die den Konversationskontext verändern und so den Fortgang der Konversation beeinflussen. Insbesondere dürfen keine Vorschläge abgegeben oder (Zwischen-)Resultate berechnet werden; Leseoperationen auf dem Kontext und dem Konversationsgegenstand sind hingegen erlaubt. Wenn die Suspendierung wieder aufgehoben wird, setzt die Konversation an der Stelle fort, an der sie unterbrochen wurde.

Da im Beispiel die Suspendierung von der Terminkonversation ausgeht, wird die Kopplung hin zur Ortskonversation etabliert. Die Suspendierung kann jederzeit durch eine Transaktion wieder aufgehoben werden, die zur Terminkonversation, einer anderen Konversation oder zu überhaupt keiner Konversation gehört. Neben der expliziten Rücknahme der Kopplung ist jedoch vor allem gewünscht, daß das Suspendierungsverhältnis bis zum Ende der suspendierenden Konversation bestehen bleibt. Wenn der Termin endgültig festliegt, kann die Absprache über den Ort sicherlich fortgesetzt werden. Daher werden alle Suspendierungsverhältnisse spätestens am Konversationsende freigegeben. Es spielt dabei keine Rolle, ob die Konversation mit oder ohne Resultat beendet wird.

4.6.3 Metakonversationen

Mit einigen im Datenmodell begründeten Ausnahmen (Object-Ids, Primärschlüssel, usw.) könnten alle Attributinstanzen Gegenstand von Konversationen sein. Wie der Gegenstand der Konversation und alle anderen Benutzerdaten gehört auch der Konversationskontext mit seinen Objektinstanzen zur Datenbank. Der Kontext einer Konversation ist damit also potentieller Konversationsgegenstand einer anderen Konversation, die dann Metakonversation genannt wird:

DEFINITION:
Eine ***Metakonversation*** ist eine Konversation, deren Konversationsgegenstand Teil des Konversationskontextes einer anderen Konversation ist. Die Metakonversation suspendiert diese andere Konversation.

Naheliegende Beispiele für solche Konversationen über Kontexte liefern die Konversationscharakteristika (Abschnitt 4.3.4). Vor Beginn einer Konversation könnte in einer Metakonversation die Teilnehmerliste diskutiert werden, oder eine laufende Konversation könnte unterbrochen werden, um sich über die Verlängerung der Restlaufzeit zu verständigen. Eine Metakonversation über Agendas (Abschnitt 5.7) könnte sogar als Diskussion der Geschäftsordnung aufgefaßt werden. Neben den Charakteristika enthält der Kontext jedoch auch Vorschläge, das Konversationsresultat und die weiteren Kontextdaten. Zum Beispiel könnte eine Metakonversation über Vorschläge die Zulässigkeit eines Vorschlags erörtern: Im Stil von juristischen Vorverhandlungen wird zunächst die Zulässigkeit des Antrags geprüft und dann in der Hauptverhandlung der Antrag selbst bewertet. Das Konversationskonzept läßt auch diese Objektinstanzen als Gegenstand von Metakonversationen zu. Wegen des relativ komplexen Benutzungsmodells beschränken sich die realisierten Metakonversationen auf die Charakteristika im Konversationskontext, wie bereits in Abschnitt 4.3.4 angedeutet wurde.

Aus der obigen Definition ergibt sich, daß Metakonversationen wie „normale" Konversationen behandelt werden. Damit sind auch Meta-Metakonversationen, d. h. Metakonversationen über Metakonversationen, problemlos möglich. Konversationen, über deren Kontextdaten verhandelt wird (Basiskonversation), müssen durch die Metakonversation suspendiert werden. Würde auf eine Suspendierung verzichtet, könnte die Basiskonversation weiterlaufen. Die Basiskonversation müßte dann von Rahmenbedingungen ausgehen, die in der Metakonversation eventuell gerade verändert werden. Beispielsweise könnte ein Teilnehmer noch seine Stimme abgeben, obwohl das Resultat der Metakonversation eine revidierte Teilnehmerliste ohne seinen Namen enthält. Um diesen Gefahren vorzubeugen, werden die Basiskonversationen suspendiert, sobald ein Teil ihres Konversationskontextes Gegenstand einer anderen Konversation ist.

4.6.4 Vereinigung von Konversationen

Die beiden Beispielkonversationen über den Ort und den Termin einer Produktpräsentation in Abschnitt 4.6.1 wurden so konzipiert, daß die Vereinigung der bestehenden Konversationen naheliegt. Eine etwas abgewandelte, aber durchaus ähnliche Situation ergibt sich bei der Erweiterung des Konversationsgegenstandes. Beispielsweise soll die laufende Konversation über eine Terminplanung der Marketinggruppe um die Entwicklergruppe erweitert werden.

Der Konversationsgegenstand, der nur die Kalender der Marketinggruppe enthielt, muß nun um die Entwicklerkalender ergänzt werden. Da der Konversationsgegenstand unveränderlich ist (Abschnitt 4.2.3), wird zuerst eine neue Konversation für die Entwickler erzeugt. Ohne daß irgendwelche Konversationsschritte ausgeführt wurden, wird die Entwicklerkonversation dann mit der Marketingkonversation zu einer neuen Konversation vereinigt. Die neue Konversation hat den gewünschten Konversationsgegenstand.

Eine wechselseitige existentielle Kopplung macht die beteiligten Konversation voneinander abhängig: Entweder werden alle beteiligten Konversationen beendet oder keine. Die Vereinigung ist ein Spezialfall der existentiellen Kopplung, bei der Konversationsgegenstände und Konversationskontexte zu einer einzigen Konversation zusammengeführt werden. Für die neue Konversation gilt trivialerweise, daß alle Operationen auf dem Konversationsgegenstand gleichzeitig beendet werden müssen. Während die Gegenstände per definitionem disjunkt sein müssen und so einfach durch eine Mengenvereinigung zusammengeführt werden können, ist eine entsprechende Operation für die Kontexte erheblich aufwendiger und eventuell sogar nicht automatisch auszuführen: Die Charakteristika (Abschnitt 4.3.4) und weiteren Kontextdaten (Abschnitt 4.3.5) jeder beteiligten Konversation sollen in den Kontext der neuen Konversation eingehen. Beispiele für einfache Diskrepanzen sind unterschiedliche Restlaufzeiten oder verschiedene Teilnehmerlisten. Schwerwiegende Probleme ergeben sich z. B. im Falle einer Schemaheterogenität ([10]) der weiteren Kontextdaten. Das Konversationskonzept geht daher einen ähnlichen Weg wie das Konzept der Split-Transactions ([83]). Die Vereinigung von Konversationen wird als Beendigung der alten Konversationen mit sofortigem Beginn einer neuen, unabhängigen Konversation aufgefaßt. Für die neue Konversation stellt das Konversationssystem sinnvolle Voreinstellungen bereit, wo möglich. Beispielsweise werden die Gegenstände und Vorschläge durch das System integriert. Nicht automatisch zu beseitigende Probleme muß der Agent lösen, der die Join-Operation abgesetzt hat. Insbesondere muß er sicherstellen, daß der Kontext der neuen Konversation die gewünschten Eigenschaften aufweist.

Wenn Konversationen vereinigt werden sollen, die durch Metakonversationen suspendiert wurden, wird die Join-Operation abgelehnt. Dies ist eine Konsequenz aus der Tatsache, daß Metakonversationen die Kontextdaten anderer Konversation als Gegenstand haben. Durch die Join-Operation würde ein neuer Konversationskontext entstehen, d. h. der Gegenstand von laufenden Metakonversationen würde im allgemeinen verändert werden, was aber nicht zulässig ist.

4.6.5 Aufspaltung von Konversationen

Durch die Aufspaltung einer Konversation entstehen mehrere neue Konversationen. Nach der Aufspaltung können die entstandenen Konversation völlig unabhängig voneinander fortgeschrieben, beendet, suspendiert, vereinigt oder erneut gespalten werden. Analog zum Vorbild der Split-Transactions ([83]) und der Vereinigungsoperation werden die entstandenen Konversationen wie neue Konversationen betrachtet und die aufgespaltene Konversation so behandelt, als hätte sie nie existiert.

Die Aufspaltung einer Konversation orientiert sich am Konversationsgegenstand. Die Split-Operation muß daher mit einer echten Partitionierung des Konversationsgegenstandes parametrisiert sein. Jede Partition gibt den Gegenstand einer neuen Konversation an. Die Kontexte der neuen Konversationen sind ebenfalls durch den Initiator der Split-Operation beeinflußbar. Allerdings ist eine Voreinstellung sinnvoll, bei der so viel wie möglich aus dem alten Kontext in jeden der neuen Kontexte übernommen wird. Insbesondere die Charakteristika können häufig ohne Einschränkungen übernommen werden. Die Aufspaltung der Vorschläge kann nur durchgeführt werden, wenn sie mit den angegebenen Partitionen des Konversationsgegenstandes übereinstimmen. Da ein Vorschlag Belegungen für mehrere Attributinstanzen enthalten kann, muß sichergestellt werden, daß sich alle Vorschläge nach der Aufspaltung nur auf Attributinstanzen eines einzigen Konversationsgegenstandes beziehen. Entweder sind die Vorschläge von vornherein „günstig" verteilt oder der Agent, der die Split-Operation absetzt, muß die Korrektheit der geteilten Vorschläge sichern. Ähnliches gilt für die Aufspaltung eines bereits im Kontext vorhandenen Resultats. Das Konversationsresultat ist eine Belegung für alle Attributinstanzen des Konversationsgegenstandes. Wenn die Aufteilung des Resultats analog zu den Gegenstandspartitionen ein unerwünschtes Ergebnis liefern würde, z. B. weil der Zusammenhang der Werte verlorengeht, müssen die bis dahin erarbeiteten Resultate gelöscht werden. Die Entscheidung über die Erhaltung des Resultats ist anwendungsabhängig und damit wieder von dem Agenten, der die Split-Operation veranlaßt hat, zu treffen.

Für Metakonversationen gelten die gleichen Überlegungen wie bei der Vereinigung von Konversationen. Sie haben als Konversationsgegenstand den Kontext der Konversation, die aufgespaltet werden soll. Die Vervielfachung der Metakonversation auf jeden neuen Konversationskontext ist genauso wie die Zuordnung der Metakonversation zu einer einzigen Konversation im allgemeinen nicht automatisch machbar und daher nicht sinnvoll. Aus diesem Grund unterbindet das Konversationssystem die Split-Operation auf Konversationen, wenn eine Metakonversation besteht.

4.7 Axiomatische Definition von Datenbankkonversationen

Das Konzept der Datenbankkonversationen ist bis zu dieser Stelle nur informell beschrieben worden. Was auf der einen Seite der Anschaulichkeit dient, birgt auf der anderen Seite die

Gefahr von Ungenauigkeit und Unvollständigkeit. Außerdem sind informelle Beschreibungen durch unterschiedliche Terminologie nur schwer ins Verhältnis zu setzen und behindern so den Vergleich der beschriebenen Konzepte und Ideen. Beide Beobachtungen wurde auch im Zusammenhang mit erweiterten Transaktionsmodellen ([44]) gemacht, die vor einigen Jahren in großer Zahl publiziert wurden. Um diese neu geschaffenen Transaktionsmodelle untereinander und mit den herkömmlichen ACID-Transaktionen vergleichbar zu machen, entwickelten Chrysanthis und Ramamritham um 1990 den ACTA-Beschreibungsformalismus für Transaktionskonzepte ([21]). Zur formalen Beschreibung von Konversationen kann ACTA ebenfalls herangezogen werden. Dazu wird in Abschnitt 4.7.1 zuerst der ACTA-Formalismus erklärt und für die Darstellung von Konversationen erweitert. In den Abschnitten 4.7.2 und 4.7.3 werden dann die Definitionen und Axiome des Konversationskonzepts angegeben. Eine Bewertung der Axiomatik (Abschnitt 4.7.4) schließt das Kapitel ab.

4.7.1 Beschreibungsformalismus

Der Beschreibungsformalismus ACTA hat seit 1990 einige Weiterentwicklung und Verbesserungen erfahren ([22], [23], [147]), die allerdings nicht immer konsistent zu den früheren Versionen des Formalismus sind. Um eine geschlossene Darstellung zu gewährleisten, stützt sich die hier angegebenen Beschreibung auf genau eine aktuelle Quelle ([23]). Die reinen ACTA-Formalismen werden für die Beschreibung von Konversationen erweitert. Insgesamt bestehen ACTA-Spezifikationen aus logischen Aussagen, die über einer History H von signifikanten Transaktions- und Objektereignissen ε definiert sind. Zur Spezifikation werden die logische Implikation $\Rightarrow$ und zwei Basisprädikate $\varepsilon \in H$ und $\varepsilon \rightarrow \varepsilon'$ verwendet, welche die Zugehörigkeit eines Ereignisses ε zur History H bzw. die Präzedenz eines Ereignisses ε vor einem Ereignis ε' in der History ausdrücken.

Objektereignisse werden durch eine Operation $p_t[ob]$, die von der Transaktion t auf der Objektinstanz ob ausgeführt wird, ausgelöst. Die Effekte der Operationen müssen explizit bestätigt (committed) oder zurückgesetzt (aborted) werden. Commit und Abort sind Operationen, die auf jeder Objektinstanz definiert sind. Für Operationen innerhalb von Konversationen wird festgelegt:

> DEFINITION:
> $p_t^k[ob]$ ist eine Operation p auf der Objektinstanz ob, wobei ob aus dem Konversationsgegenstand oder dem Kontext der Konversation k ist.

Die Menge der möglichen Objektereignisse einer Transaktion t wird mit OE_t bezeichnet. Ein signifikantes Ereignis SE_t ist die Ausführung eines transaktionsmodell-spezifischen Primitivs, wie z. B. Begin, Abort und Commit für ACID-Transaktionen. Die Untermenge der Initialereignisse IE_t enthält die möglichen Ereignisse zur Erzeugung einer Transaktion des betrachteten Transaktionsmodells. Ereignisse, die eine Transaktion beenden, werden der Menge der Terminierungsereignisse TE_t zugeordnet. Die Semantik der signifikanten Ereignisse hängt vom Transaktionsmodell ab und muß in jeder ACTA-Spezifikation neu erklärt werden. Nach dem Vorbild für Transaktionsmodelle werden die konversationsmodell-spezifischen Ereignisse in den Mengen SE^k, IE^k und TE^k angegeben. Es gilt:

$IE^k \subset SE^k$ und $TE^k \subset SE^k$

Weil in ACTA jede Operationsausführung als Ereignis betrachtet wird, werden „Operation" und „Ereignis" häufig auch synonym verwendet. Unter Verwendung von Initial- und Terminierungsereignissen kann festgelegt werden, was eine laufende Konversation ist:

DEFINITION:
Das Prädikat *Inprogress(k)* ist wahr, wenn die Konversation k durch ein Initialereignis IE^k begonnen, aber noch nicht durch ein Terminierungsereignis aus TE^k beendet wurde.

Die zeitliche Reihenfolge der auftretenden Ereignisse wird in der History H festgehalten. H repräsentiert die nebenläufige Ausführung einer Menge von Transaktionen T, indem die Ereignisse und ihre zeitliche Ordnung festgehalten werden. Diese Vorstellung der History entspricht dem in [12] eingeführten Begriff. Angewandt auf Konversationen ergibt sich folgende Definition der History, mit der gleichzeitig das Verhältnis von Konversationen zu Transaktionen näher spezifiziert wird:

DEFINITION:
Die *Ausführung einer Transaktion t* in einer Konversation k ist eine partielle Ordnung von Ereignissen E_t^k mit der Ordnungsrelation $<_t^k$, wobei

$E_t^k \subseteq (OE_t \cup SE_t \cup SE^k)$ und

$<_t^k$ die zeitliche Ausführungsreihenfolge der Ereignisse aus t angibt.

Die signifikanten Ereignisse einer Konversation SE^k werden wie die signifikanten Ereignisse einer Transaktion SE_t und die Objektereignisse OE_t in die History aufgenommen. Zur Menge E_t^k kommen allerdings keine Objektereignisse OE^k hinzu, da Konversationen Objektereignisse nur über Transaktionen und deren Objektereignisse OE_t auslösen können. In OE_t sind die Ereignisse enthalten, die mit den Operationen von t auf dem Konversationsgegenstand und dem Kontext korrespondieren.

DEFINITION:
Die *History H* ist eine partielle Ordnung auf den Ereignissen E_t^k einer Menge von konkurrierend ausgeführten Transaktionen t innerhalb einer Konversation k. H soll nur Ereignisse vollständiger Transaktionen enthalten.

Da die Ereignisse in der History ausschließlich durch Operationen $p_t^k[ob]$ oder $p_t[ob]$ zustande kommen, ist mit der Definition auch festgelegt, daß alle Konversationsoperationen

Teil von ACID-Transaktionen sind. Außerdem wird der Einfachheit halber gefordert, daß die History H keine Ereignisse von abgebrochenen Transaktionen enthält. Da ACTA-Formeln nur für eine a posteriori-Betrachtung herangezogen werden (Abschnitt 4.7.4), beschränkt diese Forderung nicht die Allgemeinheit des History-Begriffs. Weiterhin definiert ACTA auf der History eine Anzahl von Projektionen, z. B. nach einem Zeitpunkt, nach einer bestimmten Transaktion oder nach einem bestimmten Objekt. Für die Axiomatik des Konversationsmodells wird nur die folgende Definition benötigt:

> DEFINITION:
> Die *Projektion* $H^{(ob)}$ einer History enthält die zeitliche Abfolge der Operationsausführungen auf der Objektinstanz ob.

$H^{(ob)}$ wird in Übereinstimmung mit [23] der Einfachheit halber für zwei Dinge benutzt. Nach obiger Definition bezeichnet die Projektion $H^{(ob)} := p_1 \circ \ldots \circ p_n$ zum einen die Ausführungsreihenfolge der Operationen p_i. Zum anderen wird $H^{(ob)}$ auch mit dem aktuellen Wert s des Objektes ob nach Ausführung von p_n identifiziert. Wenn die Funktion state(s, O) den Wert eines Objektes s nach Ausführung der Operationsfolge O liefert ([7]), dann gilt s = state(s_0, $H^{(ob)}$), wobei s_0 der Wert des Objektes vor Ausführung der History H ist. Im folgenden wird state($H^{(ob)}$) statt state(s, $H^{(ob)}$) verwendet, wenn s = s_0 ist. Eine weitere Projektion einer History ist die Funktion pfx(H, p), die das Präfix der History H bis vor der Operation p liefert.

Betrachtet man zwei Ereignisse ε und ε' aus der History H, so ist deren Auftreten entweder völlig unabhängig voneinander oder kann durch eines der drei folgenden Prädikate beschrieben werden:

> DEFINITION:
> Das Prädikat $(\varepsilon \in H) \rightarrow (\varepsilon' \in H)$ *(Präzedenz)* ist wahr, wenn in der History H das Ereignis ε dem Ereignis ε' vorausgeht. Wenn die Präzedenzeigenschaft gilt, ist damit auch die Existenz von ε und ε' in der History impliziert.

> DEFINITION:
> Das Prädikat $(\varepsilon \in H) \Rightarrow Condition_H$ ist genau dann wahr, wenn die Implikation $\Rightarrow$ wahr ist. Condition_H bezeichnet ein beliebiges Prädikat über der History H.

> DEFINITION:
> Gleiches gilt für das ähnliche Prädikat $Condition_H \Rightarrow (\varepsilon \in H)$.

Als Nebenbemerkung sei an dieser Stelle eingefügt, daß der Unterschied zwischen den Prädikaten aus den letzten beiden Definitionen in ACTA-Formeln oft nicht mehr zu sehen ist, weil Condition_H insbesondere Aussagen über das Auftreten eines Ereignisses in der History treffen kann, also auch die Form (ε ∈ H) haben kann. Mit den Prädikaten können Bedingungen formuliert werden, die das Auftreten und die Reihenfolge von Objekt- und signifikanten Ereignissen beschreiben. Beschränkt man sich dabei auf die signifikanten Ereignisse Begin, Abort und Commit, sind bis dato nur zwölf Typen von Abhängigkeiten aus der Analyse bestehender Transaktionskonzepte ermittelt worden ([23]), was erstaunlich wenig ist. Die zwölf Abhängigkeiten gehören jedoch nicht zum ACTA-Formalismus selbst.

Zur Charakterisierung eines Transaktionsmodells werden ebenfalls die Prädikate herangezogen und mit ihnen Axiome formuliert. Chrysanthis und Ramamritham haben in [22] und [23] Axiomenschemata z. B. für ACID-Transaktionen, Nested Transactions ([133]), Split Transactions ([83]) und SAGAS ([50]) erarbeitet. Die Axiome eines Transaktionsmodells decken dabei stets fünf Aussagenbereiche ab ([163]): Ereignisdefinitionen, Ereignisabhängigkeiten, Objektdefinitionen, Operationen sowie Aussagen zur Fehleratomarität und Serialisierbarkeit. Unabhängig von einem spezifischen Transaktionsmodell gibt es vier Fundamentalaxiome für Transaktionen. Sie lauten für jede Transaktion t und eine Projektion H^t der abgeschlossenen History H auf die betrachtete Transaktion t:

I) $\forall \varepsilon \in IE^t: (\varepsilon \in H^t) \Rightarrow \nexists\, \varepsilon' \in IE^t: (\varepsilon \rightarrow \varepsilon')$

II) $\forall \varepsilon_T \in TE^t: \exists\, \varepsilon_I \in IE^t: (\varepsilon_T \in H^t) \Rightarrow (\varepsilon_I \rightarrow \varepsilon_T)$

III) $\forall \varepsilon \in TE^t: (\varepsilon \in H^t) \Rightarrow \nexists\, \varepsilon' \in TE^t: (\varepsilon \rightarrow \varepsilon')$

IV) $\forall ob\ \forall p_t: (p_t[ob] \in H) \Rightarrow$
$((\exists \varepsilon_I \in IE^t: (\varepsilon_I \rightarrow p_t[ob])) \wedge (\exists \varepsilon_T \in TE^t: (p_t[ob] \rightarrow \varepsilon_T)))$

Fundamentalaxiom I verhindert, daß eine Transaktion durch zwei unterschiedliche Initialereignisse begonnen wird. Wenn ein Terminierungsereignis der Transaktion auftritt, so muß nach Fundamentalaxiom II ein Initialereignis vorausgegangen sein. Das dritte Fundamentalaxiom fordert, daß eine Transaktion durch genau ein Terminierungsereignis beendet wird. Schließlich legt Fundamentalaxiom IV fest, daß nur laufende Transaktionen Operationen auf Objekten ausführen können.

4.7.2 Grundlegende Definitionen

Für die Axiome des Konversationskonzeptes sind vorab einige Mengendefinitionen nötig. Abbildung 19 illustriert diese Mengen mit ihren inhaltlichen Zusammenhängen und liefert einen Einstieg in die Formaldarstellung.

Unabhängig von einem bestimmten Datenmodell sind im Datenbankschema die Objekttypen der Datenbank festgelegt. Die Objekttypen beschreiben die möglichen und tatsächlich vorhandenen Instanzen. Die vorhandenen Objektinstanzen machen den Inhalt der Datenbank aus. Jeder Objekttyp ist entweder atomar oder setzt sich aus einer Menge von anderen Objekttypen zusammen. Atomare Objekttypen heißen Attribute. Wo die Unterscheidung wichtig ist, sollen die Attribute von Objektinstanzen analog Attributinstanzen heißen. Sie sind in Abbil-

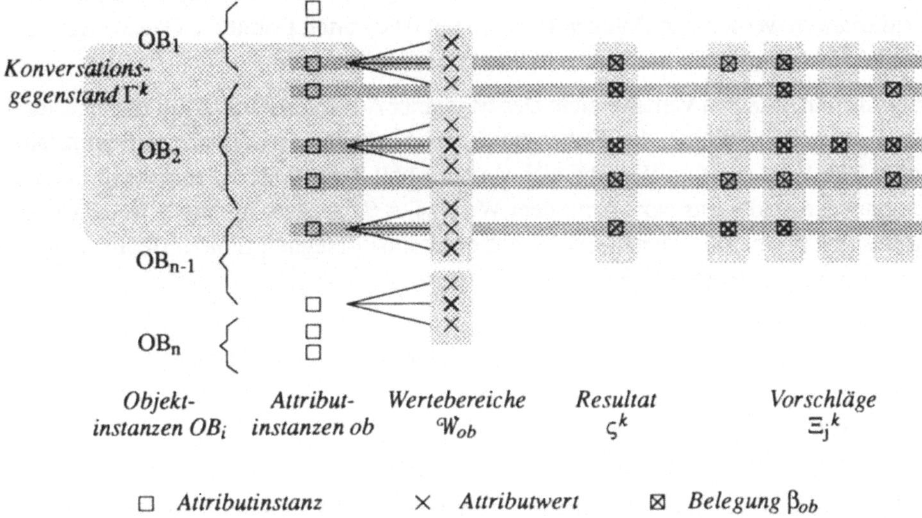

Abb. 19: Definitionen und Begriffe des Konversationskonzepts

dung 19 mit dem Symbol □ dargestellt. Zusammengesetzte Objektinstanzen lassen sich rekursiv auf eine Menge von Attributinstanzen zurückführen. OB_i ist die i-te Objektinstanz der betrachteten Datenbank und ob eine (atomare) Attributinstanz.

Eine Konversation k erstreckt sich über eine Menge von bestehenden und möglichen Objektinstanzen OB_i, die allerdings nicht mit allen ihren Attributen an der Konversation teilnehmen müssen. Der Grund für die Aussparung einiger Attribute kann schemaspezifisch sein oder im Datenmodell liegen; z. B. sind im relationalen Modell Schlüsselattribute oder im objektorientierten Modell Object-Ids von Konversationen ausgenommen. Attribute, über die Konversationen geführt werden können, heißen konversational. Somit läßt sich der Gegenstand einer Konversation einfacher benennen als Menge von Attributinstanzen, die bestimmte Bedingungen erfüllen. Die Attributinstanzen können zu verschiedenen, zusammengesetzten Objekten gehören. Eine Indikatorfunktion $I^k \mapsto \{0, 1\}$ erfaßt die Bedingungen.

DEFINITION:

Der *Gegenstand* Γ^k einer Konversation k ist die Menge

$\Gamma^k :=$ { ob | ob $\in OB_i$; OB_i ist mögliche Objektinstanz des DB-Schemas $\wedge$
$I^k(ob) = 1 \wedge$
ob ist konversationale Attributinstanz }

Die Definition bezeichnet den Gegenstand einer Konversation k als eine Menge von (atomaren) Attributinstanzen. Der Ausschnitt wird durch eine für die Konversation k gegebene Indikatorfunktion $I^k \mapsto \{0, 1\}$ festgelegt. Konversationale Attributinstanzen werden bei der Schemadefinition vom Datenbankadministrator festgelegt. Alle nicht-konversationalen Attributinstanzen werden von I^k von vornherein mit 0 bewertet. Damit die Gegenstandsmenge entscheidbar ist, muß die Indikatorfunktion I^k berechenbar sein.

Jedes Attribut hat einen Wertebereich. Der Wert einer Attributinstanz ist ein Element aus diesem Wertebereich. $\mathcal{W}_{ob}$ sei der Wertebereich des Attributes, zu dem die Attributinstanz ob gehört. Die Werte aus dem Wertebereich sind in Abbildung 19 als × dargestellt. β_{ob} ist die Belegung der Attributinstanz ob mit dem Wert $\beta_{ob} \in \mathcal{W}_{ob}$. Sie wird durch ⊠ symbolisiert. Das Resultat ς^k einer Konversation k ist eine bestimmte Belegung aller Attributinstanzen des Konversationsgegenstandes Γ^k:

DEFINITION:
Das *Resultat* ς^k einer Konversation k ist eine Menge von Objekt/Wert-Paaren
$\varsigma^k := \{ \beta_{ob} \mid \beta_{ob} \in \mathcal{W}_{ob} \wedge ob \in \Gamma^k \}$ mit
$\forall ob \in \Gamma^k: \exists\, \beta_{ob} \in \varsigma^k$ und
$\forall ob \in \Gamma^k: ((\exists\, \beta_{ob}, \beta'_{ob} \in \varsigma^k) \Rightarrow (\beta_{ob} = \beta'_{ob}))$

Die Vorschläge Ξ^k zu einer Konversation k sind die Vereinigung der Einzelvorschläge. Ein einzelner Vorschlag Ξ_j^k ist eine bestimmte Belegung von Attributinstanzen aus dem Gegenstand der Konversation Γ^k, die aber nicht alle Elemente von Γ^k umfassen muß. In jedem Vorschlag darf nur eine einzige Belegung für jede Attributinstanz definiert sein:

DEFINITION:
Die *Vorschläge* Ξ^k zu einer Konversation k sind die Vereinigung der Einzelvorschläge.
$\Xi^k := \bigcup_j \{ \Xi_j^k \}$ mit
$\Xi_j^k := \{ \beta_{ob} \mid \beta \in \mathcal{W}_{ob} \wedge ob \in \Gamma^k \}$ und
$\forall ob \in \Gamma^k: ((\exists \beta_{ob}, \beta'_{ob} \in \Xi_j^k) \Rightarrow (\beta_{ob} = \beta'_{ob}))$

Nach diesen Vorarbeiten kann der Kontext Ψ^k einer Konversation k definiert werden:

DEFINITION:
Der *Kontext* Ψ^k einer Konversation k ist ein Quadrupel
$\Psi^k := < \Xi^k, \varsigma^k, \Omega^k, \Phi^k >$ mit
Ξ^k Konversationsvorschläge,
ς^k Resultat der Konversation,
Ω^k Charakteristika der Konversation,
Φ^k weitere Kontextdaten.

Die Definition gibt den Aufbau den Konversationskontextes Ψ^k an. Die Menge der Konversationsvorschläge Ξ^k und das Resultat ς^k einer Konversation wurden oben definiert. Zeitlimits und Teilnehmerlisten sind Beispiele für die Charakteristika Ω^k der Konversation. Die weiteren Kontextdaten Φ^k umfassen alle Arten von Argumenten, Begründungen und Einschätzungen. Diese Daten können die Vorschläge Ξ^k in beliebiger Weise erweitern. Die konkrete Struktur von Ω^k und Φ^k ist unwichtig für die axiomatische Definition von Konversationen und wird deshalb an dieser Stelle nicht ausgeführt. Der Konversationskontext Ψ^k ist selbst eine Objektinstanz der betrachteten Datenbank und verfügt über Attributinstanzen. Die Attributinstanzen aus Ω^k können Gegenstand einer (Meta-)Konversation sein.

DEFINITION:
Die *signifikanten Ereignisse* SE^k einer Konversation k sind
SE^k := { BOC, Split, Join, Suspend, Resume, EOC, QC }

DEFINITION:
Die möglichen *Initialereignisse* IE^k einer Konversation k sind
IE^k := { BOC, Split, Join }

DEFINITION:
Die möglichen *Terminierungsereignisse* TE^k einer Konversation k sind
TE^k := { EOC, QC, Split, Join }

In den drei Definitionen werden die signifikanten Ereignisse und die Untermengen Initial- und Terminierungsereignisse bestimmt. BOC steht für Begin of Conversation, EOC für End of Conversation und QC für Quit Conversation. Im Unterschied zu ACID-Transaktionen gibt es Ereignisse, die gleichzeitig Initial- und Terminierungsereignisse sein können (Split, Join). Außerdem sind auch Ereignisse signifikant, die weder am Beginn noch am Ende einer Konversation stehen (Suspend, Resume).

4.7.3 Axiome

Nach den Definitionen können nun Datenbankkonversationen mit Hilfe von 15 Axiomen beschrieben werden. Es wird jeweils zuerst das Axiom formal angegegeben und dann informell die Intention des Axioms in knappen Zügen erklärt.

AXIOM A1:
$\forall \varepsilon \in IE^k: (\varepsilon \in H) \Rightarrow \nexists\, \varepsilon' \in IE^k: (\varepsilon \rightarrow \varepsilon')$

Axiom A1 fordert, daß eine Konversation K durch genau ein Initialereignis ε begonnen wird (vgl. Fundamentalaxiom I für Transaktionen).

AXIOM A2:
$\forall \varepsilon_T \in TE^k: \exists\, \varepsilon_I \in IE^k: (\varepsilon_T \in H) \Rightarrow (\varepsilon_I \rightarrow \varepsilon_T)$

Axiom A2 bestimmt, daß nur begonnene Konversationen beendet werden können (vgl. Fundamentalaxiom II für Transaktionen).

AXIOM A3:

$\forall \varepsilon \in TE^k: (\varepsilon \in H) \Rightarrow \nexists\, \varepsilon' \in TE^k: (\varepsilon \rightarrow \varepsilon')$

Axiom A3 schreibt vor, daß eine Konversation nur durch genau ein Terminierungsereignis ε beendet werden kann (vgl. Fundamentalaxiom III für Transaktionen).

AXIOM A4:

$\forall ob \in \Psi^k: \forall p_t:$

$(p_t^k[ob] \in H) \Rightarrow ((\exists \varepsilon_I \in IE^k: (\varepsilon_I \rightarrow p_t^k[ob])) \wedge (\exists \varepsilon_T \in TE^k: (p_t^k[ob] \rightarrow \varepsilon_T)))$

Axiom A4 erlaubt nur Operationen p_t^k auf dem Kontext Ψ^k einer Konversation k, wenn diese Konversation läuft (vgl. Fundamentalaxiom IV für Transaktionen).

AXIOM A5:

$\forall ob \in \Gamma^k: \forall p_t^k$ mit $H_p = pfx(H, p_t^k)$:

$(p_t^k[ob] \in H) \wedge$

$((\exists \varepsilon_I \in IE^k: (\varepsilon_I \rightarrow p_t^k[ob])) \wedge (\exists \varepsilon_T \in TE^k: (p_t^k[ob] \rightarrow \varepsilon_T))) \Rightarrow$

$(state\ (H_p^{(ob)} \circ p_t^k) = state\ (H_p^{(ob)}))$

Axiom A5 fordert, daß Objekte ob aus der Gegenstandsmenge Γ^k einer Konversation k durch die Operation p_t^k, d.h. während der Konversation, nicht verändert werden dürfen. Der Wert von ob ist nach der Ausführung von p_t^k gleich dem Wert von ob vor der Ausführung von p_t^k.

AXIOM A6:

$\forall k: \forall k': (Inprogress(k) \wedge Inprogress(k') \wedge k \neq k') \Rightarrow (\Gamma^k \cap \Gamma^{k'} = \emptyset)$

Axiom A6 erzwingt, daß jede Attributinstanz der Datenbank nur Gegenstand einer einzigen laufenden Konversation sein kann. Die Entscheidbarkeit von $\Gamma^k \cap \Gamma^{k'}$ ist wegen der Entscheidbarkeit von Γ^k und $\Gamma^{k'}$ gegeben.

AXIOM A7:

Sei $H_p = pfx(H, BOC^k)$: $(BOC^k \in H) \Rightarrow (state\ (H_p^{(\Psi k)} \circ BOC^k) \neq \emptyset)$

Axiom A7 beschreibt die Wirkung der BOC-Operation. BOC^k einer Konversation k erzeugt den Kontext Ψ^k und besetzt ihn mit Initialwerten.

AXIOM A8:

Sei $H_p = pfx(H, EOC^k)$: $(EOC^k \in H) \Rightarrow$

$(\forall ob \in \Gamma^k: \exists\, \beta_{ob} \in \varsigma^k: (state\ (H_p^{(ob)} \circ EOC^k) = \beta_{ob})) \wedge$

$(state\ (H_p^{(\Psi k)} \circ EOC^k) = \emptyset)$

Axiom A8 beschreibt die Wirkung der EOC-Operation. Den Attributinstanzen ob des Konversationsgegenstandes Γ^k wird das Resultat ς^k aus dem Kontext zugewiesen. Außerdem wird der Kontext Ψ^k gelöscht.

Axiom A9:
Sei $H_p = \mathrm{pfx}(H, QC^k)$: $(QC^k \in H) \Rightarrow$
$(\forall ob \in \Gamma^k: \mathrm{state}\ (H_p^{(ob)} \circ QC^k) = \mathrm{state}\ (H_p^{(ob)})) \wedge$
$(\mathrm{state}\ (H_p^{(\Psi^k)} \circ QC^k) = \varnothing)$

Axiom A9 beschreibt die Wirkung der QC-Operation. Die Gegenstandsmenge Γ^k wird durch die QC^k-Operation nicht verändert, aber der Kontext Ψ^k wird gelöscht.

Axiom A10:
Sei $H_p = \mathrm{pfx}(H, \mathrm{Split}^k)$: $(\mathrm{Split}^k(k', k'') \in H) \Rightarrow$
$(\forall \Xi_j^k : (\Xi_j^k \in \Xi^{k'} \oplus \Xi_j^k \in \Xi^{k''})) \wedge$
$(\forall ob \in \Gamma^k: \mathrm{state}\ (H_p^{(ob)} \circ \mathrm{Split}^k(k', k'')) = \mathrm{state}\ (H_p^{(ob)})) \wedge$
$(\mathrm{state}\ (H_p^{(\Psi^k)} \circ \mathrm{Split}^k(k', k'')) = \varnothing) \wedge$
$\Gamma^k = \Gamma^{k'} \cup \Gamma^{k''}, \Gamma^{k'} \cap \Gamma^{k''} = \varnothing \wedge$
$\Psi^k \mapsto (\Psi^{k'}, \Psi^{k''})$

Axiom A10 beschreibt die Wirkung der zweistelligen Split-Operation. Falls die Konversation k in zwei unabhängige Konversationen k' und k" aufgeteilt wird, müssen sich die Konversationsvorschläge Ξ_j^k entweder den Vorschlägen $\Xi^{k'}$ der Konversation k' oder den Vorschlägen $\Xi^{k''}$ von k" zuordnen lassen ($\oplus$ bezeichnet die xor-Operation). Es gibt kein Ergebnis ς^k der Konversation k, das dem Konversationsgegenstand Γ^k wie bei einer EOC-Operation zugewiesen wird. Vielmehr wird der vorherige Konversationsgegenstand Γ^k in die neuen Konversationsgegenstände $\Gamma^{k'}$ und $\Gamma^{k''}$ der neuen Konversationen partitioniert. Die Kontexte $\Psi^{k'}$ und $\Psi^{k''}$ werden durch eine nicht näher spezifizierte Abbildung aus dem alten Kontext Ψ^k erzeugt. Ψ^k wird gelöscht. Die zweistellige Split-Operation kann analog auf eine n-stellige Operation verallgemeinert werden, worauf aus Gründen der Übersichtlichkeit hier jedoch verzichtet wird.

Axiom A11:
Sei $H_p = \mathrm{pfx}(H, \mathrm{Join}^k)$: $(\mathrm{Join}^k(k', k'') \in H) \Rightarrow$
$(\forall ob \in \Gamma^{k'} \cup \Gamma^{k''}: \mathrm{state}\ (H_p^{(ob)} \circ \mathrm{Join}^k(k', k'')) = \mathrm{state}\ (H_p^{(ob)})) \wedge$
$(\mathrm{state}\ (H_p^{(\Psi^k)} \circ \mathrm{Join}^k(k', k'')) = \varnothing) \wedge$
$(\mathrm{state}\ (H_p^{(\Psi^k)} \circ \mathrm{Join}^k(k', k'')) = \varnothing) \wedge$
$\Gamma^k = \Gamma^{k'} \cup \Gamma^{k''} \wedge$
$(\Psi^{k'}, \Psi^{k''}) \mapsto \Psi^k$

Axiom A11 beschreibt die zweistellige Join-Operation. Aus zwei unabhängigen Konversationen k' und k" wird eine Konversation k erzeugt. Der Konversationsgegenstand Γ^k der neuen Konversation ergibt sich durch Vereinigung der alten Konversationsgegenstände $\Gamma^{k'}$ und $\Gamma^{k''}$. Wieder gibt es kein Ergebnis $\varsigma^{k'}$ bzw. $\varsigma^{k''}$ der Konversationen k' und k". Die Kontexte $\Psi^{k'}$ und $\Psi^{k''}$ werden durch eine nicht näher spezifizierte Abbildung zum neuen Kontext

Ψ^k zusammengeführt; $\Psi^{k'}$ und $\Psi^{k''}$ werden anschließend gelöscht. Wie die Split-Operation kann die zweistellige Join-Operation auf eine n-stellige Operation verallgemeinert werden.

AXIOM A12:
$\forall \varepsilon \in \{ \text{Suspend}^k, \text{Resume}^k \}: (\varepsilon \in H) \Rightarrow$
$((\exists \varepsilon_1 \in IE^k: (\varepsilon_1 \rightarrow \varepsilon)) \wedge (\exists \varepsilon_2 \in TE^k: (\varepsilon \rightarrow \varepsilon_2)))$

Axiom A12 verlangt, das Suspend und Resume nur auf laufenden Konversationen ausgeführt werden dürfen (vgl. Axiom A4 bzw. Fundamentalaxiom IV für Transaktionen).

AXIOM A13:
$((\text{Suspend}^k \in H) \Rightarrow (\text{Suspend}^k \rightarrow \text{Resume}^k)) \wedge$
$((\text{Resume}^k \in H) \Rightarrow (\text{Suspend}^k \rightarrow \text{Resume}^k))$

Axiom A13 fordert erstens, daß jedem Suspend ein Resume folgen muß und zweitens, daß jedem Resume ein Suspend vorausgehen muß. Weil damit aber noch nichts über die Anzahl der vorausgehenden Suspend-Operationen bzw. die Anzahl der nachfolgenden Resume-Operationen gesagt ist, ist Axiom A14 nötig.

AXIOM A14:
$(\text{Resume}_1{}^k, \text{Resume}_2{}^k \in H \wedge (\text{Resume}_1{}^k \rightarrow \text{Resume}_2{}^k) \Rightarrow$
$\exists\ \text{Suspend}^k \in H: (\text{Resume}_1{}^k \rightarrow \text{Suspend}^k \rightarrow \text{Resume}_2{}^k))$
$\wedge$
$(\text{Suspend}_1{}^k, \text{Suspend}_2{}^k \in H \wedge (\text{Suspend}_1{}^k \rightarrow \text{Suspend}_2{}^k) \Rightarrow$
$\exists\ \text{Resume}^k \in H: (\text{Suspend}_1{}^k \rightarrow \text{Resume}^k \rightarrow \text{Suspend}_2{}^k))$

Die beiden Teile von Axiom A14 spezifizieren, daß Suspend- und Resume-Operationen immer nur paarweise und nicht geschachtelt auftreten dürfen. Der erste Teil des Axioms verhindert die Schachtelung der Art $\text{Suspend}_1{}^k \rightarrow \text{Resume}_2{}^k \rightarrow \text{Resume}_1{}^k$. Wenn zwei Resume-Operationen der gleichen Konversation k in der History zu finden sind, muß dazwischen eine Suspend^k-Operation liegen. Dual dazu legt der zweite Teil von Axiom A14 fest, daß vor einem zweiten Suspend ein Resume erfolgt sein muß.

AXIOM A15:
$\forall\ \text{Suspend}^k \in H: \forall\ \text{Resume}^k \in H:$
$(\nexists\ \varepsilon \in \{ \text{Suspend}^k, \text{Resume}^k \}: (\text{Suspend}^k \rightarrow \varepsilon \rightarrow \text{Resume}^k)) \Rightarrow$
$(\forall\ ob \in \Psi^k: \forall\ p_t{}^k[ob] \in H^{(ob)}$ mit $H_p = pfx(H, p_t{}^k)$:
$(\text{Suspend}^k \rightarrow p_t{}^k \rightarrow \text{Resume}^k) \Rightarrow (\text{state}\ (H_p{}^{(ob)} \circ p_t{}^k) = \text{state}\ (H_p{}^{(ob)})\ ))$

Axiom A15 beschreibt die Wirkung der Suspend-Operation. Alle Operationsfolgen, die zwischen Suspend und Resume eingebettet sind, dürfen den Kontext Ψ^k nicht verändern.

Zur vollständigen Beschreibung des Konversationskonzepts fehlt nun noch eine Axiomatik der ACID-Transaktionen. An dieser Stelle wird nur eine Übersicht der Axiome für ACID-Transaktionen angegeben und ansonsten auf die Quelle [22] verwiesen, in der eine vollständige Beschreibung erläutert ist. Die axiomatische Beschreibung der ACID-Transaktionen umfaßt zwölf Axiome (wovon einige, wie in diesem Buch, treffender als Definitionen bezeichnet werden sollten). Axiom 1 bis 3 definiert Begin als Initialereignis für ACID-Transaktionen, Abort und Commit als Terminierungsereignisse und alle drei Ereignisse als signifikante Ereignisse. Axiom 4 fordert, daß eine ACID-Transaktion den vier Fundamentalaxiomen aus Abschnitt 4.7.1 genügt. Axiom 5 legt den Arbeitsbereich von ACID-Transaktionen auf den aktuellen Zustand der Objekte in der Datenbank fest. Axiom 6 limitiert Konflikte auf Operationen, die von unterschiedlichen, laufenden Transaktionen ausgeführt werden. Axiom 7 läßt nur solche Operationen auf Objekten zu, die die beiden folgenden Eigenschaften erfüllen: Wenn die Operation abgebrochen wird, zieht das den Abort aller weiteren Operationen nach sich, die vom Rückgabewert der abgebrochenen Operation abhängen. Wenn die Operation freigegeben (committed) wird, erzeugt dies keine direkten oder transitiven Konflikte zwischen der betrachteten ACID-Transaktion und allen anderen Transaktionen. Axiom 8 verallgemeinert die zweite Eigenschaft auf Transaktionen, d.h die Freigabe einer ACID-Transaktion impliziert die direkte und transitive Konfliktfreiheit zwischen allen laufenden Transaktionen. Axiom 9 beschreibt die Freigabe einer ACID-Transaktion als Konsequenz aus der Freigabe einer Operationen, und Axiom 10 fordert umgekehrt die Freigabe aller Operationen, wenn die betrachtete Transaktion freigegeben wird. Analog zu den Axiomen 9 und 10 legen die Axiome 11 und 12 das Verhalten im Falle des Abbruchs fest. Wenn eine Operation einer Transaktion abgebrochen wird, muß die gesamte Transaktion abgebrochen werden (Axiom 11) und wenn eine Transaktion abgebrochen wird, verlangt dies den Abbruch aller ihr zugeordneten Operationen (Axiom 12).

4.7.4 Bewertung

Mit der axiomatischen Darstellung der Datenbankkonversationen ist es gelungen, den Kern des Konversationskonzeptes herauszuarbeiten und geschlossen zu beschreiben. Daß die Axiomatik ohne Aussagen zur Fehleratomarität und Serialisierbarkeit auskommt, zeigt, daß Konversationen kein neues Transaktionsmodell sind. Konversationen sind vielmehr ein Organisationsmittel für klassische ACID-Transaktionen. Wie die Übersicht über die Axiomatik der ACID-Transaktionen am Ende des vorherigen Abschnittes 4.7.3 zeigt, werden hier jedoch Aussagen über Fehleratomarität und Serialisierbarkeit gemacht. Dadurch, daß alle Operationen im Zusammenhang mit Konversationen auch gleichzeitig im Rahmen einer herkömmlichen Transaktion ausgeführt werden, wird die Serialisierbarkeit der Konversations-Operationen durch die Axiome der ACID-Transaktionen festgelegt.

Zum Abschluß des Kapitels sind zwei allgemeine Bemerkungen über die axiomatische Beschreibung von Transaktionsmodellen und verwandter Systeme, wie z.B. Datenbankkonversationen, angebracht. Die erste Bemerkung bezieht sich auf das Verhältnis von ACTA-Axiomen zu Axiomenschemata der Mathematik und Logik. Für logische Kalküle werden Nachweise zur Korrektheit und Adäquatheit geführt. ACTA-Axiome und auch die in diesem Abschnitt präsentierte axiomatische Definition von Datenbankkonversationen sind weit von solchen Nachweisen entfernt. Sie können nicht geführt werden, weil bis dato keine modelltheoretische und beweistheoretische Semantik (Ableitungsregeln) zur Verfügung steht. Deswegen überlegt man sich mit einer intuitiven Semantik, daß die verwendeten Axiome die gewünschte Menge von Abläufen beschreiben. Trotz dieser ernstzunehmenden Beschränkung ist die Verwendung von ACTA-Formeln für transaktionsähnliche Modelle ein Schritt in die richtige Richtung. Die bislang in den entsprechenden Arbeiten (z.B. die Beiträge in [44]) übliche sprachlich-informelle Darstellung von Transaktionsmodellen schließt eine fundierte Nachvollziehbarkeit und Verifizierbarkeit per se aus. Der Wert von quasi-formalen ACTA-Axiomen liegt bis heute primär in der klaren Darstellung und stellt so sicher eine bessere Grundlage für das Verständnis von neuen Konzepten dar als eine sprachliche Beschreibung. Der ACTA-Formalismus in diesem Buch dient aus diesen Gründen ausschließlich der Darstellung von Datenbankkonversationen – eine weitere Nutzung, z.B. um die Korrektheit und Vollständigkeit einer Implementierung zu zeigen, muß als Gegenstand zukünftiger Forschung angesehen werden.

Die zweite Bemerkung bezieht sich auf eine Gemeinsamkeit zwischen logischen Kalkülen und ACTA-ähnlichen Axiomen. Beide Systeme versuchen, quantifizierte Aussagen zu machen. Es sind nur solche Dinge von Interesse, die für alle untersuchten Elemente, für mindestens eines, für keines usw. gelten. Die Axiomensysteme sind damit auf eine Betrachtung vollständiger Mengen ausgelegt. Beispielsweise entscheiden die ACTA-Axiome nur für vollständige Histories, ob der Ablauf ihrer Spezifikation entsprach. Der Anwendungsprogrammierer bzw. der Benutzer will idealerweise wissen, wie ein angefangener Ablauf fortgesetzt werden soll, damit er auch weiterhin zur Spezifikation konform ist. Wenn ihm keine Auswahl gegeben werden kann, sollen jedoch zumindest Abläufe blockiert werden, die im Moment nicht korrekt fortgesetzt werden können, oder sogar abgebrochen werden, wenn eine Fortsetzung überhaupt nicht möglich ist. Es sind daher Mechanismen gesucht, welche die durch die Axiomatik spezifizierten Abläufe steueren und kontrollieren. Ein Beispiel für einen Kontrollmechanismus ist das strikte Zwei-Phasen-Sperrprotokoll. Es läßt nur Präfixe von solchen Histories zu, die dem (axiomatischen) Kriterium der Serialisierbarkeit entsprechen.

Eine entsprechende Aufgabe ist nun auch für Datenbankkonversationen zu lösen. Es sind Verfahren gesucht, die nur Abläufe zulassen, die den angegebenen Axiomen entsprechen. Von der Realisierung dieser Mechanismen handelt das folgende Kapitel 5.

5 Grundlegende Realisierungsfragen

Das im vorangegangenen Kapitel entwickelte Konzept der Datenbankkonversationen schafft den Rahmen für die Verwendung und Realisierung von Konversationen. Über den Rahmen hinaus liefert das Konzept für ein reales System aber wenig, da es z. B. das konkrete Datenschema der Kontextdaten nicht angibt und auch nicht erklärt, wie Applikationen auf eine Konversation hingewiesen werden. Weiterhin fehlen in der konzeptuellen Darstellung bewußt alle ablauforientierten Aspekte, die aber für eine benutzungsfreundliche Realisierung durchaus sinnvoll sind. In diesem Kapitel wird das Konversationskonzept daher im Hinblick auf seine Verwendbarkeit konkretisiert. Bei der Diskussion wird auch eine Rolle spielen, wie umfangreich Änderungen am Datenbanksystem sein müssen, um das Konversationskonzept zu realisieren. Um die Grenzen für Änderungen abzustecken, ist es z. B. wichtig zu wissen, welche Attribute eines Datenbankschemas Gegenstand einer Konversation sein können (Abschnitt 5.1). Die Realisierungsalternativen für ihre Unveränderlichkeit stellt Abschnitt 5.2 vor. In Abschnitt 5.3 wird diskutiert, wie das Konversationsresultat auf den Konversationsgegenstand abgebildet werden kann. Zur Vermeidung von Deadlocks ist es sinnvoll, die Entstehungsgeschichte der konversationalen Suspendierungsverhältnisse zu verwalten. Sie müssen gegebenenfalls bei der Vereinigung und beim Aufteilen von Konversationen angepaßt werden (Abschnitt 5.4). Abschnitt 5.5 behandelt die Semantik und Objekte des Zugriffsschutzes für Konversationen. Mit der Unterstützung des rein datenorientierten Modellierungsansatzes durch ablauffördernde Maßnahmen schließt das Kapitel. Durch Benachrichtigungen (Abschnitt 5.6) wird der Informationsfluß zwischen den Agenten beschleunigt. Mit Hilfe von Agendas (Abschnitt 5.7) können Ablaufmuster für Konversationsschritte erzwungen oder verboten werden.

5.1 „Konversational" als Schemaeigenschaft

Im engeren Sinne beschreibt ein Datenschema den Inhalt der Datenbank über seine Struktur ([5], [45]), z. B. als Relationenschema. Im weiteren Sinne gehört neben der Struktur auch die Semantik der gespeicherten Daten dazu. Mit Semantik ist die Bedeutung oder Interpretation der Datenfelder gemeint. Nur wenn die Semantik festgelegt ist, kann beispielsweise „4711" als Personalnummer oder „04/15/94" als eine Datumsangabe in anglo-amerikanischer Schreibweise erkannt werden. Weil formale Ausdrucksmittel für die Bedeutung fehlen, wird die Semantik häufig nur über den Feldnamen der gespeicherten Daten festgelegt. Das Feld mit der Bezeichnung „Einstellungsdatum" enthält eine Datumsangabe, womit allerdings noch nicht die länderspezifische Schreibweise normiert wird. In der Struktur der Datenbasis wird die logische und physische Organisationsform der gespeicherten Daten festgehalten. Beispielsweise muß festgelegt sein, daß die Personalnummer der erste Eintrag eines Satztyps ist oder daß die Höhergruppierung in andere Gehaltsstufen als chronologisch aufsteigende Liste gespeichert wird.

Die Typ- und Variablennamen in einer Programmiersprache geben Hinweise auf die Semantik der Datenstrukturen (es sollten zumindest sinnfällige Bezeichner gewählt werden). Diese Informationen stehen außerhalb des Quellprogramms jedoch nicht zur Verfügung. Dadurch erschwert sich der Datenaustausch zwischen unterschiedlichen Applikationen. Struktur, Semantik und Syntax müssen dann auf anderen Wegen in konsistenter Weise übermittelt werden. Bestrebungen in dieser Richtung sind die Abstract Syntax Notation One (ASN.1; [54]) und die Interface Definition Language (IDL; [161]). Weil das Datenbankschema in der Datenbank selbst gespeichert und zugänglich ist, entfallen diese Nachteile beim Datenaustausch mit Hilfe von Datenbanken weitgehend, zumindest in Bezug auf Syntax und Datenstruktur. Jede Anwendung kann sich nach dem bestehenden Schema richten und so die gemeinsamen Daten korrekt lesen und interpretieren. Im SQL92-Standard sind sogar Schemaabfragen über die vordefinierte Sicht `INFORMATION_SCHEMA` verfügbar ([128]).

Zu den Schemaeigenschaften der in der Datenbank gespeicherten Daten gehören primär die Datentypen der Felder. Darüber hinaus gibt es noch eine Anzahl von Merkmalen, die sich aus der Speicherorganisation, dem verwendeten Datenmodell oder dem konzeptuellen Datenschema ([3]) ergeben. Beispiele dafür sind:

- Speicherorganisation:
  Primäre/Sekundäre Zugriffspfade; Baum-, Hash- oder Heap-Organisation
- Datenmodell:
  Primär-/Fremdschlüsseleigenschaft von Attributen
- konzeptuelles Schema:
  Wertebereichseinschränkungen; Integritätsbedingungen

Zu den Schemaeigenschaften, die sich aus dem konzeptuellen Schema ergeben, gehört insbesondere auch das Merkmal, Gegenstand einer Konversation sein zu können oder nicht. Im Beispiel aus der Automobilentwicklung (Abschnitt 1.2.2) wird dies deutlich: Die Teilenummer eines Anbauteils darf nie verändert werden, auch nicht in einer Konversation. Attribute, welche die Abmessungen oder Befestigung näher beschreiben, dürfen nur in Konversationen modifiziert werden, damit die Entwickler anderer Teile die Gegenstücke entsprechend modifizieren können. Die prinzipielle Art der Befestigung, z. B. Verschraubung, Schweißen, Nieten, ist jedoch von Konversationen ausgenommen. Andere Attribute ohne Auswirkungen auf die Schnittstellen nach außen können nach Belieben uni-lateral oder innerhalb von Konversationen fortgeschrieben werden. Ein Ausschnitt aus der relationalen Schemadefinition von Anbauteilen könnte daher wie folgt aussehen:

```
create table anbauteile (
    TNR                         int        primary key,
              /* primary key umfaßt non conversational */
    schraubendurchmesser        char(3)    enforced conversational,
    befestigungsart             char(15)   non conversational,
    farbe                       char(10)   conversational,
    ...
);
```

Die Schemaeigenschaft eines Attributes, Gegenstand einer Konversation sein zu können, könnte noch genauer spezifiziert werden. Zum Beispiel könnte im Schema mit angegeben werden, nach welchem Modus die Konversation ablaufen soll, oder es könnte vermerkt werden, wer an der Konversation beteiligt werden muß, kann oder soll. Nur wenn diese Eigenschaften für alle Instanzen (von Konversationen) gelten, sind sie jedoch Schema-Merkmale. Dies ist bei Teilnehmerlisten usw. nicht der Fall. Außerdem werden durch solche Merkmale häufig Abläufe festgelegt, was aber dem datenorientierten Ansatz widerspricht. Die drei konversationalen Schemaeigenschaften „nicht konversational", „konversational" und „erzwungen konversational" sind daher ausreichend.

5.2 Markierung und Hinweis auf konversationale Daten

Während einer laufenden Konversation müssen die Daten des Konversationsgegenstandes gegen Veränderungen geschützt werden (Abschnitt 4.2.3 und 4.4.3). Es reicht aber nicht aus, die Schreibversuche zu blockieren, bis die Konversation vorüber ist. Vielmehr müssen die Agenten auf die laufende Konversation hingewiesen werden, damit sie sich an der Konversation beteiligen können. Allerdings ist zu unterscheiden, ob und wie der Agent solche Hinweise verarbeiten kann oder nicht. In diesem Abschnitt werden die Realisierungsmöglichkeiten für den konversationalen Zugriffsschutz und die Hinweise auf Konversationen erörtert.

5.2.1 Konversationssperre

Der Zugriff auf ein Datenobjekt wird im allgemeinen durch Zugriffsschutzmechanismen oder durch Mittel der Concurrency Control (z.B. Sperren) beschränkt (Abschnitt 4.4.3). Die Anwendung von Zugriffsschutzmechanismen, d.h. die Vergabe von Zugriffsrechten und Privilegien, wird gewöhnlich vom Datenbankadministrator definiert und ist relativ statisch, d.h. sie wird nicht von Transaktion zu Transaktion geändert. Sperren sind hochdynamisch und werden vom Datenbanksystem automatisch bei jedem Zugriff implizit angefordert. Es stellt sich nun die Frage, wie der Gegenstand einer Konversation vor Veränderungen geschützt werden soll.

Der Einsatz von Zugriffsrechten kann schnell verworfen werden. Auch wenn sie automatisch vom Konversationssystem verwaltet würden, stellen sie kein probates Mittel dar, um die Unveränderlichkeit des Konversationskontextes zu erhalten. Die folgende Situation zeigt die Gründe. Die Initialtransaktion (Abschnitt 4.5.1) könnte zwar während ihrer Laufzeit die Datenobjekte im Konversationsgegenstand durch exklusive Sperren schützen, müßte aber vor ihrem Ende allen anderen Agenten die Update-Rechte bzw. Privilegien entziehen. Nach dem erfolgreichen Ende der Initialtransaktion sind die geänderten Rechte dauerhaft und wehren alle zukünftigen Schreibversuche auf den Gegenstand ab. Mindestens die schon während der Initialtransaktion angeforderten und blockierten Schreibversuche werden jedoch nicht mehr beeinflußt. Die Sperren würden nun gewährt und der Konversationsgegenstand könnte nach dem Beginn der Konversation noch verändert werden. Außerdem muß sichergestellt sein, daß die Zugriffsrechte separat für jede Transaktion ausgewertet werden, und nicht nur einmal pro Datenbank-Session (Rdb; [32]). Dieser Effekt wird durch das exklusive Sperren vollständiger Relationen oder sogar der ganzen Datenbank während einer Rechteänderung vermieden (Ingres; [76]). Die damit einhergehende drastische Herabsetzung der Nebenläufigkeit kann für seltene Rechteänderungen in Kauf genommen werden, schränkt aber den normalen Datenbankbetrieb zu sehr ein. Darüber hinaus wird die korrekte Abwicklung des Mehrbenutzerbetriebs üblicherweise nicht durch optimistische oder Zeitstempelverfahren implementiert, sondern durch Sperren, die von Transaktionen angefordert und freigegeben werden. Es liegt daher die Verwendung von Sperren nahe, um den Konversationsgegenstand während der gesamten Konversation vor Veränderungen zu schützen. Herkömmliche S- und X-Sperren reichen dazu jedoch nicht aus, weil diese Sperren am Transaktionsende freigegeben werden und weil keine dieser Sperren die gewünschte Kombination an Innen- und Außenwirkung (Abschnitt 3.4.3) bereitstellt. Die Wunschkombination unterscheidet sich nach den Konversationsphasen. In der Arbeitsphase genügt als Außenwirkung ein Leserecht für die Allgemeinheit. Eine Innenwirkung ist hier nicht nötig. Während der Initialisierungs- und der Terminierungsphase muß jedoch ein exklusiver Zugriff für Initial- und Terminierungstransaktion möglich sein (Innenwirkung) und dementsprechend jeder Zugriff von außen unterbunden werden (Außenwirkung). Die Kompatibilitätsmatrix der S- und X-Sperren zusammen mit der Konversationssperre C (conversation) würde so aussehen:

Wenn ... besteht \ *und ... angefordert wird*	*S*	*C*	*X*
S	+	–	–
C	+(–)	–	–
X	–	–	–

Tab. 6: Kompatibilitätsmatrix zwischen S-, X- und C-Sperre

Die in Tabelle 6 angegebene Kompatibilitätsmatrix ist nicht symmetrisch. Zwischen den S- und X-Kombinationen gilt die übliche (In-)Kompatibilität. Da immer nur eine Konversation auf einem Datenobjekt erlaubt ist, ist die C/C-Kombination nicht zulässig. Die Kombination C/S ist während der Arbeitsphase kompatibel (+). Wenn die Initial- oder Terminierungstransaktion Halter der C-Sperre ist, kann jedoch keine S-Sperre gewährt werden (–). Eine gehaltene S-Sperre ist mit C-Anforderungen inkompatibel, weil die Initialtransaktion einen exklusiven Zugriff auf die Datenobjekte des Konversationsgegenstands benötigt.

Wegen der unterschiedlichen Kompatibilität der C-Sperre je nach Art der Transaktion ist die Realisierung der Unveränderlichkeit des Kontexts über die Konversationssperre ungünstig. Es hat sich gezeigt, daß der konversationale Zugriffsschutz nicht einfach durch eine Erweiterung der Sperrmatrix zu implementieren ist. Ein anderes, wenn auch einfacheres Problem bestärkt die Entscheidung: Normalerweise werden Sperren von Transaktionen angefordert und gehalten. Wenn die Initialtransaktion zum Ende kommt, müßte die C-Sperre (in ununterbrechbarer Weise) an die anderen Transaktionen der Konversation weitergegeben werden und so weiter, bis zur Terminierungstransaktion. Eine solche Fortsetzungstransaktion steht jedoch im allgemeinen nicht bereit. Das Ende der Initialtransaktion müßte daher verzögert oder eine Fortsetzungstransaktion zwangsweise begonnen werden. In einer dritten Alternative könnte die C-Sperre beim Konversationssystem „geparkt" werden. Die Außenwirkung bleibt dadurch erhalten, bis die Terminierungstransaktion die Innenwirkung benötigt. Beide Probleme, die wechselnde Kompatibilität der C-Sperre und der wanderende Halter der Sperren, lassen sich durch eine Markierung am Konversationsgegenstand eleganter lösen. Davon handelt der nächste Abschnitt.

5.2.2 Markierung des Konversationsgegenstandes

Während der Konversation ist der Konversationsgegenstand unveränderlich, kann aber von allen Transaktionen wie ein normales Datum gelesen werden. Diese Unveränderlichkeit bis zur Terminierungstransaktion (Abschnitt 4.5.3) zu garantieren, ist das erste Ziel einer entsprechenden Vorgehensweise. Sie würde zur Erhaltung der Datenkonsistenz bereits ausreichen. Aus Sicht der Agenten ist die bloße Unveränderlichkeit des Konversationsgegenstandes jedoch nicht ausreichend. Der Grund für die Unveränderlichkeit ist ein wichtiger Hinweis für den Agenten, der versucht, auf Teile des Konversationsgegenstandes schreibend zuzugreifen. Nur wenn der Agent eine laufende Konversation als Grund erkennt, kann er sich an der Konversation beteiligen. Er kann dann bereits eingegangene Vorschläge lesen oder sogar selbst Vorschläge in die Konversation einbringen. Da im Datenbanksystem mehrere Konversationen gleichzeitig aktiv sein können, muß der Agent darüber hinaus wissen, um welche Konversation es sich handelt. Es erscheint daher sinnvoll, an allen Elementen des Konversationsgegenstandes eine Markierung anzubringen, die sie

- gegen Veränderung während der Konversation schützt und
- die bestehende Konversation identifiziert.

Die Markierung ist eindeutig, weil eine Attributinstanz nur Gegenstand einer einzigen laufenden Konversation sein kann (Abschnitt 4.2.1). Für jedes Attribut, das Gegenstand einer Konversation werden kann, muß ein entsprechendes Markierungsfeld ergänzt werden. Welche Attribute in Frage kommen, ist im Datenbankschema angegeben (Abschnitt 5.1): Sie wurden bei der Schemadefinition als „konversational" oder „erzwungen konversational" eingestuft. Das Markierungsfeld enthält ohne laufende Konversation einen Nullwert und während der Laufzeit einer Konversation eine systemweit eindeutige Identifikation der entsprechenden Konversation. Das Konversationssystem kann nun mit Hilfe der Markierung die Zugriffe während der Initialisierungs-, Arbeits- und Terminierungsphase der Konversation regeln ([94]).

Weil der Konversationsgegenstand neben bestehenden ausdrücklich auch zukünftige Attributinstanzen enthalten kann (Abschnitt 4.2.3), stellt sich die Frage, wie zukünftige Instanzen markiert werden können. Das Problem kann durch virtuelle Markierungen gelöst werden. Virtuelle Markierungen sind das logische Äquivalent zu den physischen Markierungen an existierenden Datenobjekten. Wenn beim Zugriff eine Menge von Datenobjekten selektiert wird, kann für jedes einzelne Datenobjekt entschieden werden, ob es in der Datenbank vorhanden ist oder nicht. Ist es vorhanden, kann die physisch vorhandene Markierung ausgewertet werden. Handelt es sich um ein nicht vorhandenes Datenobjekt, muß getestet werden, ob es eventuell durch eine derzeit laufende Konversation erzeugt werden soll. Für den Test stehen die charakteristischen Funktionen (Abschnitt 4.2.2) der Konversation zur Verfügung. Sie entscheiden den Test für jedes bestehende oder zukünftige Datenobjekt. Aus dem Testergebnis und der Identifikation der Konversation, deren Entscheidungsfunktion positiv entschieden hat, kann die virtuelle Markierung generiert werden. Der Nachteil der virtuellen Markierung liegt im aufwendigen Testverfahren. Je nach Komplexität der charakteristischen Funktion und der Anzahl aktiver Konversationen muß für die Prüfung ein beträchtlicher Aufwand veranschlagt werden.

Die Idee, eine Markierung am Objekt selbst anzubringen, erinnert an die subjektbezogenen Sperren (Subject-related locks) von [183]. Subjektbezogene Sperren haben nur eine Außenwirkung, die eine beabsichtigte, zukünftige Änderung des Datenobjektes anzeigen. Sie wurden geschaffen, um die sichere Übergabe von Bearbeitungsschritt zu Bearbeitungsschritt in lange andauernden Aktivitäten zu unterstützen. Weil sie keine Innenwirkung haben, d.h. den Sperrenhalter zu nichts befähigen, kann man auf die Verwaltung der Sperrenhalter auch ganz verzichten. Es ist nur dafür Sorge zu tragen, daß eine subjektbezogene Sperre zu gegebener Zeit in eine Sperre mit Innenwirkung konvertiert werden kann. Die Markierung des Konversationsgegenstandes funktioniert wie eine subjektbezogene Sperre. Während der laufenden Konversation hat sie nur eine Außenwirkung; am Ende muß die Terminierungstransaktion alle Markierungen in die Berechtigung zum exklusiven Zugriff konvertieren.

5.2.3 Verarbeitung der Markierungen

Beim Zugriff auf eine Attributinstanz zeigt eine gesetzte Markierung für das Konversationssystem an, daß nur Lesezugriffe möglich sind. Der Leser kann mit Hilfe der in der Markierung enthaltenen Konversationsidentifikation im nächsten Schritt z.B. auf den Konversationskontext zugreifen und sich weitere Informationen besorgen. Wie sich der Leser jedoch tatsächlich verhält, hängt von seinen „Fähigkeiten" ab, d.h. von dem Aufwand, den der Anwendungsprogrammierer in die Erstellung der Applikation gesteckt hat. Um das Konversationskonzept zu nutzen, wird von ihm ein Programmierstil verlangt, der flexibler auf die Rückmeldungen des Systems reagiert als im normalen Datenbankbetrieb. In Tabelle 7 werden die verschiedenen Operationsstatus klassifiziert.

Operationsstatus	*ausgeführt*		*nicht ausgeführt*		*noch nicht ausgeführt*	
Meldung des DBMS	(ok)	Warnung	Fehler	Abort-Meldung	nicht ausgeführt	–
Reaktion der Anwendung	nächster Bearbeitungsschritt	evtl. Fehlerbehandlung	Fehlerbehandlung	(evtl. Neustart der Transaktion)	Alternativer Bearbeitungsschritt	warten
Beispiel	–	kein Tupel vorhanden	fehlende Zugriffsrechte	Teilen durch 0	laufende Konversation	Sperrkonflikt

Tab. 7: Klassen von Operationsstatus, Rückmeldungen und Reaktionen des Anwendungsprogramms

Werden dem Datenbanksystem Operationen zur Ausführung übergeben, gibt es prinzipiell drei unterschiedliche Operationsstatus: „ausgeführt", „nicht ausgeführt" und „noch nicht ausgeführt". Der Status „ausgeführt" weist entweder auf die völlig korrekte Abwicklung des Auftrags hin oder auf ein Ergebnis, das zwar korrekt, aber eventuell unerwartet ist und eine Warnung hervorruft. Lautet das Ergebnis der Operationsausführung „nicht ausgeführt", kann ein begrenzter Fehler vorliegen, der die Fortsetzung der Transaktion gestattet, oder eine Situation, die den Abbruch der Transaktion verlangt. Während der Anwendungsprogrammierer auch in einem Standard-Datenbanksystem auf die genannten Status vorbereitet sein muß, kann er normalerweise den Status „noch nicht ausgeführt" nach der Befehlsübergabe ignorieren. Dadurch, daß nicht nur die Befehlsübergabe, sondern auch die Befehlsausführung als synchroner Aufruf realisiert ist, wird der Status „noch nicht ausgeführt" auf einen der linken beiden Status in Tabelle 7 abgebildet. Der Grund, warum eine Operation „noch nicht ausgeführt" sein kann, ist in der Regel in der Serialisierungsreihenfolge der Transaktionen oder sonstigen Blockierungen zu suchen, die nach einer gewissen Zeit wegfallen und die Fortsetzung der Anwendung gestatten. Im Konversationskonzept kommt durch die Unveränderlichkeit des Konversationsgegenstandes ein weiterer Grund hinzu, der die Ausführung von Operationen temporär verzögert (grau hinterlegter Bereich in Tabelle 7). Versucht eine Anwendung Teile des Konversationsgegenstandes exklusiv zu belegen, kann die Schreiboperation noch nicht ausgeführt werden. Zwar könnte nun die Applikation bis zum Konversationsende blockiert werden, was aber im Sinne einer Kooperation unbefriedigend wäre. Vielmehr sollte die Applikation auf die Situation hingewiesen werden, damit sie entsprechende Alternativen wählen kann. Der Anwendungsprogrammierer muß dazu die Möglichkeit einer solchen Rückmeldung vorsehen und dem Konversationssystem bekanntgeben, daß sein Programm eine solche Rückmeldung verarbeiten kann. Das Konversationssystem wird dann im Falle einer versuchten Schreiboperation auf konversationale Datenobjekte den Befehl abbrechen und dies melden. Kann die Anwendung die Rückmeldung nicht auswerten, wird die Schreiboperation blockiert und keine Rückmeldung an das Anwendungsprogramm zurückgegeben.

Der Hinweis auf Daten in einer laufenden Konversation erfolgt nicht pro Operation, sondern besteht pro Attributinstanz. Jede Attributinstanz könnte zum Gegenstand einer anderen Konversation gehören. Will sich der Agent an verschiedenen Konversationen beteiligen, muß er alle Konversationen identifizieren können. In der Programmierpraxis sind allerdings auch Aggregationen der Hinweise sinnvoll, um z. B. zuerst zu klären, ob überhaupt Konversationen durch die Operation berührt wurden oder ob die Operation auf Daten von unterschiedlichen Konversationen zugriff.

Anwendungen, die auf die Rückmeldung „Datum in Konversation" reagieren können, werden als konversationsbewußt bezeichnet. Diese Bezeichnung lehnt sich an den von [106] geprägten Terminus „collaboration-aware" an. Anwendungen, die sich gegenüber dem Konversationssystem als konversationsbewußt identifizieren, erhalten die genannte Rückmeldung. Alle anderen Anwendungen werden blockiert. Somit ist das Konversationskonzept zu konversationsbewußten und nicht-konversationsbewußten Alt-Anwendungen (Legacy applications) kompatibel und entspricht insofern den Anforderungen von [175].

5.3 Ermittlung des Konversationsresultats

Das Ende einer Konversation wird durch eine Terminierungstransaktion eingeleitet. Sie weist das Konversationssystem an, die Belegungen des Resultats in die Attributinstanzen des Konversationsgegenstandes einzubringen und die anderen Abschlußarbeiten, insbesondere das Löschen des Kontexts, durchzuführen. Bezüglich des Konversationsresultats geht das Konversationssystem davon aus, daß die korrekten Belegungen vor dem Terminierungsbefehl in ihm enthalten sind. Wie, wann und von wem die Belegungen in den Resultatteil des Kontexts geschrieben werden, ist für das Konversationskonzept unerheblich. Für die Realisierung kommen jedoch einige Möglichkeiten in Frage, die in diesem Abschnitt diskutiert werden sollen.

Ein erstes Szenario, das Konversationsresultat zu ermitteln und im Kontext abzulegen, sieht folgendermaßen aus: Die Terminierungstransaktion berechnet aufgrund der Vorschläge und der erweiterten Kontextdaten ein Konversationsresultat, bringt es in den Kontext ein und leitet daraufhin das Ende der Konversation ein. Zur Ermittlung des Resultats muß die Terminierungstransaktion über entsprechende Expertise verfügen. Es ist gut vorstellbar, daß die Terminierungstransaktion durch den Agenten ausgeführt wird, der die Konversation eröffnet hatte.

Eine zweite Möglichkeit enthebt die Terminierungstransaktion von der Pflicht, das Resultat zu berechnen. Sie sorgt nur noch für den richtigen Terminierungszeitpunkt durch den Aufruf des Terminierungsbefehls. Dazu muß die Berechnungsvorschrift für das Resultat formalisiert werden und schon bei Beginn der Konversation festliegen. Im Terminplanungsszenario (Abschnitt 1.2.1) könnte man z.B. von vornherein bestimmen, daß als Resultat der Terminvorschlag mit den geringsten Konflikten ausgewählt wird. Diese Vorschrift wird dem Konversationssystem in Form einer Datenbankprozedur ([176]) mitgeteilt. Vor den eigentlichen Arbeiten zur Beendigung der Konversation ruft das Konversationssystem diese Prozedur auf. Sie berechnet das Resultat und legt es im Kontext ab. Dann werden die Abschlußarbeiten wie bei der ersten Alternative durchgeführt.

Die dritte Möglichkeit zur Ermittlung des Konversationsresultats überläßt die Terminierung der Konversation völlig dem Konversationssystem. Eine Terminierungstransaktion unter Kontrolle eines Agenten erübrigt sich dadurch. Hier ist Voraussetzung, daß neben der Berechnungsvorschrift auch ein Endeereignis spezifiziert werden kann. Ein einfaches Beispiel für ein Endeereignis ist das Erreichen eines definierten Zeitpunktes, ein komplexeres Beendigungsereignis ist z. B. die Abgabe aller Stimmen. Die Bandbreite der Möglichkeiten zur Ereignisspezifikation reicht von einfachen ECA-Triggern ([29]) bis hin zu modernen Ereignissprachen ([51]). Wie bei ECA-Triggern wird nach dem Eintreten des Endeereignisses eine Bedingung, die Enderegel, überprüft. Die Enderegel enthält weitere Einschränkungen, die vor dem Konversationsende erfüllt sein müssen. Zum Beispiel wird die Konversation nur dann abgeschlossen, wenn alle Stimmen eingegangen sind und zusätzlich mindestens drei verschiedene Vorschläge zur Auswahl stehen. Wenn die Enderegel erfüllt ist, wird wie bei der vorangegangenen Alternative eine Datenbankprozedur zur Berechnung des Konversationsresultates aufgerufen und dann der eigentliche Terminierungsbefehl abgesetzt.

Welche der genannten Alternativen tatsächlich für eine Konversation in Frage kommt, hängt von dem Formalisierungsgrad der Situation ab. Es wird daher keine bestimmte Möglichkeit favorisiert. Vielmehr wird eine Realisierung des Konversationskonzepts Enderegeln und Datenbankprozeduren flexibel einsetzen. Der Initiator einer Konversation kann für jede Konversation neu entscheiden, ob der Beendigungszeitpunkt durch festgelegte Ereignisse bestimmt und die Ermittlung des Konversationsresultats durch Datenbankprozeduren vorgenommen werden soll.

5.4 Verwaltung und Nutzung von Suspendierungsverhältnissen

Durch das Zusammenführen (Abschnitt 4.6.4) oder Aufteilen (Abschnitt 4.6.5) von Konversationen wird die Menge der aktiven Konversationen in gedächtnisloser Weise umstrukturiert. Gedächtnislos heißt, daß es später unerheblich ist, welche Konversationen verbunden bzw. aufgeteilt wurden: Die zusammengeführten oder aufgeteilten Konversationen verschwinden, als hätten sie nie existiert. Alle Informationen sind in der oder den neu entstandenen Konversationen enthalten. Suspendierungen könnten aus der reinen Sicht des Konversationskonzeptes ebenfalls gedächtnislos realisiert werden. Das Konversationssystem würde eine Menge von suspendierten Konversationen verwalten, auf der keine Fortschritts-Operationen erlaubt sind, und eine Menge von nicht-suspendierten Konversationen, für die alle Operationen erlaubt sind. Die folgenden Ausführungen zeigen jedoch, welche Vorteile die Realisierung von Suspendierungen mit Gedächtnis bietet (Abschnitt 5.4.1). Außerdem werden die Wechselwirkungen von Join- bzw. Split-Operationen mit suspendierten Konversationen diskutiert (Abschnitt 5.4.2).

5.4.1 Suspendierungshistorie

Im Konversationskonzept ist nur festgelegt, welche Semantik eine Suspendierung hat, wie ein solcher Zustand etabliert wird und wie er wieder rückgängig gemacht wird: Durch eine Suspend-Operation werden die als Parameter angegebenen Konversationen in den Zustand „suspendiert" versetzt, der alle weiteren Operationen verbietet, die den Fortgang der Konversation beeinflussen. Nur Leseoperation auf Konversationsgegenstand und Kontext sowie die Resume-Operation sind erlaubt. Letztere Operation führt eine suspendierte Operation wieder in den Normalzustand zurück. Metakonversationen (Abschnitt 4.6.3) nutzen die Suspendierung, um zu verhindern, daß die Basiskonversation unter Rahmenbedingungen fortgeführt wird, die eventuell in der Metakonversation zur Disposition stehen. Damit die Basiskonversation zur gegebenen Zeit fortgeführt werden kann, sollte spätestens die Terminierungstransaktion der Metakonversation die Suspendierung aufheben. Sonst würde die Basiskonversation für immer im Zustand „suspendiert" verbleiben, wenn die Resume-Operation auch nicht durch eine dritte Transaktion ausgeführt wird. Ein weiterer Grund für eine Suspendierungshistorie ist die Vermeidung von zyklischen Suspendierungsverhältnissen, die z.B. durch eine Join-Operation prinzipiell entstehen könnten. Wegen der zyklischen Warte-Relation würden sich die Konversationen sonst gegenseitig blockieren (Deadlock). Ganz allgemein können die Agenten der Terminierungstransaktionen auch dadurch entlastet werden, daß spätestens mit dem Ende einer Konversation alle von ihr ausgehenden Suspendierungen automatisch aufgehoben werden. Für diese Systemunterstützung muß allerdings die Historie der Suspendierungen vermerkt werden.

Für die Darstellung der Suspendierungshistorie und Überprüfung der Suspendierungsverhältnisse wird ein Suspendierungsgraph verwendet ([99]). Eine bestehende Suspendierung ist eine gerichtete Kante zwischen zwei Konversationsknoten. Wenn eine Suspendierung etabliert werden soll, muß überprüft werden, daß keine Zyklen im Suspendierungsgraphen auftreten. Nur wenn der Graph zyklenfrei ist, gibt es stets mindestens eine Konversation, die fortgesetzt werden kann. Weil die Suspendierungshistorie unabhängig von der Entstehungshistorie der Konversationen ist, können von einem Knoten mehrere Kanten ausgehen, und ebenso können auf einen Knoten mehrere Kanten gleichzeitig zeigen. Abbildung 20 zeigt einen Suspendierungsgraphen mit diesen Merkmalen.

Von Konversation 1 gehen zu Konversation 2, 3 und 4 drei Suspendierungskanten aus. Neben Konversation 1 weist auch Konversation 5 auf Konversation 3 hin, so daß auf diese Konversation zwei Kanten gerichtet sind. Ein möglicher Ablauf, durch den Suspendierungsgraph aus Abbildung 20 entstanden sein könnte, sieht wie folgt aus: Im ersten Schritt werden die Suspendierungsverhältnisse 1→3 und 1→2 etabliert. Dann folgen nacheinander 5→3, 5→6 und 4→5. Als letztes wird die Suspendierung zwischen Konversation 1 und Konversation 4 eingetragen. Sollen nun die Konversation 1 bis 6 beendet werden, ohne daß die Suspendierungen vorher explizit zurückgenommen wurden, muß das Konversationssystem für die richtige Rei-

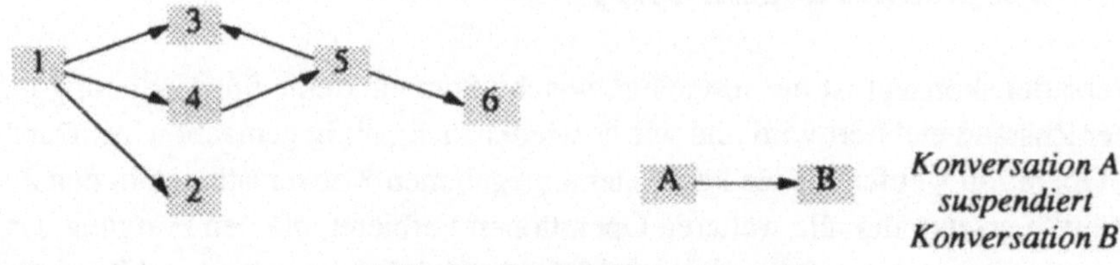

Abb. 20: Suspendierungsgraph

henfolge sorgen. Für die Suspendierungsverhältnisse aus Abbildung 20 kommt etwa die Beendigungsreihenfolge 1, {2, 4}, 5, {3, 6} in Frage.

Im Suspendierungsgraphen wird nicht zwischen Basis- und Metakonversationen unterschieden. Allein die bestehenden Suspendierungsverhältnisse entscheiden über die Beendigungsreihenfolge der Konversationen. Es ist auch ohne weiteres möglich, daß eine Meta-Metakonversation eine Metakonversation und diese eine normale Basiskonversation suspendiert.

5.4.2 Suspendierungsverhältnisse bei der dynamischen Restrukturierung von Konversationen

Bei der dynamischen Restrukturierung von Konversationen, d.h. Vereinigung und Aufteilung, müssen die Suspendierungsverhältnisse aktualisiert werden. Die Ausführung beider Restrukturierungsoperationen ist allein aus Gründen der Suspendierung nicht beschränkt. Bestehende Metakonversationen können die Möglichkeiten zur Vereinigung und Aufteilung jedoch einschränken (Abschnitt 4.6.4 bzw. 4.6.5). Für die Aktualisierung der Suspendierungsverhältnisse wird ein konservativer Ansatz verfolgt: Durch die Umbildung dürfen höchstens Suspendierungsverhältnisse hinzugefügt, aber nicht entfernt werden (Konversationen werden jedoch entfernt, da sie durch anderen Konversationen ersetzt werden). Abbildung 21 illustriert in vier Beispielen die Aktualisierung von einfachen Suspendierungsgraphen bei Split- bzw. Join-Operationen.

Im Beispiel I aus Abbildung 21 kommen aufgrund der günstigen Ausgangssituation durch die Join-Operation keine neuen Suspendierungskanten hinzu. Konversation 1 suspendierte über Konversation 3a die Konversation 4 und die Konversation 2 über 3b die Konversation 4. Nach der Vereinigung von 3a und 3b suspendieren immer noch die Konversationen 1 und 2 über 3 die Konversation 4. Die Beispielsituation II sieht auf den ersten Blick ebenfalls informationserhaltend aus. Konversation 1 suspendiert über Konversation 2 bzw. 2a und 2b die Konversation 3 vor und nach der Aufteilung. Je nach Aufteilung des Gegenstandes von Konversation 2 könnte aber auch schon ein Graph mit der Verkettung 1→2a→3 und isolierter

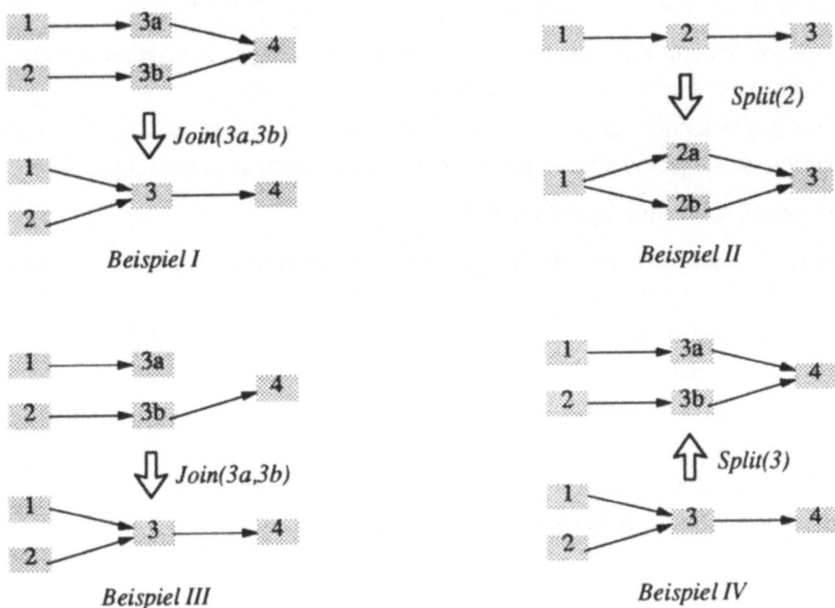

Abb. 21: Aktualisierung des Suspendierungsgraphen bei Vereinigung und Aufteilung von Konversationen

Konversation 2b die „wahren" Verhältnisse repräsentieren – nämlich dann, wenn nur ein Teil der Konversation 2 für die Suspendierung verantwortlich war. Weil solche Informationen aber nicht zur Verfügung stehen, muß ein konservativer Ansatz wie in Beispiel II reagieren und in Kauf nehmen, daß die Kanten 1→2b und 2b→3 überspezifiziert sind. Die Beispiele III und IV zeigen, daß wegen der nicht auszuschließenden Gefahr der Überspezifikation die Split- und Join-Operationen nicht invers zueinander sind. Durch die Vereinigung der Konversationen 3a und 3b werden in Beispiel III neue Suspendierungsverhältnisse eingefügt, z. B. transitiv zwischen Konversation 1 und 4. Wenn der entstandene Suspendierungsgraph durch die syntaktisch invers erscheinende Split-Operation der Konversation 3 in die Ausgangssituation von Beispiel III zurücktransformiert werden soll, entsteht stattdessen der Graph aus Beispiel IV. Er erhält unter anderem das neu eingefügte transitive Suspendierungsverhältnis zwischen Konversation 1 und 4.

Aus den Beispielen und weiteren Überlegungen lassen sich folgende allgemeine Regeln herleiten, wie der Suspendierungsgraph bei dynamischen Restrukturierungen laufender Konversationen zu aktualisieren ist. Dabei muß unterschieden werden, ob die durch die Restrukturierung betroffene Konversation (Ausgangskonversation) selbst suspendiert ist oder/und andere Konversationen suspendiert. Beide Operationen können nur dann durchgeführt werden, wenn keine Zyklen im Suspendierungsgraphen entstehen. Nach einer Split-Operation

- suspendieren alle Konversationen, welche die Ausgangskonversation suspendierten, auch alle neu entstandenen Konversationen, und
- werden alle Konversationen, die von der Ausgangskonversation suspendiert wurden, durch jede der neu entstandenen Konversationen suspendiert.

Analog gilt nach einer Join-Operation, daß

- die Konversationen, die eine der Ausgangskonversationen suspendierten, nun auch die entstandene Konversation suspendieren und daß
- alle Suspendierungsverhältnisse, die von den Ausgangskonversationen ausgingen, nun von der entstandenen Konversation ausgehen.

Neben den Join- und Split-Operationen muß der Suspendierungsgraph auch bei einer Beendigungsoperation und (natürlich) bei den Suspend- und Resume-Operationen angepaßt werden. Die Auswirkungen auf den Suspendierungsgraphen sind jedoch offensichtlich und müssen daher an dieser Stelle nicht dargestellt werden.

5.5 Zugriffsrechte

Eine Frage, die nur mittelbar mit der Konzeption der Datenbankkonversationen verknüpft ist, aber bei der Realisierung eines Unterstützungssystems für die freie Kooperation von enormer Bedeutung ist, betrifft die Semantik, Verwaltung, Subjekte und Objekte von konversationalen Zugriffsrechten. Dabei geht es darum, welchem Agenten (Subjekt) von wem welche Rechte oder Privilegien auf welche Objekte eingeräumt werden können, unabhängig davon, ob er sie auch tatsächlich nutzt oder die Möglichkeiten in einer spezifischen Situation auch tatsächlich zur Verfügung stehen. Die Verwaltung der Zugriffsrechte ist vom konversationalen Zugriffsschutz aus Abschnitt 4.4.3 bzw. dessen Realisierung in Abschnitt 5.2.2 zu unterscheiden. Der konversationale Zugriffsschutz dient der Unveränderlichkeit des Konversationsgegenstandes (Abschnitt 4.2.3) und soll durch kein Privileg umgangen werden.

5.5.1 Subjekte, Objekte und Rechte

In Abschnitt 2.3.1 wurden alle Handlungssubjekte kooperativer Prozesse unter dem Begriff des Agenten subsumiert, um nicht ständig zwischen Anwendungsprogrammen, Programmierern, Benutzern usw. unterscheiden zu müssen. In der Diskussion um Zugriffsrechte spielen jedoch zwei Typen von Subjekten eine Rolle: Administrator-Agenten und einfache Agenten. Die Administratoren vergeben und entziehen nur Rechte. Einfache Agenten benutzen sie nur. Auch wenn in einer natürlichen Person die Funktionen eines Administrators und eines einfachen Agenten vereinigt sind, tritt diese Person gegenüber dem Konversationssystem in zwei verschiedenen Agentenrollen auf (Abschnitt 2.3.1). Weil die Funktionen der beiden Rollen strikt getrennt sind, kann das nachfolgend beschriebene allgemeine Problem des Rechteentzugs bei Konversationen nicht entstehen. Wenn gehaltene Rechte weitergegeben werden können (SQL92-Syntax: `GRANT ... WITH GRANT OPTION`; [128]), sind die Rechte in der Rechteliste eines beliebigen Agenten im allgemeinen aus unterschiedlichen Quellen entstanden. Soll nun einer Quelle ein Recht entzogen werden, kann dies zur Konsequenz haben, daß allen Agenten, die von dieser Quelle bedient wurden, ebenfalls das Recht entzogen werden muß. Dazu genügt es nicht, nur die Vergabe-Historie des Quell-Agenten zu betrachten. Vielmehr gibt erst die Empfangs-Historie jedes Agenten Auskunft darüber, ob das zur Disposition stehende Recht nicht auch durch eine andere Quelle zur Verfügung gestellt wurde. Algorithmen zum historisch korrekten Rechteentzug in solchen komplexen Szenarien werden in [60] beschrieben. Sie sind recht aufwendig, so daß die `GRANT OPTION` bis dato nur in wenigen kommerziellen Produkten (z. B. Rdb) bereitgestellt wird. Im einfachen Zweirollenmodell Administrator/Agent werden die Rechte immer in direkter Weise den Agenten entzogen, ohne irgendwelche transitiven Auswirkungen.

Als Objekte für die Vergabe von Zugriffsrechten kommen zunächst alle Datenobjekte in Betracht. Von besonderem Interesse sind jedoch der Konversationskontext und der Konversationsgegenstand. Kann ein Agent den Kontext lesen, so kann er in passiver Weise an der Konversation teilnehmen, weil er z. B. die Vorschläge einsehen kann. Hält der Agent auch Schreibrechte auf dem Kontext, ermöglicht ihm dies die aktive Teilnahme an der Konversation, weil er nun auch selbst Vorschläge einbringen kann. Der Konversationsgegenstand ist für alle Agenten während der Konversation gegen Veränderungen gesperrt. Das Leserecht auf dem Konversationsgegenstand ist die minimale Voraussetzung für die passive Teilnahme an der Konversation. Außerhalb einer Konversation ist die Veränderung des Konversationsgegenstandes mit einem entsprechenden Schreibrecht möglich. Seine Benutzung ist allerdings für Attribute mit der Schemaeigenschaft „erzwungen konversational" (Abschnitt 5.1) eingeschränkt. Diese Attribute können nur als Ergebnis einer Konversation verändert werden. Das Konversationssystem wird in diesem Fall uni-laterale Schreibversuche abweisen und nur den Terminierungstransaktionen temporäre Schreibrechte einräumen. Weitere Datenobjekte, auf denen Zugriffsrechte definiert werden, sind „Musterkonversationen". Sie sind im wesentlichen vordefinierte Konversationscharakteristika (Abschnitt 4.3.4), die unter einem Namen angesprochen werden können. Statt bei jeder Eröffnung einer Konversation alle Konversationscharakteristika neu zu definieren, können die Charakteristika einer Musterkonversation übernommen und gegebenenfalls angepaßt werden. Insofern ist eine Musterkonversation eine Schreibvereinfachung, die das Konzept aber nicht erweitert.

5.5.2 Zugriffsrechte in verfügbaren Datenbanksystemen

Neben den Datenobjekten gibt es noch eine Anzahl weiterer Objekte im Datenbanksystem, deren Zugriff durch Rechte reglementiert ist. Beispiele dafür sind Relationen, Trigger, Prozeduren (erzeugen/löschen), Benutzereinträge (einrichten/entfernen) und Auswertungen (Session Quotas, I/O Limits). Eine vollständige Aufstellung der Objekte und Rechte in typischen relationalen Datenbanksystemen und dem SQL92-Standard gibt Tabelle 8. In Abschnitt 5.5.3 werden diese Objekte und Rechte für das Konversationssystem ergänzt.

Rechte in ... / *Objekte*	*SQL92 ([128])*	*Ingres ([76])* *Release 6.4*	*Rdb ([32])* *Release 4.1*	*Sybase ([181])* *Release 4.9.1*
Benutzer-daten	select, insert (col-name), delete, update (col-name), references (col-name)	select, insert, delete, update (col-name)	select, insert, delete, update (col-name), references	select (col-name), insert, delete, update (col-name)
Domains, Zeichensatz, Sortierfolge, Übersetzung	usage	–	–	–
Relationen und Sichten	–	create_table	createtab, alter, drop,	create table, create view
Datenbank	–	noquery_io_limit[n], noquery_row_limit[n], lockmode db_admin	operator, dbctrl dbadm security (+VMS privileges)	create database, dump database, dump transaction
Prozeduren	–	create_procedure, execute	–	create procedure, execute

Rechte in ... / Objekte	*SQL92 ([128])*	*Ingres ([76]) Release 6.4*	*Rdb ([32]) Release 4.1*	*Sybase ([181]) Release 4.9.1*
Datenbank-ereignisse	–	raise, register	–	create rule
verteilte Transaktionen	–	–	distribtran	–

Tab. 8: Vergleich der Objekte, Rechte und Privilegien in ausgewählten relationalen Datenbanksystemen

Neben den selbsterklärenden Rechten `select`, `insert`, `delete`, `update`, `create table`, `create procedure`, `create rule`, `dbadmin` und `execute` sind in Tabelle 8 einige (hersteller-)spezifische Rechte und Objekte genannt, die einer Erläuterung bedürfen. So können im SQL92-Standard Benutzungsrechte (`usage`) auf die Objekte Wertebereich (`domain`), Zeichensatz (`character set`), Sortierfolge (`collation`) und Übersetzung (`translation`) vergeben werden. Mit Ausnahme des Wertebereich-Konzeptes, das Eingang in viele Produkte gefunden hat, beziehen sich die anderen drei Konzepte auf die Internationalisierung des Datenbestandes. Der Datentyp „Zeichenkette" kann in SQL92 auf ASCII, ISO-Latin, japanischem Kanji oder einem anderen Zeichensatz basieren. Die lexikalische Ordnung der Zeichen ist unter Berücksichtigung der diakritischen Zeichen ist, ebenso wie und eine Transformationsfunktion in andere Zeichensätze, frei wählbar. Die Ingres-spezifischen Rechte `[no]query_io_limit[n]` bzw. `[no]query_row_limit[n]` geben an, daß entweder kein oder das im Parameter `n` angegebene Limit für die Ergebnisse einer Datenbankabfrage existiert. Besitzt eine Transaktion das Recht `lockmode`, kann z. B. der Isolationsgrad der Transaktionen herabgesetzt werden, um schmutzige Daten lesen zu können. Um Datenbankereignisse auslösen zu können, benötigt ein Ingres-Subjekt das Recht `raise` und für die „Abholung" von Ereignissen das Recht `register`. Das Datenbanksystem Rdb von Digital realisiert das `references`-Recht aus SQL92. Zur Definition einer Integritätsbedingung muß ein Subjekt dieses Recht auf den in der Bedingung referenzierten Attributen besitzen. Ein anderes Spezifikum von Rdb sind die detaillierten Administrationsrechte `dbctrl`, `dbadm`, `operator` und `security`. `dbctrl` ist nötig um Zugriffssteuerungslisten (Access control lists) von Relationen oder der gesamten Datenbank zu veränderen. Mit dem Recht `operator` können Änderungen in der physischen Struktur der Datenbank, Leistungsanalysen und Sicherungen durchgeführt werden. Beim `dbadm`-Recht kann zusätzlich jede Datenmanipulation ausgeführt werden. `security` ist erforderlich, um die Benutzungshistorie der Datenbank (Audit trail) zu analysieren. Die Administrationsrechte von Rdb werden außerdem von den Privilegien des VMS-Betriebssystems überlagert, so daß z. B. ein VMS Superuser auch gleichzeitig alle Datenbankrechte hat. Ein eigenes Recht zur Ausführung von verteilten Transaktionen (`distribtran`) soll wohl nur sachverständigen Benutzer zugestanden werden, die sich gegebenenfalls auch um den Abschluß von Transaktionen (unresolved transactions) kümmern, die nach der ersten Phase des Zweiphasen-Commit-Protokolls suspendiert wurden. Auch Sybase unterscheidet das Administratorrecht von den Rechten zur Sicherung der Datenbank. Das Recht `dump database` erlaubt ein Checkpointing der Datenbank, mit `dump transaction` wird nur das Protokoll gesichert.

5.5.3 Zugriffsrechte auf Konversationen

Aus Sicht des Konversationskonzeptes kommt zu den Datenobjekten Konversationsgegenstand und -kontext als Objekt noch die Musterkonversation hinzu (siehe unten). Auf dem Konversationsgegenstand bzw. den Benutzerdaten, die zum Gegenstand werden, sind neben den üblichen Operationen auch Rechte zur Verwaltung von Konversationen vorgesehen. Die Rechte zur Verwaltung von Konversationen beziehen sich auch auf die Benutzerdaten als Objekte und werden durch die signifikanten Ereignisse (Abschnitt 4.7.2) benannt: Erzeugen einer Konversation (BOC), erfolgreicher Abschluß (EOC), Abschluß ohne Ergebnis (QC), Aufteilen (Split), Vereinigen (Join), Suspendieren (Suspend) und Aufheben der Suspendierung (Resume). Zwar könnte man für jedes Ereignis bzw. jede Operation ein separates Ausführungsrecht vorsehen und so äußerst flexibel die Zugriffsmöglichkeiten der Agenten steuern, aber der Verwaltungsaufwand erscheint im Verhältnis zum Nutzen prohibitiv. Aus diesem Grund werden alle konversationalen Rechte unter dem „Ausführungsrecht für Konversationen" zusammengefaßt. In Tabelle 9 sind die Objekte und Rechte für eine Realisierung des Konversationskonzeptes zusammengefaßt. Sie ergänzen die herkömmlichen Objekte und Rechte, wie sie z.B. in Tabelle 8 angegeben sind.

Objekte	*Rechte*
Konversationsgegenstand	Konversation ausführen, passive Teilnahme, (Schreiben)
Kontextdaten	passive Teilnahme, aktive Teilnahme
Musterkonversation	Lesen, Schreiben

Tab. 9: Objekte und Rechte in einer Realisierung des Konversationskonzeptes

Das Recht zur passiven Teilnahme umfaßt ein Leserecht für den Konversationsgegenstand und den Konversationskontext. Mit diesem Recht kann die Konversation zwar nicht fortgeschrieben, aber der Verlauf der Konversation verfolgt werden. Für das Fortschreiben der Konversation wird das aktive Teilnahmerecht benötigt. Es umfaßt ein Schreibrecht auf dem Kontext und das passive Teilnahmerecht. Das Schreiben des Konversationsgegenstandes ist während einer laufenden Konversation generell verboten. Besteht keine Konversation auf den Datenobjekten, kann ein Schreibrecht für diese Daten genutzt werden. Musterkonversationen sind unabhängig von laufenden Konversationen und können jederzeit gelesen und geschrieben werden, falls ein Agent die entsprechenden Rechte hat.

5.6 Benachrichtigungen

Das Konversationskonzept ist auf eine offene, rein datenorientierte Kooperation ausgelegt. Je nachdem, auf welche Daten sich die Zugriffe einer Applikation richten, wird der entsprechende Agent auf möglicherweise vorhandene Konversationen aufmerksam gemacht. Damit entwickelt sich die Zusammenarbeit nur auf Basis des Zugriffsverhaltens der Agenten. Im Gegensatz zu statischen Kooperationsmodellen wird der Kreis der Konversationsteilnehmer nicht zu Beginn festgelegt, der Ablauf nicht vorgeschrieben und nicht im voraus ein bestimmtes Bewertungsverfahren für die Berechnung des Konversationsresultats installiert. Dieser Ansatz schränkt die Kooperationsmöglichkeiten in keiner Weise ein, verlangsamt aber unter Umständen den Fortgang der Konversation, wie das folgende Beispiel vor dem Hintergrund der Automobilentwicklung (Abschnitt 1.2.2) zeigt.

Um die Entwicklungszeiten insgesamt zu verkürzen, wurde vereinbart, daß die Konstrukteure bereits vorläufige Teilergebnisse in die Konstruktionsdatenbank einbringen. Trotz der eingeschränkten Gültigkeit dienen sie zur Vorabinformation anderer Entwickler. Jeder Berechtigte kann die bestehenden Vorschläge betrachten und so die eingeschlagene Konstruktionsrichtung abschätzen. Wenn die Aufgaben der Konstrukteure abgeschlossen sind, werden die Vorschläge in gültige Entscheidungen umgesetzt. Auf dieser Basis können dann beispielsweise Prototypen gebaut werden. Durch Benachrichtigungen könnten die Abläufe wesentlich beschleunigt werden. Wenn die beteiligten Personen über neue Vorschläge oder fertige Konstruktionen direkt benachrichtigt werden, können sie sofort reagieren. Dabei muß der Vorschlagserbringer nicht unbedingt wissen, wen er benachrichtigen soll. Das Benachrichtigungssystem könnte automatisch alle Agenten informieren, die innerhalb der letzen Tage die anderen Vorschläge gelesen haben oder selbst Vorschläge eingebracht haben. Umgekehrt könnten sich Interessenten beim Benachrichtigungssystem registrieren lassen, um bei bestimmten Veränderungen automatisch informiert zu werden. Dieser Mechanismus könnte sogar dazu eingesetzt werden, Anfragen wie bei einem Schwarzen Brett zu veröffentlichen und beim Eintreffen einer Antwort benachrichtigt zu werden.

Es ergeben sich folgende generische Aufgaben, die ein Benachrichtigungssystem unterstützen muß:

- gezielte Informationsübermittlung (z.B. Aufforderung an einen Agenten, den nächsten Schritt zu tun, weil der vorausgegangene Konversationsschritt abgeschlossen ist);
- Anfrage (Aufforderung an einen oder mehrere Agenten, den nächsten Schritt zu tun, damit der Anfrager seine Arbeit fortsetzen kann);
- passiver Auskunftsdienst (wer bearbeitet gerade was) mit Zugriff auf die Nachrichtenhistorie;
- aktiver Auskunftsdienst (z.B. Timeout-Überwachung, Anfrageerinnerung);
- indirekte Adressierung über Rollen, Teams, Verteiler.

Die Liste zeigt, daß das Benachrichtigungssystem einen Teil der Aufgaben übernehmen kann, die dem Kommunikatorteil eines Agenten zugewiesen wurden (Abschnitt 2.3.1). Darüber hinaus sollen die Agenten von den physischen Belangen der Kommunikation vollständig entlastet werden und z.B. die Wahl des Kommunikationskanals und die Auflösung der Adressen im Benachrichtigungssystem durchgeführt werden. Aus den generischen Aufgaben ergeben sich strukturelle Komponenten eines Benachrichtigungssystems (Abbildung 22)

Das Benachrichtigungssystem dient als Mittler zwischen Agenten. Es steht logisch an jedem beteiligten Knoten zur Verfügung, um überall die gleichen Dienste anzubieten. Die Agenten formulieren und verarbeiten Nachrichten. Insbesondere spezifizieren sie im Nachrichtenkopf Adressen, Auslieferungs- und Quittierungsmodi. Beispiele für Auslieferungs- und Quittierungsmodi sind Prioritätskennzeichnungen sowie Quittungen, wenn die Nachricht am Empfängerknoten ankam, gelesen oder weitergeleitet wurde. Die angegebene Adresse kann ein Agentenname, eine Verteilerliste, ein Team oder eine deskriptive Beschreibung eines Agenten, z.B. „Vorgesetzter des Zuständigen in Sache X" sein. Diese Empfängerbeschreibung muß durch die Adreßauflösung in eine Netzadresse umgesetzt werden. Dazu benötigt die Adreßauflösung einen Directory-Dienst. Der Directory-Dienst hält die Informationen entweder bereit oder generiert Verwaltungsnachrichten, um die Informationen von anderen Knoten zu besorgen. Typische Aufgaben des Directory-Dienstes sind die Zuordnung von Rollen und Teams zu realen Netzadressen oder die Bereitstellung von anonymen Foren wie Schwarzen Brettern. Nach der Adreßauflösung kann die Nachricht gemäß dem Sendeprotokoll des Transportsystems versendet werden. Eine Kopie der Nachricht mit allen Sende-Parametern wird im Nachrichtenverzeichnis hinterlegt. Der Kern nimmt auch eingehende Nachrichten und Quittungsmeldungen entgegen. Beide werden ebenfalls im Nachrichtenverzeichnis hinterlegt. Das Nachrichtenverzeichnis dient als erweiterte Datenbasis für den Directory-Dienst. Über diesen Dienst bildet es die Basis für den Auskunftsdienst, der damit passiv die Historie der gesendeten und empfangenen Nachrichten verfolgen kann. Der aktive Auskunftsdienst wird als Wächter eingesetzt. Ähnlich wie ein Triggermechanismus löst er beim Eintreffen

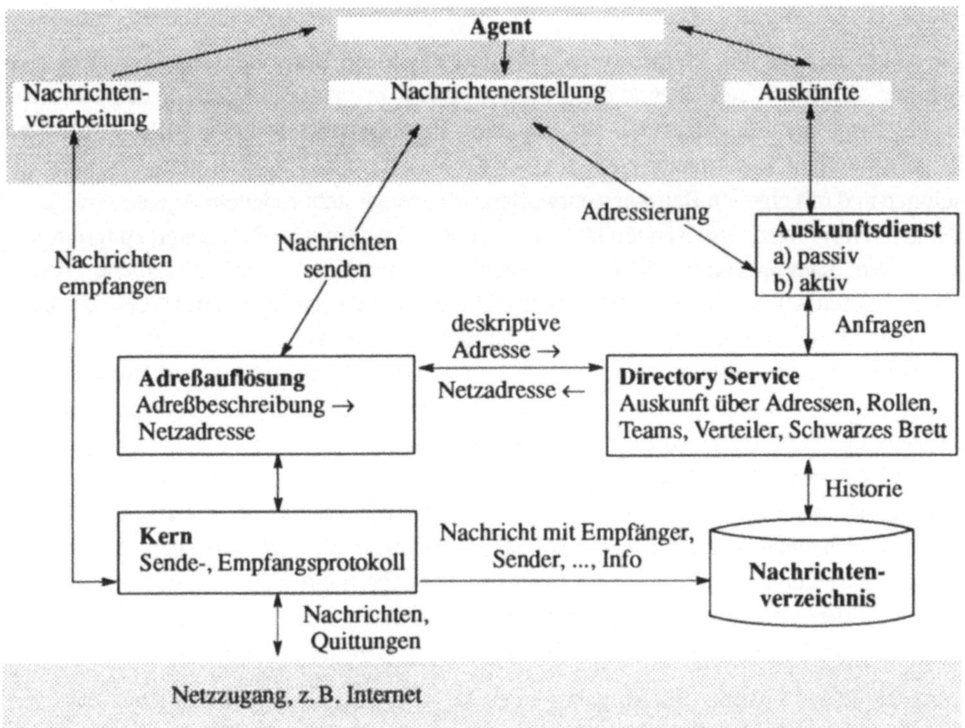

Abb. 22: Komponenten eines Benachrichtigungssystems

von bestimmten Nachrichten weitere Aktionen für den Agenten aus. Der aktive Auskunftsdienst kann daher als Teil eines I-(Intelligent)-Mail-Systems ([72]) betrachtet werden.

Wichtig ist, daß das Benachrichtigungssystem völlig vom Konversationssystem entkoppelt ist. Die Nachrichten und Auskunftsfunktionen werden ausschließlich zur Beschleunigung der kooperativen Prozesse eingesetzt. In [84] wird ein System vorgestellt, das über die Veränderung oder Weitergabe von Objekten informiert. Dabei werden Inhalt und Struktur der Nachrichten aus den Objektbeziehungen abgeleitet und die Benachrichtigungen nur den relevanten Agenten zugestellt. Benachrichtigungen dienen nicht zur korrekten Abwicklung der Vorgänge. Insofern können Nachrichten nach Belieben durch die Agenten ignoriert werden, sei es willentlich oder weil die Agenten z. B. abwesend sind. Dies ist ein gänzlich anderer Ansatz als in Message Filtering Systems ([30], [122]), welche die Kooperation der Teilnehmer von der zeitgerechten, richtig verteilten und selektierten Kommunikation untereinander abhängig machen. Es gehört zum Ansatz der datenorientierten Kooperation, den Inhalt der Kooperation eben nur durch die Datenwerte und durch nichts anderes beeinflussen zu lassen.

5.7 Agendas

Die Unterstützung von kooperativen Abläufen durch ein Benachrichtigungssystem (Abschnitt 5.6) fördert den Kooperationsprozeß in einer Konversation, indem sie den Informationsaustausch nicht nur über den gemeinsamen Datenbestand, sondern auch auf direktem Wege ermöglicht. Die Agenten können so die Konversationsbeiträge der anderen schnell aufnehmen und mit eigenen Beiträgen antworten. Allerdings steht es jedem Agenten frei, keine Benachrichtigungen auszusenden bzw. die eingehenden Benachrichtigungen zu ignorieren, wie es dem datenorientierten Kooperationsansatz entspricht. In einer beträchtlichen Anzahl von Szenarien wird jedoch ein bestimmtes Ablaufschema in der Zusammenarbeit der Agenten vorgeschrieben. Ein Beispiel für ein beschränktes Ablaufschema ist ein öffentlicher Abstimmungsmodus, bei dem die Reihenfolge der Stimmabgaben vorgegeben ist, um die gegenseitige Beeinflussung der Stimmberechtigten zu begrenzen. Eine Büroorganisation mit koordinierter Bearbeitungsreihenfolge der Sachbearbeiter ist ein umfangreicheres Beispiel. Obwohl der datenorientierte Modellierungsansatz des Konversationskonzeptes alle Überlegungen zur Ablaufsteuerung bisher ausklammerte, soll an dieser Stelle diskutiert werden, wie ein solcher Mechanismus in das Konversationskonzept integriert werden könnte. Das Agendasystem zur Steuerung von Konversationsschritten ist dabei nicht als ein Versuch zu sehen, Defizite der Datenbankkonversationen zu beheben, sondern als ein Schritt, das Konzept außerhalb des gestellten Aufgabenbereichs (Abschnitt 1.4) abzurunden und zu erweitern.

In Abschnitt 5.7.1 werden die Aufgaben eines Ablaufsteuerungssystems für Konversationen umrissen. Die in Abschnitt 5.7.2 beschriebene Basisidee für das Agendasystem ist von einem flexiblen Mechanismus zur Concurrency control aus der Literatur entliehen (Abschnitt 3.4.1). In Abschnitt 5.7.3 wird eine auf die Realisierung gerichtete Definition von Agendas gegeben und in Abschnitt 5.7.4 an einem ausführlichen Beispiel erläutert.

5.7.1 Anforderungen an eine konversationale Ablaufsteuerung

Ablaufsteuerung in dem hier verwendeten Sinne umfaßt die Aspekte Steuerung und Kontrolle. Während Steuerungen durch den Aufruf von Ablaufschritten aktiv auf den Ablauf einwirken, beschränkt sich eine Ablaufkontrolle auf eine passive Überwachungsfunktion. Um die Aufgabenstellung für eine konversationale Ablaufsteuerung zu beschreiben, sind vor allem zwei Dinge zu klären: Was soll gesteuert werden und welche Steueranweisungen werden benötigt?

Als Objekte der Ablaufsteuerung kommen die Aktivitätsträger in Frage, die im Zusammenhang mit Konversationen eine Rolle spielen. Die feinsten für ein konversationales Datenbanksystem identifizierbaren Aktivitäten sind die objekt- und attributbezogenen Datenmanipulationsoperationen der Transaktionen. Je nachdem, welche Semantik von Interesse ist, sind dies die Operationen Lesen/Schreiben, Lesen/Einfügen/Löschen/Ändern oder noch weiter spezialisierte Operationen (z. B. Inkrement/Dekrement statt Ändern). Die Operanden zu diesen Operationen können einzelne Attributinstanzen, Objekte (logische Sätze) oder Objektmengen sein – unabhängig davon, ob an der Programmierschnittstelle eine mengenorientierte oder navigierende Anfragesprache bereitsteht. Insgesamt ist sinnvoll, sich auf den Konversationsgegenstand und den Konversationskontext als Objekt zu beschränken, um Interferenzen zwischen Agendas verschiedener Konversationen zu vermeiden. An nächster Stelle stehen die Transaktionen als Steuerungseinheiten. Auch hier könnte man die Transaktionen nach Transaktionsklassen unterteilen, um mehr Semantik für die Steuerung zur Verfügung zu stellen. Voraussetzung dazu ist allerdings, daß der Anwendungsprogrammierer die Transaktionsklassen z.B. mit Transaktionscodes (TACs; [130]) identifiziert. Schließlich sind Konversationen, die aus einer Folge von Transaktionen bestehen, selbst auch mögliche Objekte einer Ablaufsteuerung. Die Granularität der Objektebene bestimmt die Einflußmöglichkeiten der Steuerung: Sie könnte die Reihenfolge zwischen Konversationen, zwischen Transaktionen oder zwischen Datenmanipulationsoperationen kontrollieren.

Für Datenbankkonversationen liegt die Steuerung von Operationen auf der Ebene der Attributinstanzen nahe. Attributinstanzen sind auch die Bestandteile des Konversationsgegenstandes und der Vorschläge. Es könnte dann z. B. eine Reihenfolge zwischen dem Lesen der bestehenden Vorschläge, dem Einfügen eines eigenen Vorschlags und der Stimmabgabe formuliert werden. Weil die Operationen jedoch im Rahmen von ACID-Transaktionen ausgeführt werden und nicht abgeschlossene Transaktionen voneinander isoliert werden, gibt es Schwierigkeiten bei Reihenfolgespezifikationen, wie sie in Abbildung 23 gezeigt sind. Zuerst soll Transaktion 1 einen Vorschlag abgegeben (d. h. die Vorschlagsoperation ausführen), dann soll Transaktion 2 ihren Vorschlag einbringen und im dritten Schritt sollen beide ihre Stimmen abgeben.

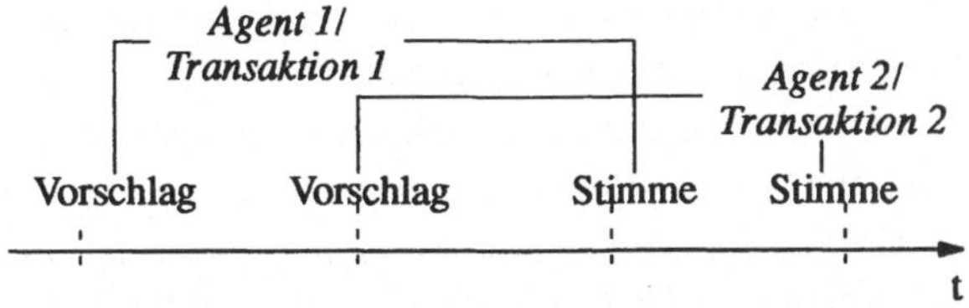

Abb. 23: Beispiel zur Reihenfolgespezifikation

Voraussetzung für den zweiten Schritt ist der Vorschlag aus der ersten Transaktion, der aber bis zum erfolgreichen Ende dieser Transaktion nicht sichtbar wird. Andererseits kann die erste Transaktion nicht zu Ende geführt werden, da sie noch ihre Stimme abgeben muß. Das Dilemma tritt auf, weil die Steuerungsobjekte „Vorschlagsoperationen" im Zusammenhang mit ihren jeweiligen Transaktionen gesehen werden. Bezieht man die Vorschlagsoperationen auf Agenten, kann die Reihenfolge „Vorschlag von Agent 1, Vorschlag von Agent 2, Stimmabgabe von Agent 1 und Agent 2" realisiert werden. Implizit wird dabei die Möglichkeit genutzt, daß Vorschlag und Stimme von Agent 1 in zwei unterschiedlichen Transaktionen eingebracht werden.

Zur Beantwortung der Frage nach den benötigten Steuerungsanweisungen sind zwei Vorüberlegungen angebracht: Zum ersten werden im Konversationskonzept die Agenten von sich aus aktiv. Im Unterschied zu einem Programm werden keine passiven Funktionen aufgerufen, sondern die Agenten melden den Start oder den Vollzug der Operationen. Die konversationale Ablaufsteuerung muß daher die „willkürlichen" Operationen der Agenten auf ihre korrekte Reihenfolge überprüfen. Zum zweiten gilt für die datenorientierte Kooperation nicht, daß alle Operationsfolgen, die nicht erzwungen sind, auch gleichzeitig verboten sind. Ebenso muß die Ablaufsteuerung auch keine Folgen erzwingen, die nicht verboten sind. Es bleibt zwischen den erzwungenen und verbotenen Operationsfolgen eine Menge von Kann-Operationsfolgen offen, die ausgeführt werden können oder auch nicht.

Was die Mächtigkeit der Steuerungsanweisungen angeht, wünscht man sich eine Kontrollogik, die möglichst aussagekräftig und trotzdem noch entscheidbar ist. Es muß entscheidbar sein, ob eine beliebige, von den Agenten erzeugte Operationsfolge der Spezifikation entspricht oder nicht. Wegen der Unentscheidbarkeit der Prädikatenlogik kann diese Frage nicht für alle Reihenfolgespezifikationen und alle Operationsfolgen entschieden werden. Die gesuchte Kontrollogik muß im Vergleich zur Prädikatenlogik eingeschränkt werden. Da die Klasse der kontextfreien Grammatiken entscheidbar ist, würde eine dazu äquivalente Kontrollogik bereits alle diesbezüglichen Anforderungen erfüllen. Es sei an der dieser Stelle jedoch vorweggenommen, daß Agendas schließlich die noch einfachere Klasse der erkennenden, endlichen Automaten als Spezifikationsmittel für Operationsfolgen heranziehen.

Aus den angeführten Überlegungen ergeben sich die folgenden Aufgaben für eine konversationale Ablaufsteuerung. Sie soll zwischen Datenmanipulationsoperationen von Agenten auf Attributinstanzebene Mußreihenfolgen festlegen und verbotene Reihenfolgen verhindern. Agendas realisieren diese Aufgaben. Der Name „Agenda" soll einen engen begrifflichen Bezug zu den Konversationen herstellen, deren „Tagesordnung" nun notiert und automatisch eingehalten werden kann. In Gruppen-Entscheidungsunterstützungssystemen (Group Decision Support Systems – GDSS) und Verhandlungssystemen gibt es ebenfalls Agenda-Komponenten, welche die Gruppe in der Diskussion leiten sollen ([145], [158]).

5.7.2 Idee der Agendas

Wegen der Anforderung im Konversationssystem, Muß-, Kann- und Konflikt-Operationsreihenfolgen spezifizieren zu können, scheiden von vornherein viele übliche Möglichkeiten der

Ablaufsteuerung aus. So fallen z.B. prozedurale Programmiersprachen weg, weil sie nur Mußreihenfolgen angeben, und Sperrmechanismen, weil sie nur verbotene Operationsfolgen verhindern. Ein hybrides Konzept, das die Forderungen erfüllt, ist der in Abschnitt 3.4.1 diskutierte Patterns and Conflicts-Ansatz. Ursprünglich als Mechanismus zur Concurrency control entworfen, liefert dieser Ansatz durch seine Muster- und Schutzautomaten auch die gewünschten Ausdrucksmöglichkeiten für Muß- und Konfliktreihenfolgen. Operationsfolgen, die weder in die eine noch in die andere Kategorie fallen, sind Kannreihenfolgen. Zu den weiteren Vorteilen von Patterns and Conflicts gehört, daß Verarbeitungsalgorithmen und Mechanismen zur Deadlock-Erkennung aus der Literatur übernommen werden können ([139]). Da der Ansatz jedoch primär zur Spezifikation und Verarbeitung von flexiblen Korrektheitskriterien des Mehrbenutzerbetriebs entwickelt wurde, weist er auch einige Nachteile für die konversationale Ablaufsteuerung auf:

- Jeder Automat entscheidet allein aufgrund seines aktuellen Zustandes und der davon ausgehenden Kanten über die Annahme einer Operation. Einschränkungen des Entscheidungsbereichs sind nicht möglich.
- Die Instanziierung der Automaten ist fest vorgegeben.
- Akzeptierende Kanten in den Automaten verhalten sich anders als zurückweisende Kanten.

Der erste Punkt betrifft die Unübersichtlichkeit der Automatenspezifikationen. Um die Annahme einer Operation zu beurteilen, müssen zuerst alle Automaten gefunden werden, von deren aktuellem Zustand eine zur Operation verträgliche Kante ausgeht. Für jede Operation und nach jedem Zustandswechsel verändert sich die Menge der Entscheidungsautomaten völlig. Der Automatenprogrammierer muß daher beim Entwurf der gültigen und ungültigen Abläufe sämtliche Seiteneffekte aller Automaten im Auge behalten. Ein Modulkonzept nach dem Prinzip des Information hiding ist wegen der vernetzten Auswirkungen aller Automaten aufeinander ausgeschlossen.

Im zweiten Kritikpunkt geht es um die Erzeugung neuer Automateninstanzen. Weil nicht von vornherein alle Agenten bekannt sind oder die Anzahl der möglichen Datenobjekte zu groß ist, verwendet Patterns and Conflicts Vorlageautomaten (Operation machine templates) mit Variablen für Agenten und Objekte. Wenn ein Agent zum ersten Mal auf ein Objekt zugreift, wird der Vorlageautomat kopiert, die Agentenvariable an diesen Agenten gebunden und die Objektvariable durch das zugegriffene Objekt ersetzt. Die Menge der aktiven Automaten wird dann durch den neuen Automaten ergänzt. Durch die feste Instanziierungsregel kann z.B. nicht ausgedrückt werden, daß nur der erste, aber noch unbekannte Agent einen Vorschlag abgeben darf und dann ein anderer abstimmen muß, bevor der nächste Vorschlag eingereicht werden darf. Im linken Teil von Abbildung 24 ist ein entsprechender Vorlageautomat angegeben. Da die Stimmen zu den Charakteristika zählen, werden sie als solche an den Kanten notiert.

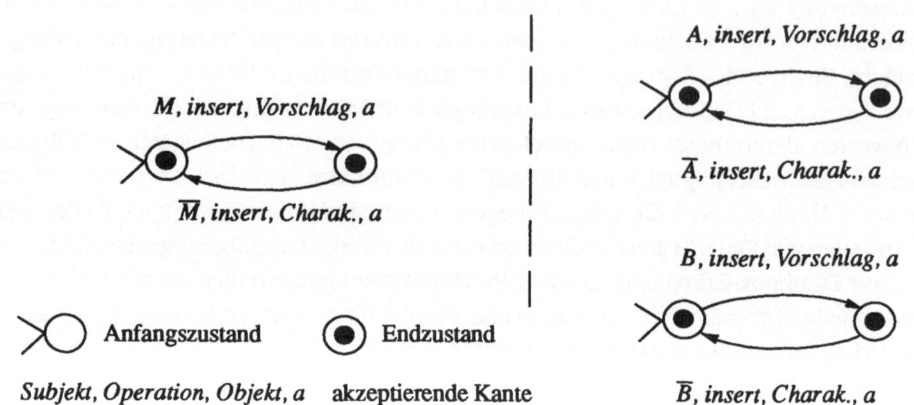

Abb. 24: Vorlageautomat (links) und nach festen Instanziierungsregeln erzeugte Operationsautomaten (rechts)

Weil für die beiden Agenten A und B jeweils ein eigener Automat instanziiert wird, ist <*A, insert, Vorschlag, a*> <*B, insert, Vorschlag, a*> <*B, insert, Charakteristika, a*> <*A, insert, Charakteristika, a*> eine gültige Operationsfolge, die aber verhindert werden sollte. Stünde als Instanziierungsregel auch zur Verfügung, daß ein Automat nur einmal pro Objekt bzw. nur einmal für alle Agenten erzeugt wird, könnte der oben gewünschte Ablauf spezifiziert werden.

Der dritte Nachteil von Pattern and Conflicts rührt ebenfalls aus der Unübersichtlichkeit der Automatenspezifikationen, wenn auch aus anderen Gründen wie der erste Punkt. Der Originalansatz beruht auf Muster- und Schutzautomaten, deren Kanten jeweils mit akzeptierenden, zurückweisenden und Warte-Rückgabewerten versehen sein können. Rein rechnerisch ergeben sich so sechs verschiedene Kantentypen. Dazu gehören beispielsweise akzeptierende Kanten für Schutzautomaten oder Zurückweisungen von Musterautomaten, deren Semantik zwar formal korrekt interpretiert werden kann, aber andererseits auch direkter wiedergegeben werden könnte (siehe unten). Darüber hinaus bedeutet ein Zustandsübergang im Automaten nur für akzeptierende Kanten, daß eine Operation stattgefunden hat. Ein erfolgreicher Zustandsübergang, der durch eine zurückweisende Kante ausgelöst wurde, bedeutet exakt das Gegenteil, nämlich daß keine Operation (aber ein Operationsversuch) stattgefunden hat.

Die Idee der Agendas basiert auf dem Pattern and Conflicts-Ansatz (Abschnitt 3.4.1): Eine Ablaufspezifikation für Konversationsschritte, genannt Agenda, setzt sich aus beliebig vielen einzelnen Ablaufspezifikationen zusammen, die als Operationsautomaten dargestellt werden. Operationen sind Datenmanipulationsoperationen der Transaktionen, die ausführenden Subjekte sind die Agenten, in deren Namen die Transaktion ausgeführt wird. Als Objekte kommen die Elemente des Konversationsgegenstandes und des Konversationskontexts in Frage. Die Menge der aktiven Operationsautomaten bestimmt gemeinschaftlich, ob eine Operation angenommen, zurückgewiesen oder zurückgestellt wird. Durch Instanziierung eines neuen Automaten mit Hilfe von Vorlageautomaten wird die aktive Menge erweitert. Am Ende der Konversation werden alle zugehörigen Automaten entfernt. Ein erfolgreiches Konversationsende wird nur erreicht, wenn alle Automaten aus der aktiven Menge in einem Endzustand sind.

Agendas vermeiden die drei genannten Nachteile von Patterns and Conflicts. Durch separat definierte Gültigkeitsbereiche ist für jeden Automaten, und zwar unabhängig von seinem aktuellen Zustand, stets klar, für welche Agenten, Operationen oder Objekte der Automat Entscheidungen treffen kann. Der Agenda-Programmierer kann so die Auswirkungen der einzelnen Automaten sicher voneinander isolieren. Mit spezifizierbaren Instanziierungsregeln wird für jeden Vorlageautomaten festgelegt, bei welchen Ereignissen ein neuer Automat von ihm abgeleitet werden muß. Schließlich wird für Konversationsagendas nur ein Automatentyp verwendet, der allerdings über zwei Arten von Zuständen verfügt: Akzeptierende und zurückweisende Zustände. Sie schaffen Transparenz und verringern den Spezifikationsaufwand, indem sie per Voreinstellung alle nicht-spezifizierten Kanten akzeptieren bzw. zurückweisen.

5.7.3 Definition von Agendas unter Realisierungsgesichtspunkten

Gegenüber dem im vorherigen Abschnitt eingeführten informellen Konzept von Agendas ergeben sich mit Blick auf die Realisierung zwei Änderungen: Zum einen werden die Operationen genauer festgelegt, und zum anderen wird die Granulat der möglichen Datenobjekte vergrößert. Hintergrund dafür ist die Implementierung eines Prototyps für Konversationen auf Basis des relationalen Datenmodells (Kapitel 6). Damit das Agendasystem für diesen Prototypen eingesetzt werden kann, sind die genannten Änderungen und einige weitere Verfeinerungen syntaktischer Natur ([56], [96]) nötig.

> DEFINITION:
> Als *Objekte OB* sind in einer Agenda referenzierbar: Konversationsgegenstand, Vorschläge, Charakteristika, weitere Kontextdaten und (Meta-)Konversationen.

Von den Benutzerdaten ist der Konversationsgegenstand das einzige Objekt, das in Agendas referenziert werden kann. Weil es im relationalen Datenmodell keine Objektidentität gibt, werden nicht Teile des Konversationsgegenstandes, sondern der gesamte Gegenstand als Objektaggregation hoher Granularität herangezogen. Ähnlich verhält es sich mit den Schemabegriffen „Vorschläge", „Charakteristika" usw. Werden sie in der Objektspezifikation genannt, ist nicht ein bestimmter Vorschlag oder ein bestimmtes Charakteristikum gemeint, sondern ein beliebiger Vertreter davon. Das Objekt „Konversation" gehört zu den ersten fünf Operationen der nächsten Definition.

DEFINITION:
Die für eine Agenda relevanten *Operationen OP* bestehen aus: Suspend, Resume, Join, Split, BOC, Select, Insert, Update und Delete.

Bei den Operationen handelt es sich neben den normalen Datenmanipulationsoperationen um die zu den signifikanten Ereignissen (Abschnitt 4.7.2) gehörenden Operationen. Während sich die Operationen Suspend, Resume, Join und Split auf die in der Agenda betrachtete Konversation beziehen, gehört BOC zu einer Metakonversation. Das BOC der Konversation, zu der die Agenda gehört, ist bereits erfolgt – sonst würde die Agenda nicht instanziiert sein. EOC und QC sind keine relevanten Operationen in der Agenda. QC ist immer erlaubt und soll nicht durch Agendas eingeschränkt werden. EOC ist dann erlaubt, wenn alle Automaten in Endzuständen sind. Ein separater EOC-Übergang in einer Agenda ist daher nicht sinnvoll.

DEFINITION:
Die *Agenda a* einer Konversation besteht aus einer Menge von Agendaautomaten a_i.

Jeder Agendaautomat a_i wird durch einen Vorlageautomaten A_i beschrieben, von dem er instanziiert wird. Mehrere Agendaautomaten können einen gemeinsamen Vorlageautomaten haben.

DEFINITION:
Der *Vorlageautomat A_i* eines Agendaautomaten a_i besteht aus dem Automatengerüst F_i, Instanziierungsregeln I_i und einem Gültigkeitsbereich G_i.

Die Instanziierungsregeln I_i geben an, wann und wie oft ein neuer Automat aus dem Vorlageautomaten erzeugt werden soll. Der neue Automat erhält die Knoten und Kanten aus dem Automatengerüst F_i und den Gültigkeitsbereich G_i. Im folgenden werden Aufbau und Bedeutung der drei Komponenten genauer beschrieben.

DEFINITION:
Das *Automatengerüst F_i* besteht aus Zuständen S_i und Transitionen T_i. Beide Komponenten werden in disjunkte Untermengen unterteilt. S_i unterteilt sich in eine Menge von akzeptierenden Zuständen $S_{i\text{-}a}$ und eine Menge von zurückweisenden Zuständen $S_{i\text{-}r}$. Außerdem enthält S_i einen Startzustand und eine Menge von Endzuständen. Die Menge der Transitionen T_i wird aus akzeptierenden Kanten $T_{i\text{-}a}$ und zurückweisenden Kanten $T_{i\text{-}r}$ gebildet.

Jede Kante aus T_i ist mit einer Menge von Agenten, einer Menge von Operationen op $\in$ OP und einer Menge von Objekten ob $\in$ OB beschriftet. Sie verbindet zwei Zustände des Automatengerüstes. Eine gegebenes Tripel *<Agent, Operation, Objekt>* ist mit einer Kante verträglich, wenn jedes seiner Bestandteile Element der entsprechenden Menge in der Kantenspezifikation ist. Ob die in dem Tripel spezifizierte Operation tatsächlich ausgeführt werden darf, hängt von der Art der Kante (akzeptierend/zurückweisend) und des aktuellen Zustandes (akzeptierend/zurückweisend) ab, in dem sich der Operationsautomat gerade befindet (Abbildung 25).

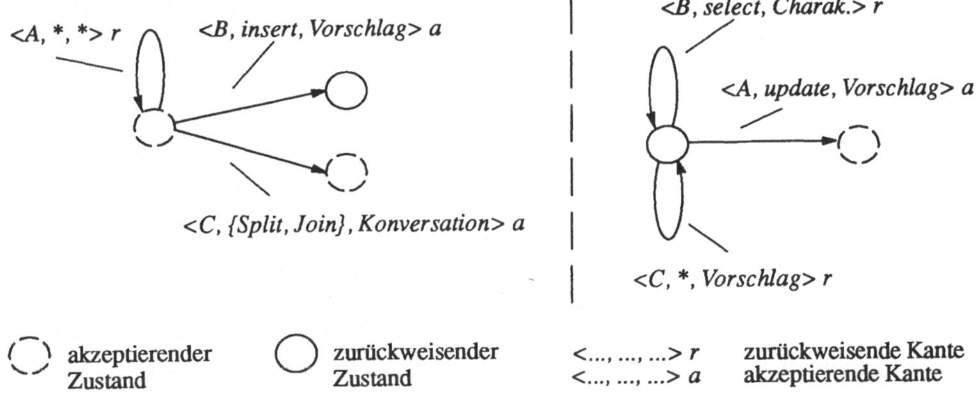

Abb. 25: Beispiele für akzeptierende und zurückweisende Zustände

Befindet sich der Automat in einem akzeptierenden Zustand $S_{i\text{-}a}$, werden alle Operationen akzeptiert, mit Ausnahme von denen, die explizit durch Kanten aus $T_{i\text{-}r}$ zurückgewiesen werden. Im linken Beispiel aus Abbildung 25 werden alle Operationen für den Agenten A zurückgewiesen. Die akzeptierenden Kanten für Operationen der Agenten B und C scheinen überflüssig zu sein, da sie bereits durch den akzeptierenden Zustand autorisiert würden. Allerdings fände dann kein Zustandsübergang statt, der eventuell für den weiteren Ablauf gebraucht würde. Auf der rechten Seite von Abbildung 25 ist ein ähnliches Beispiel unter umgekehrten Vorzeichen zu sehen. Hier wird auch deutlich, daß die Einführung von zwei Arten von Zuständen im wesentlichen der Schreibvereinfachung dient. Die zurückweisenden Kanten für die Agenten B und C sind eine Überspezifikation, da der zurückweisende Zustand bereits alle Operationen mit Ausnahme von <A, update, Vorschlag> ablehnt. Weil Abbildung 25 nur Zustände, aber keine Automaten illustriert, sind keine Start- und Endzustände eingezeichnet. Im folgenden Beispiel (Abschnitt 5.7.4) wird jedoch klar, daß sowohl akzeptierende als auch zurückweisende Zustände als Start und Endzustand eines Automatengerüsts dienen können.

Zurückweisende Kanten führen wieder in den selben Zustand, von dem sie ausgegangen sind. Zwar ist dies konzeptuell nicht zwingend notwendig, empfiehlt sich aber aus den in Abschnitt 5.7.2 genannten Gründen der Übersichtlichkeit. Abgelehnte Operationen sollen keine Zustandsübergänge verursachen. Die Entscheidung, ob eine Operation von allen Automaten der Agenda akzeptiert wird, basiert auf dem in Abschnitt 3.4.1 erklärten dreistufigen Algorithmus, der sich zu einem zweistufigen Entscheidungsverfahren vereinfacht, weil Agendas keine Warteschlangen implementieren. Nur wenn kein aktiver Automat die Operation zurückweist oder blockiert, wird sie akzeptiert. Zusätzlich wird die Entscheidung jedoch noch durch den Gültigkeitsbereich beeinflußt (siehe unten).

Nach der Definition des Automatengerüstes F_i fehlen nun noch die Instanziierungsregeln I_i und der Gültigkeitsbereich G_i.

> DEFINITION:
> Die *Instanziierungsregel* I_i eines Vorlageautomaten A_i gibt in dem Tripel <I-Agenten, I-Operationen, I-Objekte> an, für welche Teilnehmer, bei welchen Operationen und auf welchen Objekten eine neue Automateninstanz a_i erzeugt werden soll.

Über die Instanziierungsregeln wird der Zugang zur Menge der aktiven Automaten geregelt. Sie ermöglichen, daß verschiedene Automaten des gleichen Automatengerüstes und mit gleichem Gültigkeitsbereich instanziiert werden können. Das Tripel *<{A, B}, *, *>* gibt beispielsweise an, daß der Automat, zu dem diese Instanziierungsregel gehört, nur für die Agenten A und B erzeugt wird. Neben den direkten Agenten-, Operationen- und Objektnamen können einige Abkürzungen angegeben werden (Tabelle 10).

Abkürzung	*Bedeutung*
*	Es wird genau eine Instanz für alle Agenten/Operationen/Objekte erzeugt.
–	Es wird für jeden Agenten/Operationen/Objekte genau eine Instanz erzeugt.
*{elemente}	Es wird genau eine Instanz für die genannte Elemente (Agenten/Operationen/Objekte) erzeugt.
*{$\overline{\text{elemente}}$}	Es wird genau eine Instanz für alle außer den genannten Elementen (Agenten/Operationen/Objekte) erzeugt.
–{elemente}	Es wird für jedes der genannte Elemente (Agenten/Operationen/Objekte) eine eigene Instanz erzeugt.
–{$\overline{\text{elemente}}$}	Es wird für jedes außer den genannten Elementen (Agenten/Operationen/Objekte) eine eigene Instanz erzeugt.

Tab. 10: Abgekürzte Instanziierungsregeln für Automaten

Insbesondere können nun die Kanten Variablen enthalten, die bei der Instanziierung belegt werden. Die Variable M in der Kante *<M, Split, Konversation>* wird durch die Instanziierungsregel <*{A, B}*, *, *> zu <*{A, B}, Split, Konversation*> ersetzt. Die neue Automateninstanz schaltet für alle Operationen, die den Kantenbeschriftungen entsprechen. Ohne weitere Vorkehrungen würde jeder Automat durch akzeptierende und zurückweisende Kanten bzw. Zustände über Annahme oder Ablehnung aller Operationen entscheiden. Um für den Agendaprogrammierer eine übersichtliche Struktur zu schaffen, wird die Entscheidung mit Hilfe des Gültigkeitsbereichs gefiltert:

> DEFINITION:
> Der *Gültigkeitsbereich* G_i eines Vorlageautomaten A_i gibt in dem Tripel <G-Agenten, G-Operationen, G-Objekte> an, für welche Teilnehmer, welche Operationen und welche Objekten die neue Automateninstanz a_i Zurückweisungen vornehmen darf.

Für zurückweisende Zustände bedeutet der Gültigkeitsbereich eine enorme Schreibvereinfachung. Beispielsweise werden durch den zurückweisenden Zustand aus dem Automaten von Abbildung 26 alle Vorschläge abgelehnt, die nicht dem Muster <*A, update, Vorschläge*> entsprechen.

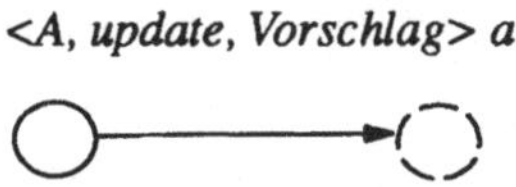

Abb. 26: Beispiel zum Gültigkeitsbereich

Um die Ablehnungen nur auf Operationen des Agenten A zu beschränken und die Operationen der anderen Konversationsteilnehmer unbehelligt zu lassen, wird der Gültigkeitsbereich <*A*, *, *> das Gewünschte leisten. Ohne diesen Gültigkeitsbereich müßten alle erlaubten Operationen, z.B. die der anderen Agenten, explizit durch Kanten angegeben werden.

5.7.4 Beispiel

Das Agendakonzept wird im folgenden an einem etwas umfangreicheren Beispiel verdeutlicht. In einer Konversation sollen zuerst zahlreiche Vorschläge gemacht und dann in einer separaten Phase bewertet werden. Die Bewertung erfolgt durch Stimmen für die abgegebenen Vorschläge. Die Stimmabgabe soll jedoch als geheime Wahl vor sich gehen, d.h. während der Stimmabgabe sind die Stimmen nicht einsehbar, und nur das Gesamtergebnis wird veröffentlicht. An eine Agenda, die den entsprechenden Ablauf realisiert, werden im einzelnen die folgenden Anforderungen gestellt:

1. Es muß mindestens ein Vorschlag gemacht werden (A1).
2. Die Vorschläge müssen vor den Stimmen abgegeben werden (A1).

3. Die Stimmen dürfen nicht gelesen werden (A1).
4. Jeder Agent darf höchstens einen Vorschlag machen (A2).
5. Jeder Agent darf höchstens eine Stimme abgeben (A2).
6. Jeder Agent, der einen Vorschlag einbringt, muß eine Stimme abgeben (A2).
7. Vorschläge dürfen nicht gelöscht werden (A3).

In Klammern nach den Forderungen ist angegeben, welcher Automat aus den Abbildungen 27 bis 29 dieses Merkmal realisiert. Stimmen werden in allen Automaten als das Objekt „Charakteristika" gemäß der Definition für Objekte OB notiert.

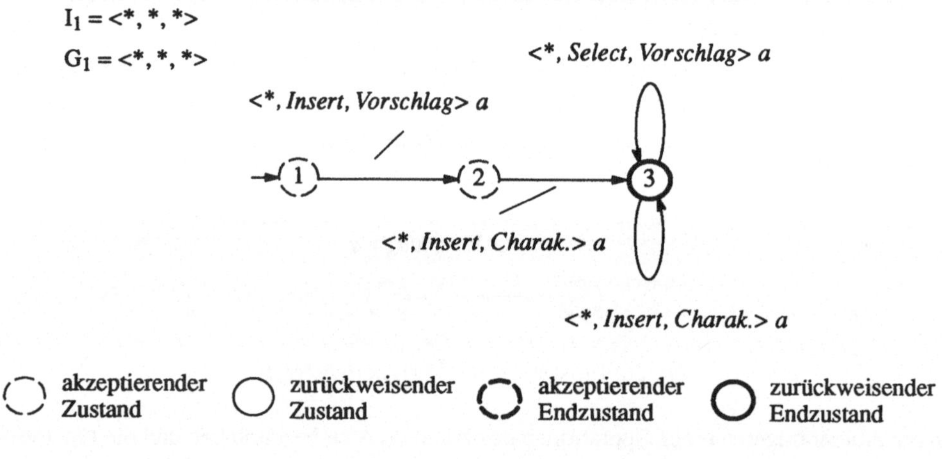

Abb. 27: Agenda „Geheime Abstimmung": Automat A1

Die Instanziierungsregel I_1 = <*, *, *> besagt, daß genau eine Instanz des Vorlageautomaten instanziiert wird. Der Gültigkeitsbereich G_1 = <*, *, *> drückt aus, daß alle Entscheidungen der Instanz ungefiltert berücksichtigt werden, d.h. der Automat ist für alle Entscheidungen relevant. Weil die Konversation nur enden kann, wenn alle Automaten im Endzustand sind, realisiert A1 die Forderung 1, da sein Endzustand 3 nur über das Einfügen eines Vorschlags erreicht werden kann. Nach dem ersten Vorschlag werden in Zustand 2 alle Operationen akzeptiert, d.h. insbesondere andere Vorschläge. Sobald allerdings die erste Stimme abgegeben wurde (in A1 notiert als Einfügen in die Charakteristika), geht A1 in den Endzustand. In diesem Zustand werden alle Operationen mit Ausnahme vom Lesen der Vorschläge und dem Einfügen von Stimmen zurückgewiesen. Dadurch werden die Forderungen 2 und 3 ausgedrückt.

Der Vorlageautomat A2 aus Abbildung 28 realisiert die Forderungen 4, 5 und 6. Zunächst gibt die Instanziierungsregel I_2 = <-, *, *> an, daß genau ein Automat für alle Operationen und Objekte pro beteiligtem Agenten instanziiert wird. Der Gültigkeitsbereich <–, *, *> legt fest,

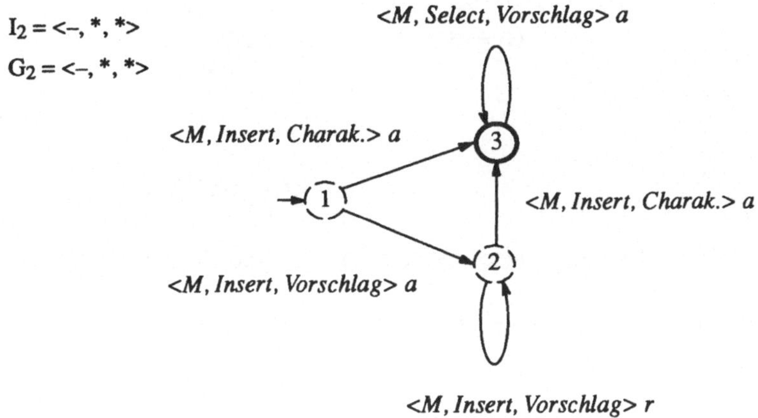

Abb. 28: Agenda „Geheime Abstimmung": Automat A2

daß eine Instanz von A2 nur für den Agenten entscheidet, für den A2 instanziiert wurde. Wenn noch keine Instanz von Automat A2 für einen Agenten existiert, wird bei dessen erster Operation A2 instanziiert. Wird durch die erste Operation eine Stimme oder ein Vorschlag in die Datenbasis eingefügt, erfolgt gleichzeitig auch ein Zustandsübergang nach Zustand 2 oder 3. Bei jeder anderen Operation bzw. jedem anderem Objekt bleibt A2 in Zustand 1. Weil es sich um einen akzeptierenden Zustand handelt, darf jede Operation ausgeführt werden. Bei der Instanziierung wird die Variable M an den Kantenbeschriftungen mit dem Namen des Agenten, für den diese Instanz von A2 geschaffen wurde, initialisiert. Sie kann später nicht mehr verändert werden und dient in den anderen Kanten des Automaten als Platzhalter für den Agentennamen. Durch die Belegung der Variablen unterscheiden sich gleichzeitig alle Instanzen von A2. Da in A2 alle Kanten mit M im Agentennamen beschriftet sind, schaltet der Automat nicht bei Operationen von anderen Agenten. Wird sofort mit der ersten Operation der Endzustand 3 erreicht, darf M nur noch Vorschläge lesen. Er hat vorher eine Stimme abgegeben und darf nun keine weitere mehr einbringen (Forderung 5). Wenn M zuerst einen Vorschlag abgab, befindet sich seine Instanz von A2 zunächst im Zustand 2. Der akzeptierende Zustand 2 erlaubt beliebige Operationen, z. B. das Lesen von Vorschlägen oder die Stimmabgabe, unterbindet aber einen erneuten Vorschlag (Forderung 4). Gibt M seine Stimme ab, wird Zustand 3 der aktuelle Zustand. Nun kann M nur noch Vorschläge lesen. Weil für jeden Agenten eine Instanz von A2 erzeugt wird und die Konversation nur enden kann, wenn alle Automaten im Endzustand sind, realisiert A2 auch die Forderung 6. Der Zustand 3 wird für jeden Agenten nur erreicht, wenn eine Stimme abgegeben wurde.

I_3 = <*, *, *>
G_3 = <*, *, *>

Abb. 29: Agenda „Geheime Abstimmung": Automat A3

Zur Verwirklichung von Forderung 7 scheint eine Realisierung über entsprechende Zugriffsrechte zunächst naheliegend. Allerdings gilt die Beschränkung für das Löschen von Vorschlägen nur für die Dauer einer Konversation und nur für die betrachtete Beispielkonversation. In anderen Konversation mag diese Forderung nicht adäquat sein. Sie soll aus diesen Gründen nicht über den Entzug von Zugriffsrechten, sondern durch einen Agendaautomaten implementiert werden. Ein solcher Automat ist der sehr einfache Automat A3 aus Abbildung 29. Seine Instanziierungsregel I_3 und sein Gültigkeitsbereich G_3 gleichen denen von A1. Er wird genau einmal instanziiert und gilt für alle Agenten, Operationen und Objekte. Er befindet sich stets im Endzustand, der alle Operationen außer Löschoperationen auf Vorschlägen zuläßt. A3 erfüllt damit die Forderung 7.

6 Relationale Implementierung des Konversationskonzepts

Das Konzept der Datenbankkonversationen wurde in Kapitel 4 vorgestellt und in Kapitel 5 wurden Hauptfragen seiner Realisierbarkeit diskutiert. Dabei hat sich gezeigt, daß Konversationen herkömmliche Datenbankfunktionalität beträchtlich ergänzen, aber nicht ersetzen. Für die Realisierung von Datenbankkonversationen bietet sich daher idealerweise ein erweiterbares Datenbanksystem an. Eine solche Architektur gestattet die Modifikation des Speicherungssystems, der Zugriffsmethoden, der Datentypen, und der Objektstruktur (z. B. Starburst; [168]). Forschungsarbeiten, die teilweise nicht mehr unter dem Titel „Erweiterbare Datenbanksysteme" laufen, bieten darüber hinaus Modifikationsmöglichkeiten im Bereich der Transaktionsverwaltung und insbesondere bei der Concurrency control ([183]). Module, die für Datenbankkonversationen nicht modifiziert werden müssen, können ohne Veränderungen übernommen werden. So beschränkt sich der Implementierungsaufwand auf das absolut notwendige Maß. Steht kein erweiterbares Datenbanksystem zur Verfügung, besteht eine weitere Implementierungsalternative in der völligen Neuimplementierung des gesamten Datenbankverwaltungssystems. Neben den Konversationsmoduln müssen nun auch noch die Standardmoduln implementiert werden. Der scheinbare Vorteil gegenüber einem mehr oder weniger vorgefertigten Datenbankbaukasten, alle Funktionen exzellent aufeinander abstimmen zu können, wird durch den erhöhten Implementierungsaufwand mehr als aufgewogen. Eine dritte Implementierungsalternative ist eine Zusatzebenenarchitektur. Hier wird die neue Funktionalität auf ein bestehendes Datenbanksystem aufgesetzt und mit dessen Mitteln realisiert. Hauptnachteil einer solchen Architektur ist, daß selbst geringfügige Erweiterungen der Komponenten des Datenbanksystems nicht möglich sind und in der Zusatzebene simuliert werden müssen. Positiv schlägt ähnlich wie beim erweiterbaren Datenbanksystem der geringere Implementierungsaufwand gegenüber der Neuimplementierung zu Buche.

In diesem Kapitel wird eine Implementierung des Konversationskonzepts als Zusatzebenenarchitektur auf dem relationalen Datenbanksystem Ingres vorgestellt. Hierzu wurden eine Laufzeitbibliothek für Konversationen ([99]), die entsprechende Erweiterung einer Datenmanipulationssprache ([140]), eine Zugriffsschutz- ([134]), eine Agenda- ([56]) und eine Benachrichtigungskomponente konzipiert und implementiert. In Abschnitt 6.1 wird auf die Systemarchitektur der gesamten Implementierung eingegangen und erklärt, wie sie als Server realisiert werden kann. Die Besonderheiten der Implementierung auf Basis des Relationenmodells sind Gegenstand von Abschnitt 6.2. Schließlich wird die Sprache CoSQL, eine konversationale Erweiterung von SQL, vorgestellt (Abschnitt 6.3).

6.1 Implementierungsziel und -prinzip

Das Implementierungsziel für das Konzept der Datenbankkonversationen ist die Programmierschnittstelle eines konversationalen Datenbanksystems. Sie gibt dem Anwendungsprogrammierer die Möglichkeit, normale Datenbankoperationen zusammen mit Konversationen in seiner Applikation einzusetzen. Die erstellte Anwendung kann den gemeinsamen Datenpool einerseits konkurrierend und andererseits kooperativ nutzen. Die gewünschte Programmierschnittstelle soll dabei weniger eine neue Datenmanipulationssprache darstellen, als eine bestehende Sprache um konversationale Konstrukte erweitern.

6.1.1 Systemarchitektur

In diesem Abschnitt wird eine Systemarchitektur für die relationale Implementierung des Konversationssystems angegeben. Vor der Darstellung einer solchen Architektur müssen jedoch für die Implementierung wichtige Fragen der Schnittstelle des zugrundeliegenden Datenbanksystems geklärt werden. Besonders im Hinblick auf Erweiterungen der Datenbankfunktionalität wäre die Benutzung einer objektorientierten Basisschnittstelle naheliegend. Es könnten dann in einfacher Weise neue Klassen abgeleitet werden bzw. bestehende Methoden überladen werden. Bestehende Datenbankprogramme wären durch die Änderungen nicht betroffen, weil sie weiterhin mit den bestehenden Klassendefinitionen arbeiten. Neue, konversationale Anwendungen würden die Klassendefinitionen der neu erstellten Schnittstelle nutzen. Die Nutzung einer objektorientierten Schnittstelle allein erfordert noch nicht ein objektorientiertes Datenmodell, wie es z. B. von Objektorientierten Datenbanksystemen ([71], [88]) angeboten wird.

Auch eine SQL-Präprozessorschnittstelle kann erweitert werden, indem ein weiterer Übersetzungsvorgang vorgeschaltet wird. Der neue Übersetzungsvorgang transformiert zuerst die Konstrukte der konversationalen Datenbanksprache in Standard-SQL und Anweisungen der Wirtssprache. Darauf folgt, wie üblich, der Lauf des SQL-Präprozessors und dann des Compilers der Wirtssprache. Damit nicht alle Erweiterungen der neuen Sprache als Code der Wirtssprache oder SQL-Anweisungen in den Programmtext eingefügt werden müssen, setzt man in der Regel nur Funktionsaufrufe ein. Die zugehörige Funktionsbibliothek wird dann zum compilierten Anwendungsprogramm hinzugebunden. Was den Programmieraufwand für diese Lösung betrifft, so ist er entschieden höher als die Erweiterung einer objektorientierten Klassenbibliothek, weil zusätzlich zur Bibliothek der Präcompiler implementiert werden muß.

Trotz der geschilderten Überlegungen wurde die prototypische Implementierung des Konversationskonzepts als Zusatzebenenarchitektur auf einem relationalen Datenbanksystem mit erweiterter Präprozessorschnittstelle realisiert ([56], [99], [134], [140]). Die anderen Alternativen, Erweiterbares Datenbanksystem, Objektorientierte Programmierschnittstelle oder völlige Neuprogrammierung, stehen nur als Prototypen zur Verfügung oder sind noch aufwendiger. In Abbildung 30 ist die Systemarchitektur des Prototyps skizziert.

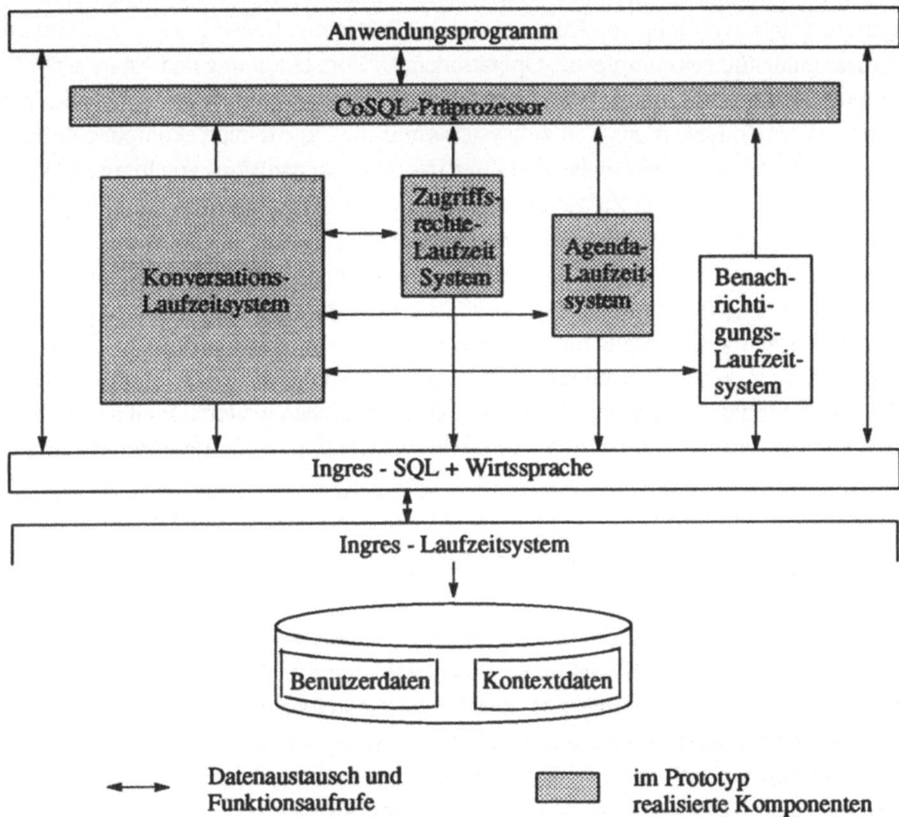

Abb. 30: Systemarchitektur einer prototypischen Implementierung des Konversationskonzepts

Als Basis der in Abbildung 30 gezeigten Architektur wurde das relationale Datenbanksystem Ingres ([76]) gewählt. Neben einem SQL-Server gibt es in der vorliegenden Version 6.4 die sogenannte Ingres Knowledge Management Extension (KME) mit Datenbankprozeduren und Triggern, die gut für das Konversationssystem genutzt werden können. Die Schnittstelle des Prototyps zum Anwendungsprogrammierer ist eine Erweiterung von SQL um konversationale Sprachkonstrukte, genannt CoSQL (Conversational SQL). Die Anwendungsprogramme enthalten entweder Anweisungen der Wirtssprache C, Standard-SQL-Anweisungen oder eben CoSQL-Anweisungen. Nur die CoSQL-Anweisungen werden durch den CoSQL-Präprozessor in „reine" SQL-Anweisungen oder in Aufrufe des Konversations-Laufzeitsystems, Zugriffsrechtesystems, Agendasystems oder des Benachrichtigungssystems übersetzt. Diese Einzelkomponenten greifen ihrerseits wieder auf die Ingres-SQL-Schnittstelle zu. Im Mittelpunkt steht das Konversations-Laufzeitsystem. Es implementiert alle Operationen zur Verwaltung von Konversationen (Eröffnung, Beendigung, Split, Join usw.). Außerdem unterstützt es komplexere Operationen zur Fortschreibung und Analyse der Konversationen durch vordefinierte Anfragetypen. Für alle Operationen des Anwendungsprogramms und des Konversations-Laufzeitsystems muß die Zugriffsrechtekomponente den Zugriff validieren. Sie macht sich dabei den Zugriffsschutzmechanismus von Ingres so weit wie möglich zunutze, so daß die Zulässigkeit von Standard-SQL-Zugriffen durch Ingres überprüft wird. Das Agendasystem kontrolliert ebenfalls die Zulässigkeit von Anweisungen, aber in Abhängigkeit von der Historie. Die Anweisungen wurden im Prototypen allerdings auf CoSQL-Anweisungen beschränkt. Dazu muß das Agendasystem jede Anweisung in der Historie vermerken, die Grundlage für eine spätere Entscheidung werden könnte. Das Benachrichtigungssystem sammelt schließlich die Operationsstatus der Einzelkomponenten und verdichtet sie für das Anwendungsprogramm. Die zahlreichen weiteren Funktionen des Benachrichtigungssystems (Abschnitt 5.6) wurden (noch) nicht in den Prototyp integriert.

6.1.2 Realisierung des Mehrbenutzerbetriebs

Die Systemarchitektur aus Abbildung 30 unterstellt implizit, daß nur ein einziges Anwendungsprogramm auf die konversationale Datenbank zugreift. Tatsächlich sind gleichzeitig mehrere Applikationen aktiv, die z.B. durch die Agendakomponente koordiniert werden müssen. Aber auch andere Teile des Konversationssystems müssen als Server ausgelegt werden, um Aufträge von unterschiedlichen Agenten entgegenzunehmen und die Ergebnisse nur an sie zurückliefern zu können. Weil, nicht zuletzt durch Werbung und populärwissenschaftliche Veröffentlichungen (z.B. [11], [165]), sehr unterschiedliche Ansichten über Client/Server-Architekturen existieren, lohnt es sich, den Begriff näher zu präzisieren.

Eine Client/Server-Architektur erlaubt es, daß unterscheidbare Clients in nebenläufiger Weise Aufträge an den oder die Server schicken, die Aufträge dort unabhängig bearbeitet werden und an den jeweiligen Client zurückgegeben werden. Die Verbindung zwischen Client und Server kann gedächtnislos sein oder nicht. Kennzeichnend ist, daß die Aufträge unterscheidbar sind und auch als solche behandelt werden. Insofern ist ein System mit einem einzigen Client und einem Server so weit degeneriert, daß es sich von einer Prozedurschnittstelle strukturell nicht unterscheidet. Die Benutzung einer Kommunikationsverbindung zwischen Rechnern ist nicht konstituierend für Client/Server-Architekturen. In Abbildung 31 wird die Grobarchitektur eines Konversationsservers illustriert.

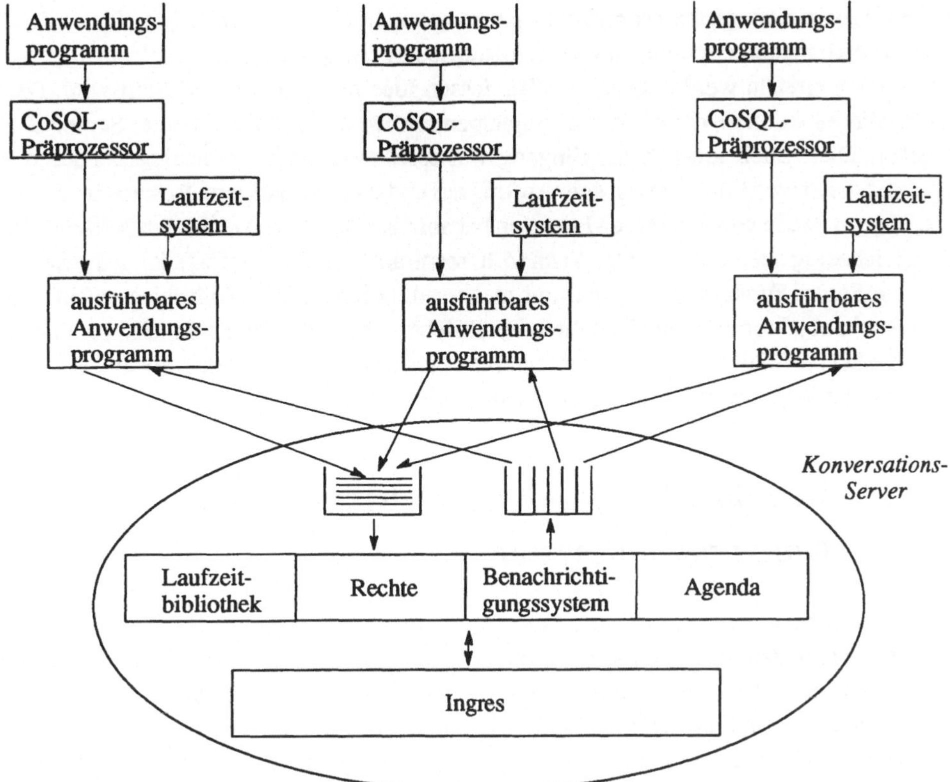

Abb. 31: Client/Server-Architektur des Konversationssystems

Eindeutig der Client-Seite zugeordnet ist der CoSQL-Präprozessor. Ebenso wird ein Teil des Laufzeitsystems jedem Client zugeordnet. Es handelt sich dabei um Funktionen, die entweder völlig ohne globale Strukturen auskommen, d. h. beispielsweise Datenbankoperationen, oder die die Übergabe der Aufträge an den Server implementieren. Zur Laufzeit generieren die ausführbaren Anwendungsprogramme Aufträge und legen sie in der Eingangswarteschlange der Konversations-Servers ab. Die Aufträge erhalten eine eindeutige Kennzeichnung, unter der später das Resultat im Ausgabebereich identifiziert werden kann. Je nach Auslastung des Servers werden nun die Aufträge aus der Eingangswarteschlange entnommen und bearbeitet. Wird ein Auftrag fertig, kommt er statt in eine Ausgabewarteschlange in einen nicht chronologisch geordneten Ausgabebereich. Bei einer synchronen Auftragsabarbeitung wird das Resultat und der Kontrollfluß sofort an den blockierten Client zurückgegeben. Im Falle eines asynchronen Aufrufs muß der Client das Resultat später selbständig abholen, wenn keine Benachrichtigung (Interrupt) vorgesehen ist.

Der verfügbare Konversationsprototyp ist zur Zeit nicht als Server realisiert. Die fehlende Server-Funktionalität der unabhängigen Auftragsbearbeitung kann aber durch ein allgemeines Konzept erreicht werden ([39], [167]), dessen Idee im folgenden skizziert wird. Dazu werden die Funktionen, die als Server implementiert werden sollen, mit einer Server-Shell umgeben. Diese Shell sorgt für die Eingangswarteschlange, markiert die eingehenden Aufträge, ruft die Server-Funktion mit dem Auftrag auf und legt das markierte Resultat im Ausgabebereich ab. Wenn von der Server-Funktion bekannt ist, daß sie von mehreren Aktivitätsträgern gleichzeitig „betreten" werden kann (d.h. reentrant programmiert ist), kann die Server-Shell die Server-Funktion evtl. sogar mit mehreren, nebenläufigen Aufträgen aufrufen. In [167] ist ein objektorientiertes Verfahren beschrieben, das mit sogenannten Executable objects eine Server-Shell aufbaut. Die Executable objects sind ohne großen Aufwand auf Basis des OSF Distributed computing environment (DCE; [161]) zu implementieren ([39]).

6.2 Relationales Datenbankschema für ein Konversationssystem

Im Konversationskontext werden die Vorschläge, die Charakteristika, das Resultat und die weiteren Kontextdaten zu einer Konversation abgelegt (Abschnitt 4.3). Während über das Datenbankschema der Charakteristika und der weiteren Kontextdaten keine Festlegungen getroffen wurden, sind das Resultat als eine Belegung des Konversationsgegenstandes und die Vorschläge als eine Teilmenge von Belegungen des Gegenstandes definiert. Die gewollte konzeptuelle Unabhängigkeit von einem bestimmten Datenmodell abstrahiert dabei einerseits von allen Repräsentations- und Zugriffsproblemen konkreter Implementierungen. Da die Funktionen des prototypischen Laufzeitsystems zum Teil auf die Kontextdaten zugreifen müssen, ist auf der anderen Seite die präzise Festlegung des Kontext-Datenschemas unumgänglich. Um den realisierten Prototyp weiter zu vereinfachen, wurde auf die in Abschnitt 4.3.5 dargestellte Flexibilität der „offenen" Kontextschemata für die Charakteristika und die weiteren Kontextdaten verzichtet. Auch für sie wurde ein bestimmtes, festes Datenschema vereinbart. Welche Schwierigkeiten eine relationale Repräsentation des Datenschemas aufwirft und wie das Schema der Kontextdaten im realisierten Prototypen festgelegt wurde, wird im folgenden beschrieben.

6.2.1 Verwaltung des Konversationsgegenstandes im Relationenmodell

Das Repräsentationsmittel für das Datenschema ist im Prototyp das relationale Datenmodell. Im Relationenmodell ist die Bestimmung der Menge der Gegenstandsdaten leicht durch die üblichen Projektions- und Restriktionsklauseln einer SQL-SELECT-Anweisung zu erreichen. Weil die Gegenstandsmenge während der gesamten Konversation unveränderlich gehalten werden muß, dürfen aus der bezeichneten Gegenstandsmenge keine Tupel gelöscht oder geändert werden. Damit die deskriptive Anfrage jedoch stets die gleichen Tupel liefert, muß auch verhindert werden, daß in die Menge neue Tupel eingefügt werden. Technisch ergibt sich das gleiche Problem wie bei den Prädikatsperren ([58]): Es sind alle Tupel zu sperren, die ein bestimmtes Prädikat erfüllen oder erfüllen werden. Die einzig bekannte Implementierungsmöglichkeit für Prädikatsperren ist zur Zeit das Key-Range-Locking-Verfahren ([58]), das aber in Ingres nicht realisiert ist. Weil durch die gewählte Zusatzebenenarchitektur der Sperr-Manager von Ingres nicht um Key-Range-Locking zu erweitern ist (und der Aufwand auch sehr groß wäre), können im Prototyp zukünftige Attributinstanzen nicht gesperrt und damit auch nicht gegen Veränderung geschützt werden. Als Konsequenz daraus verwaltet das realisierte Konversationssystem nur Attributinstanzen, die zum Zeitpunkt der Eröffnung der Konversation tatsächlich im Datenbanksystem vorhanden sind. Konversationen über zukünftige Daten sind nicht möglich.

Die Kennzeichnung der vorhandenen Tupel des Konversationsgegenstandes mit der Markierung des konversationalen Zugriffsschutzes (Abschnitt 5.2.2) kann in einer eigenen Verwaltungstabelle realisiert werden. Ingres liefert eindeutige Kennungen für vorhandene Tupel. Datenbankweit eindeutige Kennungen heißen `object_keys`, innerhalb einer Relation eindeutige Identifikationsnummern `table_keys`. Beide können als Surrogat für den Primärschlüssel herangezogen werden. In die Verwaltungstabelle werden die Tupelkennungen der Attributinstanzen eingetragen, die Gegenstand einer laufenden Konversation sind. So kann bei jedem Schreibzugriff überprüft werden, ob er sich auf einen Teil des Konversationsgegenstandes bezieht und deshalb gegebenenfalls zurückgewiesen oder blockiert werden muß (Abschnitt 5.2.3).

Ein weiteres Problem bei der Verwaltung des Konversationsgegenstandes im Relationenmodell ist, daß die Gegenstandsmenge der Attributinstanzen unter Umständen keine Struktur mehr darstellt, die als Relation mit SQL zu beschreiben ist. Beispielsweise ist eine Konversation auf der folgenden Relation TERMINE denkbar, die sich gleichzeitig über das Datum von allen Treffen und über das Budget von den Treffen in Nürnberg erstreckt:

TERMINE	Treffen	Datum	Zeit	Ort	Budget
	Verkauf-1	26.04.	10:00	Erlangen	1000.00
	Entwick.-1	26.04.	13:00	Nürnberg	500.00
	Einkauf-3	25.04.	11:00	Nürnberg	700.00
	Manager-2	27.04.	12:30	München	4000.00

Der Versuch, die grau hinterlegten Attributinstanzen durch SQL-Anweisungen zu bezeichnen, scheitert an der unterschiedlichen Stelligkeit der Mengen bzw. an den nicht kompatiblen Datentypen der Attribute:

```
/* Beispiel für eine ungültige SQL-Anfrage */
SELECT datum FROM termine
UNION
SELECT datum, budget FROM termine WHERE ort = 'Nürnberg';
```

Selbst wenn man bei der Eröffnung von Konversation nur Konversationsgegenstände zuläßt, die als Relationen zu beschreiben sind, kann durch die dynamische Umstrukturierung mit Split oder Join ein solcher Fall eintreten. Spätestens für die Beendigung der Konversationen oder für weitere Restrukturierungen müssen die Konversationen über ihre Gegenstände bezeichnet werden, wenn man die relationale Art der Mengenspezifikation beibehalten will. Als Ausweg bietet sich die Identifizierung der Konversationen bzw. Konversationsgegenstände durch Kurznamen an ([99]), was allerdings einem Objektidentifikator gleichkommt und nicht mehr ganz zum relationalen Ansatz der Implementierung paßt.

6.2.2 Relationales Datenbankschema des Konversationskontexts

Das Datenbankschema des Konversationskontextes ist in Abbildung 32 als erweitertes E/R-Diagramm dargestellt. Im Zentrum der Kontextdaten stehen der Begriff der Konversation mit den Vorschlägen und dem Resultat sowie ihre Beziehung zum Konversationsgegenstand. Allgemein ist der Konversationsgegenstand eine Menge von Attributinstanzen bestimmter Objektinstanzen (Abschnitt 4.2). Als Objektinstanzen werden in der relationalen Implementierung Tupel von Relationen betrachtet. Somit besteht der Konversationsgegenstand aus einer Menge von Attributen bestimmter Tupel. Einzelne Elemente der Menge können durch den Relationennamen, den Attributnamen und den Tupelidentifikator (Primärschlüssel) eindeutig identifiziert werden. Zukünftige Attributinstanzen wurden für den relationalen Prototyp ausgeklammert, so daß als Surrogat für den Primärschlüssel der automatisch von Ingres vergebene Tupelidentifikator (`table_key`) bequem herangezogen werden kann.

Zu jeder einzelnen Attributinstanz des Konversationsgegenstandes kann es einen oder mehrere vorgeschlagene Werte, genannt Attributvorschlag, geben. Aufgrund der unterschiedlichen Datentypen müssen die Attributwerte verschiedener Datentypen als separate Entities verwaltet werden. Die Attributvorschläge werden zu Vorschlägen gruppiert, wobei ein Attributvorschlag durchaus in mehreren Vorschlägen auftreten kann. Zwischen den Teilnehmern einer Konversation und den Vorschlägen gibt es zwei Arten von Beziehungen: Zum einen

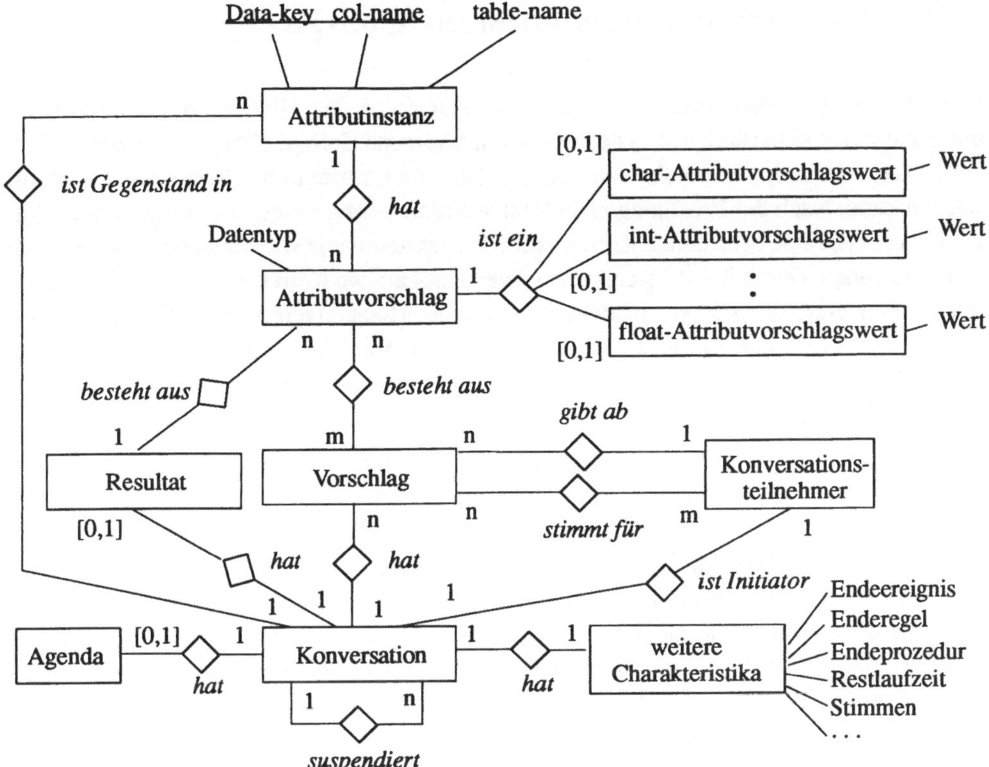

Abb. 32: Datenschema der Kontextdaten

kann ein Teilnehmer eine Anzahl von Vorschlägen abgeben und zum anderen für mehrere Vorschläge stimmen, die nicht seine eigenen sein müssen. Eine ähnliche Gruppierung wie für Vorschläge kann für das Resultat vorgenommen werden. Die zusätzliche Bedingung, wonach für jedes Attribut des Gegenstandes ein Attributvorschlag enthalten sein muß, ist im E/R-Diagramm aus Abbildung 32 nicht wiedergegeben. Weiterhin werden Resultat und Vorschläge einer Konversation zugeordnet. Konversationen stehen mit anderen Konversationen unter Umständen in einer Suspendierungsbeziehung. Das Entity Konversation integriert außerdem noch eine Konversationsagenda und einige weitere Konversationscharakteristika. Zu den letzteren gehören z. B. Endeereignis, Enderegel und Endeprozedur. Das Datenschema der Agendas soll an dieser Stelle nicht weiter betrachtet werden.

6.3 Programmierschnittstelle CoSQL

Im folgenden wird anhand von ausgewählten Beispielen vor dem Hintergrund des Terminplanungsszenarios (Abschnitt 1.2.1) der Aufbau der Sprache CoSQL (Cooperative SQL) skizziert. Dazu wird zuerst eine Relation angelegt, über deren Attribute eine Konversation geführt werden kann. Nach der Eröffnung einer Konversation wird gezeigt, wie „unwissende" Anwendungen auf eine bestehende Konversation hingewiesen und wie Vorschläge eingebracht werden können. Durch Splitting entstehen zwei unabhängige Konversationen. Auf einer der beiden neu entstanden Konversationen wird eine Metakonversation durchgeführt, und schließlich werden alle Konversationen beendet. Die Abschnitte 6.3.1 bis 6.3.5 markieren diese Stationen. Abschließend wird in Abschnitt 6.3.6 eine Übersicht über den gesamten Sprachumfang gegeben.

Die Schlüsselworte der Sprachen CoSQL und SQL werden in Großbuchstaben, alle anderen Bezeichner in Kleinbuchstaben notiert. Bei den Beispielen handelt es sich um Fragmente, welche die Deklaration von Host-Variablen (analog zum SQL-Standard) oder ähnliches voraussetzen. Auch auf die Markierung von Transaktionen wird in der folgenden Darstellung verzichtet. CoSQL wurde auf der Basis von [69] und [91] in [140] konzipiert und mit Hilfe des Ingres-SQL-Dialekts implementiert. Ein Präcompiler wandelt die CoSQL-Anweisungen entweder in Ingres-SQL-Anweisungen, Anweisungen der Programmiersprache C oder Funktionsaufrufe des Konversations-Laufzeitsystems um.

6.3.1 Datendefinition

Zum Anlegen von Relationen dient die `CREATE TABLE`-Anweisung. Das CoSQL-Statement gleicht dem SQL-Äquivalent bis auf die Einordnung der Attribute als konversational, erzwungen konversational und nicht konversational.

```
EXEC COSQL CREATE TABLE termine (
     name      CHARACTER(20) NOT CONVERSATIONAL,
     datum     DATE ENFORCED CONVERSATIONAL,     /* Tag */
     zeit      DATE ENFORCED CONVERSATIONAL,     /* Uhrzeit */
     ort       CHARACTER(20) NOT CONVERSATIONAL,
     budget    MONEY CONVERSATIONAL );
```

Im Beispiel wird eine Relation zur Verwaltung von Terminen erzeugt. Das Attribut `name` dient als Primärschlüssel und wird aus diesem Grund `NOT CONVERSATIONAL` (Default) markiert (In Ingres-SQL steht keine `PRIMARY KEY` Klausel zur Verfügung, deshalb fehlt sie auch in CoSQL). `datum` und `zeit` sind beides Attribute vom Typ `DATE`, die nur in einer Konversation verändert werden können. Im Attribut `budget` ist der Betrag enthalten, der zur Ausrichtung des Treffens zur Verfügung steht. Es kann konversational verändert werden, muß aber nicht. Der Veranstaltungsort `ort` ist im Beispiel kein möglicher Gegenstand für eine Konversation. Neben `CREATE TABLE` stehen in CoSQL noch die Datendefinitionsanweisungen `DROP TABLE` und `ALTER TABLE` zum Löschen bzw. Verändern einer Relation bereit. Durch normale `INSERT`-Anweisungen wird die Relation `termine` gefüllt. Folgende Tupel sollen nun in ihr enthalten sein:

termine	name	datum	zeit	ort	budget
	Verkauf-1	<null>	<null>	Erlangen	<null>
	Entwick.-1	<null>	<null>	Nürnberg	500.00
	Einkauf-3	<null>	<null>	Nürnberg	700.00
	Manager-1	27.04.	12:30	<null>	<null>

Die vier Tupel beschreiben vier Treffen. Für die noch unbekannten Attributwerte sind Nullwerte eingetragen. Dies kann, wie beim letzen Tupel, auch Attribute betreffen, die nicht konversational sind.

6.3.2 Verwaltung von Konversationen

Es soll nun eine Konversation über die Attribute `datum` und `zeit` der Treffen begonnen werden, die in Nürnberg oder Erlangen stattfinden. Bevor die Konversation jedoch installiert werden kann, sind einige Vorbereitungen zu treffen.

```
EXEC COSQL CREATE DECISION PROCEDURE mehrheit_gewinnt AS
DECLARE
    ident     INTEGER NOT NULL;
        /* Identifikator des Vorschlags, der gewonnen hat */

BEGIN
    /* Implementierung der Prozedur mehrheit_gewinnt durch
       beliebige Ingres SQL-Anweisungen */
RETURN :ident
END;
```

Als erstes wird eine Entscheidungsregel benötigt, die aufgrund der eingegangenen Vorschläge den „Gewinner-"Vorschlag für jedes Tupel ermittelt. Die Struktur einer solchen Datenbankprozedur ist oben angegeben. Sie erhält einen Namen (`mehrheit_gewinnt`) und liefert die Identifikation des komplexen Vorschlags zurück, der die Mehrheit der Stimmen auf sich vereinigen konnte. Er besteht aus einen Vorschlag für `datum` und `zeit`. Eigentlich wäre für jedes Tupel, d.h. für jeden Primärschlüssel, eine Kombination der Attribute `datum` und `zeit` als Resultat gewünscht. Da die CoSQL-Prozeduren auf Ingres-Prozeduren abgebildet werden, beschränkt sich der Rückgabewert durch die aktuelle Ingres-Version auf `INTEGER`-Datentypen. Die Datentypen werden als Tupelidentifikatoren (`object_keys`; Abschnitt 6.2.1) in der Systemrelation der Vorschläge behandelt. Im Rumpf der Prozedur stehen beliebige Ingres-SQL-Anweisungen und einfache Kontrollanweisungen, die z.B. die Stimmen für alle Vorschläge aufsummieren und den Gewinner ermitteln. Der Name der Entscheidungsprozedur wird in einem Konversationsmuster festgehalten.

```
EXEC COSQL DEFINE CONVERSATION musterkonferenz1
     PARTICIPANTS = PUBLIC REDEFINEABLE,
     WITH mehrheit_gewinnt ENFORCED,
     EXECUTION TIME LIMIT = "24:00:00" ENFORCED
CONVERSATIONAL;
```

Durch `DEFINE CONVERSATION` wird keine Konversation etabliert, sondern nur eine Vorlage für spätere Instanziierungen geschaffen. Die Vorlage faßt bestimmte Charakteristika unter einem Namen zusammen. So legt die `musterkonferenz1` fest, daß jedermann an einer Konversation gemäß dieser Vorlage teilnehmen kann. Dieses Charakteristikum kann jedoch bei der tatsächlichen Instanziierung übergangen und neu definiert werden (`REDEFINABLE`). Nicht übergehbar (`ENFORCED`) bei Konversationen nach dieser Vorlage ist die Entscheidungsregel `mehrheit_gewinnt`. Die maximale Ausführungszeit `EXECUTION TIME LIMIT` ist auf 24 Stunden festgelegt. Sie kann bei der Instanziierung einer Konversation nicht übergangen werden (`ENFORCED`), aber im Rahmen einer Metakonversation anders festgelegt werden (`CONVERSATIONAL`). Nach diesen Vorarbeiten kann die eigentliche Konversation mit der `BEGIN CONVERSATION` Anweisung eröffnet werden:

```
EXEC COSQL BEGIN CONVERSATION ON
     SELECT datum, zeit
     FROM termine
     WHERE ort = 'Nürnberg' OR ort = 'Erlangen'
SHORTNAME frankenkonferenz
USING musterkonferenz1
REDEFINING PARTICIPANTS = ('Hans', 'Richard', 'Thomas');
```

Kern dieser Anweisung ist die Angabe der Attributinstanzen, über die sich die Konversation erstrecken soll. Sie werden durch Select-Klauseln beschrieben. Im einfachen Fall genügt ein einziges Select; z.B. kann der gewünschte Gegenstand `datum` und `zeit` von Treffen in Nürnberg oder in Erlangen leicht durch entsprechende Projektions- und Restriktionsklauseln beschrieben werden. In Abschnitt 6.3.4 wird gezeigt, wie Gegenstände beschrieben werden, die nicht als Relationen darstellbar sind. Weitere Teile von `BEGIN CONVERSATION` beziehen sich auf die Charakteristika der Konversation. Im obigen Fall werden die Charakteristika von musterkonferenz1 übernommen, wobei allerdings die Teilnehmerliste neu definiert wird. Schließlich definiert der Programmierer noch, daß die gerade erzeugte Konversation über den Kurznamen frankenkonferenz referenziert werden kann.

6.3.3 Datenmanipulation

Das Schema des Kontexts gehört wie das Schema der Benutzerdaten und der Verwaltungsdaten zur konversationalen Datenbank. Es ist als eine Erweiterung der Systemrelationen aufzufassen; die Inhalte werden Metadaten genannt. Wie auf die Metadaten des Datenbanksystems wird auf die Kontextdaten in der Regel nicht direkt zugegriffen, sondern über Befehle des Datenbanksystems. Beispielsweise listet der Ingres-Befehl help <tablename> einige Attribute der Systemrelation iitables auf, um den Benutzer von der Kenntnis der Attributnamen von iitables zu entlasten. Das gleiche Prinzip wurde auch bei der Entwicklung der Sprache CoSQL zugrunde gelegt. Sie enthält deshalb nicht nur Konstrukte für die Ausführung von Konversationen, d.h. für Beginn, Ende, Vereinigung, Aufteilung usw., sondern auch Anweisungen, um die Kontextdaten lesen und modifizieren zu können. Insbesondere wird durch Schlüsselwörter auf Vorschläge und Stimmen zugegriffen, ohne daß der Programmierer den genauen Aufbau der Kontextrelationen wissen muß:

```
EXEC COSQL WHENEVER COSQLERROR GOTO err_label;
...
EXEC COSQL UPDATE termine
SET datum = '24.04.', 'zeit = '10:00'
WHERE name = 'Einkauf-3';
...
err_label:
EXEC COSQL INSERT CONTRIBUTION INTO termine
SET datum = '24.04.', 'zeit = '10:00'
WHERE name = 'Einkauf-3';
```

Das CoSQL-Fragment zeigt die Update-Anweisung einer konversationsbewußten Anwendung (Abschnitt 5.2.3). Sie identifiziert sich als solche mit der ersten Anweisung WHENEVER COSQLERROR. Nicht konversationsbewußte Anwendungen würden WHENEVER SQLERROR verwenden, also die reine SQL-Variante. Das Konversationssystem reagiert auf diese Deklaration, indem erfolglose Zugriffe auf den Konversationsgegenstand nicht blockiert, sondern abgebrochen werden und die Kontrolle an die Applikation zurückgegeben wird. Im Beispiel hat der Anwendungsprogrammierer vorgesehen, daß die erfolglose Manipulation von datum und zeit des Treffens Einkauf-3 durch einen Vorschlag ersetzt wird. Vorschläge werden durch das Schlüsselwort CONTRIBUTION notiert. Der folgende CoSQL-Ausschnitt zeigt, wie sich ein Agent über die bestehenden Konversationen informieren kann:

```
EXEC COSQL DECLARE C1 CURSOR FOR
SELECT SHORTNAME
FROM CONVERSATIONS;

EXEC COSQL OPEN c1;

EXEC COSQL FETCH c1
INTO :conv_name;

while (sqlca.sqlcode == 0)
{
     /* in :conv_name steht der Name der Konversation */
     ...
     EXEC COSQL FETCH c1
     INTO :conv_name;
}
EXEC COSQL CLOSE c1;
```

Die bestehenden Konversationen werden ihrem Namen nach in Systemrelationen verwaltet. Wieder verbergen Schlüsselworte, hier SHORTNAME und CONVERSATIONS, den tatsächlichen Aufbau der Metainformation. Weil das Ergebnis der Query eine Menge von Konversationsnamen sein kann, muß ein Cursor c1 definiert werden, über den dann sukzessive auf die Ergebnistupel zugegriffen werden kann. Aus Platzgründen wird im folgenden nur noch die Deklaration der Cursor angegeben, zumal sie den „interessanten" Teil der Sprachdefinition enthalten. Die Benutzung eines Cursors mit OPEN, FETCH und CLOSE geht in CoSQL wie in SQL vonstatten.

Wenn der Agent die Namen von laufenden Konversationen kennt, kann der Gegenstand einer Konversation bestimmt werden. Hierbei treten zwei Probleme auf, die es nicht gestatten, die Daten des Konversationsgegenstandes mit einer einzigen Query zu selektieren. Zum einen sind die Datentypen der Attribute im Konversationsgegenstand unbekannt und können deswegen nicht ohne weiteres in Host-Variablen abgelegt werden. Zum anderen muß der Gegenstand keine Relation mehr sein (Abschnitt 6.3.4). Im ersten Schritt werden deshalb zunächst die Relationennamen, Attributnamen und ihre Datentypen abgefragt.

```
EXEC COSQL DECLARE c2 CURSOR FOR
SELECT TABLES, COLUMNS, DATATYPES
FROM CONVERSATIONS
WHERE CONVERSATION.SHORTNAME = :conv_name;
```

Die Schlüsselworte TABLES, COLUMNS und DATATYPES geben die referenzierten Stellen in der Systemrelation CONVERSATIONS an. Die Query wird auf Informationen einer Konversation eingeschränkt, deren Name in der mit „:" gekennzeichneten Host-Variablen conv_name abgelegt ist. Das Ergebnis besteht aus allen Attributen (nicht: Attributinstanzen), die den Konversationsgegenstand von conv_name ausmachen, zusammen mit ihren Relationennamen und Datentypen. Im nächsten Schritt werden nun die Daten des Gegenstandes ausgegeben:

```
EXEC COSQL DECLARE c3 CURSOR FOR
SELECT datum, zeit
FROM termine
WHERE
     datum BELONGS TO :conv_name AND
     zeit BELONGS TO :conv_name
```

Im Beispiel sind in der Projektionsliste die gewünschten Attribute datum und zeit der Relation termine genannt. An ihrer Stelle könnten auch Host-Variablen stehen, die z. B. mit den Ergebnissen der vorangehenden Query besetzt wurden. Die Restriktionsklausel schränkt das Ergebnis auf Tupel ein, deren Attribute datum und zeit zur Konversation mit der Variablen conv_name gehören. Die Vorschlagswerte zu einzelnen Elementen des Gegenstandes werden durch die folgende Anweisung erfragt:

```
EXEC COSQL DECLARE c4 CURSOR FOR
SELECT CONTRIBUTION.:attribut_name
FROM :relationen_name
WHERE
     :primary_attribut_name = <primay_key_value>
     :attribut_name BELONGS TO :conv_name AND
     CONTRIBUTION.:attribut_name.PARTICIPANT = 'Thomas';
```

Bei dieser Query wird vorausgesetzt, daß die Datentypen der Vorschläge schon bekannt sind. Sie können, wie die Datentypen der Attribute, gegebenenfalls aus dem Konversationsgegenstand besorgt werden. Der Datenwert eines Vorschlags zum Attribut in der Host-Variablen attribut_name wird in der Projektionsliste durch CONTRIBUTION.:attribut_name angegeben. Die Where-Klausel schränkt zum einen ein, daß nur Vorschläge zu einer einzigen Attributinstanz selektiert werden. Zum anderen wird festgelegt, daß die Attributinstanz selbst Teil der Konversation conv_name ist und daß der Vorschlag von einem bestimmten Teilnehmer abgegeben wurde. Mit ähnlichen Queries können sukzessive die Vorschlagswerte zu jedem Element des Gegenstandes ausgelesen werden.

6.3.4 Dynamische Restrukturierung

Bestehende Konversationen können vereinigt oder aufgespalten werden. Das nächste CoSQL-Fragment zeigt eine Aufspaltung:

```
EXEC COSQL SPLIT CONVERSATION frankenkonferenz
INTO nürnberg_conv
     ON   SELECT datum, zeit
          FROM termine
          WHERE ort = 'Nürnberg'
     USING musterkonferenz1
     REDEFINING PARTICIPANTS = ('Hans', 'Richard');
INTO erlangen_conv
     ON   SELECT datum, zeit
          FROM termine
          WHERE ort = 'Erlangen'
          COMBINING
          SELECT budget
          FROM termine
          WHERE name = 'Manager-1'
     USING CONTEXT OF frankenkonferenz
```

Zunächst wird die Konversation bezeichnet, die aufgespalten werden soll. Dann werden die neuen Teile beschrieben. Die Summe der Teile muß nicht der aufgespaltenen Konversation entsprechen, sondern kann auch den ursprünglichen Gegenstand erweitern. Eine Reduktion des Gegenstandes ist nicht möglich und führt gegebenenfalls zur Ablehnung der Split-Operation. Die Beschreibung der Teilkonversationen ähnelt der `BEGIN CONVERSATION`-Anweisung. Jede Teilkonversation erhält einen neuen Namen (`nürnberg_conv` und `erlangen_conv`) und einen Gegenstand, der über Select-Anweisungen festgelegt wird. Da der Konversationsgegenstand der `erlangen_conv` keine Relation mehr ist, sondern sich aus `datum`, `zeit` und `budget`-Attribut von unterschiedlichen Tupeln zusammensetzt, muß er durch zwei kombinierte Select-Anweisungen beschrieben werden. Ein weiterer Kernpunkt der Aufteilungsoperation ist die Erstellung eines Konversationskontexts für die beiden neuen Konversationen. Dazu kann zum einen eine Mustervorlage wie `musterkonferenz1` herangezogen werden, die dann, z. B. in ihrer Teilnehmerliste, modifiziert wird. Eine weitere Möglichkeit besteht darin, die laufende Konversation `frankenkonferenz` als Vorlage zu nehmen und diese gegebenenfalls zu modifizieren. Wie bei `BEGIN CONVERSATION` liegt es vollständig im Verantwortungsbereich des Programmierers, daß der Kontext die gewünschte Semantik mit Teilnehmerlisten, Zeitlimits usw. enthält. Zu den systemüberwachten Bedingungen für eine Aufspaltung gehört, daß die Vorschläge sich auf die neu entstandenen Konversation aufteilen lassen, d.h. kein Vorschlag darf sich gleichzeitig auf den Gegenstand von nürnberg_conv und erlangen_conv beziehen.

6.3.5 Metakonversation

Mit einer Metakonversation können die Charakteristika im Kontext einer Konversation kooperativ festgelegt werden. Ihr Gegenstand ist ein Teil des Kontexts einer anderen Konversation:

```
EXEC COSQL BEGIN CONVERSATION ON
     SELECT execution_time_limit
     FROM CONTEXT
     WHERE SHORTNAME = erlangen_conv
USING meta_musterkonferenz1
SHORTNAME meta_conv;
```

Da es keine konzeptuellen Unterschiede zwischen „normalen" und Metakonversationen gibt, gleicht die BEGIN CONVERSATION-Anweisung für Metakonversationen der bereits bekannten Anweisung. Lediglich der Gegenstand weist auf die Metakonversation hin. Durch die Etablierung einer Metakonversation wird allerdings die Basiskonversation suspendiert, deren Kontext nun Gegenstand der Metakonversation ist. Im Beispiel wurde als einzige Attributinstanz der Metakonversation meta_conv das Zeitlimit für die Ausführung der Basiskonversation gewählt. Das Schlüsselwort CONTEXT anstelle eines Relationennamens weist auf die Verwaltungsdaten für den Kontext hin und entlastet den Anwendungsprogrammierer von der exakten Kenntnis des Verwaltungsschemas. meta_musterkonferenz1 ist eine Vorlage, die vorher mit DEFINE CONVERSATION dem Konversationssystem bekannt gegeben wurde. Die Vorschläge und Resultate für Gegenstände von Metakonversationen werden wie die entsprechenden Kontextdaten von Basiskonversationen behandelt. Beispielsweise kann das Resultat der Konversation wie folgt eingebracht werden:

```
EXEC COSQL INSERT RESULT INTO CONTEXT
SET execution_time_limit = '12:00:00'
WHERE shortname = meta_conv;
```

Das Codefragment kann dabei im Anwendungsprogramm oder in einer Datenbankprozedur stehen, die vorher die eingegangenen Vorschläge auswertet. Im erfolgreichen Fall werden Konversationen mit END CONVERSATION und bei einer Konversation ohne Ergebnis mit QUIT CONVERSATION abgeschlossen. Entsprechend ersetzt das Konversationssystem den Gegenstand durch das Resultat oder verzichtet darauf:

```
EXEC COSQL END CONVERSATION meta_conv;
EXEC COSQL QUIT CONVERSATION erlangen_conv;
EXEC COSQL END CONVERSATION nürnberg_conv;
```

6.3.6 Übersicht

In den vorgehenden Abschnitten wurde an repräsentativen Beispielen einige typische Befehle von CoSQL vorgestellt. Zur Ergänzung dieses Szenarios soll in diesem Abschnitt eine Übersicht über den gesamten Sprachumfang gegeben werden. In Tabelle 11 sind die CoSQL Anweisungen mit einer kurze Beschreibung angegeben.

Anweisung	Bedeutung
Datendefinitionsbefehle	
CREATE/ALTER/DROP TABLE	Anlegen, Ändern, Löschen von Relationen
Verwaltung von Konversationen	
CREATE/DROP DECISION/ENDING_RULE PROCEDURE	Anlegen, Löschen von Entscheidungs-, Endebedingungs-Datenbankprozeduren
DEFINE/DROP CONVERSATION	Anlegen, Löschen von Mustervorlagen für Konversationen
BEGIN/END/QUIT CONVERSATION	Beginnen, erfolgreich Beenden, Abbrechen von Konversationen
Datenmanipulationsbefehle für Kontextdaten	
SELECT, INSERT, UPDATE, DELETE	Lesen, Einfügen, Ändern, Löschen
Agendabefehle	
BEGIN/END AGENDA AUTOMATON TEMPLATE	Definition für Vorlageautomaten
ACCEPT/REJECT FROM <node> TO <node>	Akzeptierende, zurückweisende Kante zwischen zwei Knoten in den Automaten einfügen
SET INSTANTIATION RULE	Instanziierungsregel festlegen
SET VALIDITY RANGE	Gültigkeitsbereich festlegen
CREATE/DROP CONVERSATION AGENDA	Zusammenstellen, Löschen einer Agenda
ADD/DELETE AGENDA AUTOMATON	Hinzufügen, Löschen von Automaten zur Agenda
Sonstige Befehle	
BEGIN/END DECLARE SECTION	Definition von Host-Variablen
SPLIT/JOIN CONVERSATION	Aufteilung, Zusammenführen von Konversationen
SUSPEND/RESUME CONVERSATION	Suspendieren, Wiederaufnehmen von Konversationen

Anweisung	Bedeutung
ADD/DELETE PARTICIPANTS	Hinzufügen, Löschen von Teilnehmern an der Konversation
WHENEVER COSQLERROR	konversationale Fehlerbehandlung
GRANT/REVOKE PRIVILEGE/RIGHT	Manipulation der Zugriffsrechte und -privilegien

Tab. 11: Übersicht über den Befehlsumfang von CoSQL

Tabelle 12 enthält eine Aufstellung von Projektionen aus dem Kontext (Vorschläge, Resultat, Charakteristika und weitere Kontextdaten) und Operatoren, ebenfalls mit einer kurzen Beschreibung.

Syntaxelement	Bedeutung
Projektionen aus dem Kontext	
CONTRIBUTION[.VALUE], CONTRIBUTION.PARTICIPANT, CONTRIBUTION.ID, CONTRIBUTION.DATATYPE	Vorschlagswert, -ersteller, -identifikation, -datentyp
VOTE[.VALUE], VOTE.PARTICIPANT	Wert der Stimme, Ersteller
RESULT	Ergebnis der Konversation
PARTICIPANTS	Teilnehmer an der Konversation
START TIME, EXECUTION TIME, EXECUTION TIME LIMIT	Start- und Ausführungszeit
AGENDA	Agenda der Konversation (Name für eine Menge von Automatendefinitionen)
DECISION PROCEDURE	Datenbankprozedur zur Ermittlung des Konversationsergebnisses
ENDING RULE	Datenbankprozedur zur Überprüfung einer Enderegel für die Konversation
INITIATOR	Agent, der die Konversation etablierte
USED	Name der Mustervorlage einer Konversation
SUSPENDED BY, SUSPENDING	Suspendierende und suspendierte Konversation(en)
SHORTNAME	Identifikation der Konversation
TABLES, COLUMNS, DATATYPES	Relationen, Attribute und Datentypen des Konversationsgegenstandes
CONTEXT	Kontext einer Konversation

Syntaxelement	Bedeutung
Vergleichsoperatoren, sonstige Operatoren	
`<attribute> BELONGS TO <conversation>`	Zugehörigkeit zu einer Konversation
`<query> COMBINING <query>`	Zusammenfassung von Relationen verschiedener Stelligkeit und Datentypen
`REDEFINING`	Übergehen von Charakteristika der Mustervorlagen

Tab. 12: Übersicht über Kontextprojektionen und Operatoren von CoSQL

Kennzeichnend für CoSQL ist, daß es zur Datenmanipulation mit den Standardbefehlen Select, Insert, Update und Delete auskommt, die allerdings mit einer ganzen Reihe von konversationsspezifischen Projektionen der Kontextdaten konfiguriert werden. Diese Projektionen machen den größten Teil der Spracherweiterung aus. Um den Inhalt des Kontexts mit den Benutzerdaten in Relation setzen zu können, werden zusätzliche Vergleichsoperationen benötigt. Zur Datendefinition und zur Verwaltung von Konversationen kommen weitere Befehle hinzu. Mit Ausnahme der Agenda-Befehle können alle Anweisungen von der aktuellen Version des CoSQL-Präcompilers übersetzt werden.

7 Zusammenfassung und Ausblick

Ein koordinierter Ablauf ist eine bestimmte Form von Zusammenarbeit, bei dem die Handlungspläne einzelner Agenten in vorhersehbarer Weise aufeinander abgestimmt werden. In der Regel nimmt die Abstimmung ein Koordinator vor, der den globalen Handlungszusammenhang bzw. das Ziel der Zusammenarbeit kennt. Bürovorgänge, die durch eine Zahl von Sachbearbeitern in einer mehr oder weniger bestimmten Reihenfolge erledigt werden, sind Beispiele für koordinierte Abläufe. Demgegenüber steht die freie Kooperation. Sie ist durch wiederholte, gegenseitige und unvorhersehbare Beeinflussungen gleichberechtigter Kooperationspartner gekennzeichnet. Typische Situationen für freie Kooperation entstehen in Entwicklungsumgebungen, wo das gemeinsame Ziel durch die sukzessive Verfeinerung der Ideen bis hin zum Ergebnis von allen Agenten gemeinsam erreicht wird. Die Reihenfolge der Arbeitsschritte ist nicht vorherzusehen.

Viele in der Literatur vorgeschlagene Mechanismen der Rechnerunterstützung für datenorientierte Kooperation zielen weniger auf die Veränderung oder Erweiterung bestehender Konzepte, als auf konkrete Implementierungstechniken. Beispielsweise beeinflussen neue Sperr-Semantiken mit dedizierten Kompatibilitätsmatrizen die Isolation der Verarbeitungseinheiten, jedoch bleibt die Wirkung der Mechanismen auf die Korrektheit der Verarbeitung ungewiß. Die Taxonomie der Akzeptierbarkeit schafft den konzeptuellen Rahmen für die Diskussion der Rechnerunterstützung. Die Fragen zur Korrektheit der Verarbeitung und die Konsistenz der Datenbasis bzw. ihre zahlreichen Unterklassen erlauben die mechanismenunabhängige Darstellung einer Rechnerunterstützung für die datenorientierte Kooperation.

Das Konzept der Datenbankkonversationen unterstützt die freie Kooperation zwischen Datenbankanwendungen, d. h. die datenorientierte Kooperation. Konversationen sind der organisatorische Rahmen des kooperativen Datenbankgeschehens. Sie legen den Gegenstand der Zusammenarbeit fest. Innerhalb der Konversationen können Vorschläge abgegeben werden, die als vorläufige Veränderungen des Konversationsgegenstandes interpretiert werden. Die Vorschläge können jederzeit, d. h. unvorhersehbar und sogar von anonymen Kooperationspartnern abgegeben werden. Einmal eingebracht, sind die Vorschläge sofort für alle anderen Agenten sichtbar. Ihr endgültiger Einfluß auf die neue Version des Konversationsgegenstandes wird erst am Ende der Konversation festgestellt. Durch die Trennung der Sichtbarkeit von Veränderungen von deren Gültigkeit kommt die Kooperation zustande.

Datenbankkonversationen beruhen auf klassischen ACID-Transaktionen. Alle Datenmanipulationsoperationen werden durch Transaktionen durchgeführt. Eine Transaktion kann dabei Operationen enthalten, die keinen Bezug zu einer Konversation aufweisen, oder auch Operationen für mehrere Konversationen ausführen. Das Konversationssystem verhindert die Manipulation des Konversationsgegenstandes während einer laufenden Konversation.

Stattdessen können die Transaktionen die potentiellen Änderungen für alle sichtbar im Konversationskontext, einem ausgezeichneten Datenpool, abgelegen. Neben einem vordefinierten Schema für Vorschläge verwaltet der Kontext noch das Resultat, die Konversationscharakteristika und weitere Kontextdaten. Insbesondere kann der Kontext auch Reihenfolgespezifikationen (Agendas) enthalten und integriert so koordinierte Abläufe bis zu einem gewissen Grad.

Als Zusatzebenenarchitektur auf Basis des relationalen Datenbanksystems Ingres ist eine prototypische Realisierung eines Konversationssystems entstanden. Der Prototyp implementiert Operationen zur Eröffnung, Beendigung und Verwaltung von Konversationen und kontrolliert die Nutzung der Ingres-Transaktionen. Ausdrucksmittel für diese Funktionen ist die Sprache CoSQL, eine kooperative Erweiterung von SQL. In den Prototyp integriert ist das Management von Zugriffsrechten, die flexibel auf der Basis von Gruppen und Teams eingesetzt werden können.

Insgesamt sind Datenbankkonversationen geeignet, um die datenorientierte Kooperation zwischen Datenbankanwendungen zu unterstützen. Durch das Konzept können vorläufige Informationen zwischen einer großen Anzahl von Agenten ausgetauscht und zu einem späteren Zeitpunkt hinsichtlich ihrer Bedeutung beurteilt werden. Die Semantik der vorläufigen Informationen ist durch die Bedeutung der Vorschläge festgelegt. Gleichzeitig bleibt die Verwendung der Vorschläge hinreichend offen, damit unterschiedliche Kooperationsmodelle mit dem Konversationskonzept realisiert werden können.

Als Ausblick auf zukünftige Forschungen seien zwei Punkte genannt. Zum einen hat die Formalisierung von Datenbankkonversationen mit Hilfe des ACTA-Formalismus gezeigt, daß ACTA derzeit noch nicht über die Qualität eines logischen Kalküls verfügt. ACTA stellt zwar Ausdrucksmittel bereit, um transaktionsähnliche Verarbeitungsmodelle aufzuschreiben, es fehlen aber Interpretationsstrukturen und Ableitungsregeln. Wegen dieser Mängel sind mit ACTA keine Beweise auf Korrektheit und Adäquatheit der Beschreibungssystems möglich. Ebensowenig kann die Implementierung eines Transaktionsmodells oder der Datenbankkonversationen auf ihre Übereinstimmung mit der ACTA-Spezifikation kontrolliert werden. Daraus ergibt sich der Wunsch, in der Zukunft den ACTA-Formalismus in die genannten Richtungen weiterzuentwickeln.

Eine andere Richtung zukünftiger Forschungen betrifft das Gebiet kooperativer Gruppenarbeit. Die Integration des einfachen Ablaufmodells der Agendas in das Konzept der Datenbankkonversationen hat gezeigt, daß datenorientierte und ablauforientierte Kooperationsansätze sinnvoll miteinander verwoben werden können. Ablauforientierte Kooperation hat in den letzten Jahren unter dem Begriff „Workflow-Management" eine große Popularität gewonnen und erste Produkte sind auf dem Markt. Eine zukünftige Arbeitsrichtung könnte daher die Ersetzung von Agendas durch neue Workflow-Management-Techniken betreffen.

Literaturverzeichnis

[1] Abiteboul, S., Grahne, G.: Update Semantics for Incomplete Databases. *Proc. VLDB Conf. (Stockholm, August 21-23)*, 1985, S. 1-12

[2] Andrews, G., Schneider, F.: Concepts and Notations for Concurrent Programming. *ACM Computing Surveys, 15 (1983) 1*, S. 3-43

[3] ANSI/X3/SPARC Study Group on Data Base Management Systems: Interim Report 75-02-08. *FDT (ACM SIGMOD Bulletin) 7 (1975) 2*

[4] Argyle, M.: *Cooperation – The Basis of Sociability.* London, New York (NY): Routledge, 1991

[5] Atzeni, P., De Antonellis, V.: *Relational Database Theory.* Redwood City (CA) u.a.: Benjamin/Cummings, 1994

[6] Austin, J.: *How to do Things with Words.* Oxford: Oxford University Press, 1962

[7] Badrinath, B., Ramamritham, K.: Semantics-Based Concurrency Control: Beyond Commutativity. *ACM Transactions on Database Systems 17 (1992) 1*, S. 163-199

[8] Bancilhon, F., Kim, W., Korth, H.: A Model of CAD Transactions. *Proc. VLDB Conf. (Stockholm, August 21-23)*, 1985, S. 25-33

[9] Barghouti, N., Kaiser, G.: Concurrency Control in Advanced Database Applications. *ACM Computing Surveys 23 (1991) 3*, S. 269-317

[10] Batini, C., Lenzerini, M., Navathe, S.: A Comparative Analysis of Methodologies for Database Schema Integration. *ACM Computing Surveys 18 (1986) 4*, S. 323-364

[11] Bauer, M.: Client/Server bringt DB-Szene in Bewegung. *Focus 1/1994* (Beilage zur Computerwoche vom 29.4.94), S. 4-7

[12] Bernstein, P., Goodman, N., Hadzilacos, V.: *Concurrency Control and Recovery in Database Systems.* Reading (MA): Addison-Wesley, 1987

[13] Bly, S.: A Use of Drawing Surfaces of Different Collaborative Settings. *Proc. CSCW Conf. (Portland (OR), September 26-28)*, 1988, S. 250-256

[14] Bond, A., Gasser, L.: An Analysis of Problems and Research in DAI. in: Bond, A., Gasser, L. (eds): *Readings in Distributed Artificial Intelligence.* San Mateo (CA): Morgan Kaufmann, 1988, S. 3-35

[15] Bosc, P., Pivert, O.: Fuzzy Querying in Conventional Databases. in: Zadeh, L., Kacprzyk, J. (eds.): *Fuzzy Logic for the Management of Uncertainty.* New York (NY) u.a.: John Wiley & Sons, 1992, S. 645-671

[16] Breuker, J., Wielinga, B.: Use of Models in the Interpretation of Verbal Data. in: Kidd, A.: *Knowledge Acquisition for Expert Systems*. New York (NY), London: Plenum Press, 1987, S. 17-44

[17] Bright, M., Hurson, A., Pakzad, S.: A Taxonomy and Current Issues in Multidatabase Systems. *IEEE Computer 25 (1992) 3*, S. 50-60

[18] Bußler, C., Jablonski, S.: Implementing Agent Coordination for Workflow Management Systems Using Active Database Systems. *Proc. RIDE-ADS Workshop (Houston (TX), February 14-15)*, 1994, S. 53-59

[19] Carey, M., Haas, L.: Extensible Database Management Systems. *ACM SIGMOD Record 19 (1990) 4* (Special Issue on Directions for Future Database Research and Development), S. 54-60

[20] Ceri, S., Houtsma, M., Keller, A., Samarati, P.: *A Classification of Update Methods for Replicated Databases*. Research Report STAN-CS-91-1932, Stanford University, 1991

[21] Chrysanthis, P., Ramamritham, K.: ACTA – A Framework for Specifying and Reasoning about Transaction Structure and Behavior. *Proc. ACM SIGMOD Conf. (Atlantic City (NJ), May 23-25)*, 1990, S. 194-203

[22] Chrysanthis, P., Ramamritham, K.: A Formalism for Extended Transaction Models. *Proc. VLDB Conf. (Barcelona, September 3-6)*, 1991, S. 103-112

[23] Chrysanthis, P., Ramamritham, K.: ACTA – The Saga continues. in: [44], S. 349-397

[24] Chrysanthis, P., Ramamritham, K.: Delegation in ACTA to Control Sharing in Extended Transactions. in: [114], S. 16-19

[25] Conklin, J., Begeman, M.: gIBIS: A Hypertext Tool for Exploratory Policy Discussion. *Proc. CSCW Conf. (Portland (OR), September 26-28)*, 1988, S. 140-152

[26] Crowley, T., Milazzo, P., Baker, E., Forsdick, H., Tomlinson, R.: MMConf: An Infrastructure for Building Shared Multimedia Applications. *Proc. CSCW Conf. (Los Angeles (CA), October 7-10)*, 1990, S. 329-342

[27] Czejdo, B., Rusinkiewicz, M., Embley, D.: An Approach to Schema Integration and Query Formulation in Federated Database Systems. *Proc. Data Engineering Conf. (Los Angeles (CA), February 3-4)*, 1987, S. 477-484

[28] Date, C.: Null Values in Database Management. in: Date, C.: *Relational Databases: Selected Writings*. Reading (MA): Addison-Wesley, 1986, S. 313-334

[29] Dayal, U., Blaustein, B., Buchmann, A., Chakravarthy, U., Hsu, M., Ledin, R., McCarthy, D., Rosenthal, A., Sarin, S., Carey, M., Livny, M., Jauhari, R.: The HiPAC Project: Combining Active Databases and Timing Constraints. *ACM SIGMOD Record 17 (1988) 1*, S. 51-70

[30] Denning, P.: Electronic Junk. *Communications of the ACM 25 (1982) 3*, S. 163-165

[31] Dhar, V.: The value of process-oriented models in cooperative work. in: Ellis, C., Jarke, M. (eds.): *Distributed Cooperation in Integrated Information Systems* (Proc. of the Third Intl. Workshop on Intelligent and Cooperative Information Systems, Schloß Dagstuhl, April 6-8). Aachener Informatik-Berichte Nr. 92-18, 1992, S. 26-32

[32] Digital Equipment Corp.: *VAX Rdb/VMS Reference Manuals for Rdb Version 4.1.* Maynard (MA), 1992

[33] Dixon, G.: *Object Management for Persistence and Recoverability.* Technical Report Series No. 276, Newcastle upon Tyne: University of Newcastle upon Tyne, 1988

[34] Dobson, J., Martin, M., Olphert, C., Powrie, S.: Determining Requirements for CSCW. *Proc. Intl. Workshop on CSCW (Berlin, April 9-11)*, Bericht Nr. 4 des Instituts für Informatik und Rechentechnik: Informatik, Informationen, Reporte 7 (1991) 4, S. 189-221

[35] Drew, P., King, R., McLeod, D., Rusinkiewicz, M., Silberschatz, A.: Report of the Workshop on Semantic Heterogeneity and Interoperation in Multidatabase Systems. *ACM SIGMOD Record 22 (1993) 3*, S. 47-56

[36] Dubois, D., Prade, H.: *Possibility Theory.* New York (NY): Plenum Press, 1988

[37] Du, W., Elmagarmid, A.: Quasi Serializability – A Correctness Criterion for Global Concurrency Control in InterBase. *Proc. VLDB Conf. (Amsterdam, August 22-25)*, 1989, S. 347-355

[38] Durfee, E.: *Coordination of Distributed Problem Solvers.* Boston (MA) u.a.: Kluwer Academic Publishers, 1988

[39] Duschinger, H.: *Konzeption und Implementierung einer Klassenbibliothek für Client/Server-Anwendungen.* Studienarbeit am IMMD VI, Universität Erlangen, 1994

[40] Easterbrook, S., Beck, E., Goodlet, J., Plowman, L., Sharples, M., Wood, C.: A Survey of Empirical Studies of Conflict. in: Easterbrook, S. (ed.): *CSCW: Cooperation or Conflict?* London u.a.: Springer, 1993

[41] Eirich, T.: *The ACID-Fission – Pay only for what you need.* Technischer Bericht TR-I4-9-94 IMMD IV (Entwurf), Universität Erlangen, Juni 1994

[42] Ellis, C., Gibbs, S.: Concurrency Control in Groupware Systems. *Proc. ACM SIGMOD Conf. (Portland (OR), May 31-June 2)*, 1989 S. 399-407

[43] Ellis, C., Gibbs, S., Rein, G.: Groupware – Some Issues and Experiences. *Communications of the ACM 34 (1991) 1*, S. 39-58

[44] Elmagarmid, A. (ed.): *Database Transaction Models for Advanced Applications.* San Mateo, CA: Morgan Kaufmann, 1992

[45] Elmasri, R., Navathe, S.: *Fundamentals of Database Systems.* 2nd Ed., Redwood City (CA) u.a.: Benjamin/Cummings, 1994

[46] Fischer, G., Lemke, A., Mastaglio, T., Morch, A.: The Role of Critiquing in Cooperative Problem Solving. *ACM Transactions on Office Information Systems 9 (1991) 2,* S. 123-151

[47] Fish, R., Kraut. R., Leland, M., Cohen, M.: Quilt – A Collaborative Tool for Cooperative Writing. *Proc. Office Information Systems Conf. (Palo Alto (CA), March 23-25),* 1988, S. 30-37

[48] Freeman-Benson, B., Borning, A.: Integrating Constraints with an Object-oriented Language. *Proc. ECOOP (Utrecht, June 29 - July 7),* 1992, S. 268-286

[49] Galliers, J.: A Strategic Framework for Multi-Agent Cooperative Dialogue. *Proc. European Conf. on Artificial Intelligence (Munich, August 1-5),* 1988, S. 415-420

[50] Garcia-Molina, H., Salem, K.: SAGAS. *Proc. ACM SIGMOD Conf. (San Francisco (CA), May 27-29),* 1987, S. 249-259

[51] Gehani, N., Jagadish, H., Shmueli, O.: Event Specification in an Active Object-Oriented Database. *Proc. ACM SIGMOD Conf. (San Diego (CA), June 2-5),* 1992, S. 81-90

[52] Geihs, K.: Infrastrukturen für heterogene verteilte Systeme. *Informatik Spektrum 16 (1993) 1,* S. 11-23

[53] Gesmann, M., Härder, T., Mitschang, B., Ritter, N., Schöning, H.: *Supporting Cooperative Design in a DBMS-based Design Environment.* SFB-Bericht-Nr. 29/92, Universität Kaiserslautern, Fachbereich Informatik, September 1992

[54] Gora, W., Speyerer, R.: Abstract Syntax Notation One. *DATACOM 1987 4,* S. 78-85

[55] Görz, G. (Hrsg).: *Einführung in die künstliche Intelligenz.* Bonn, Paris, Reading (MA): Addison-Wesley, 1993

[56] Goesmann, T.: *Spezifikation und Implementierung einer Ablaufsteuerung für Datenbankkonversationen.* Studienarbeit am IMMD VI, Universität Erlangen, 1994

[57] Gray, J.: The Transaction Concept: Virtues and Limitations. *Proc. VLDB Conf. (Cannes, September 9-11),* 1981, S. 144-154

[58] Gray, J., Reuter, A.: *Transaction Processing – Concepts and Techniques.* San Mateo (CA): Morgan Kaufmann, 1993

[59] Greif, I., Sarin, S.: Data Sharing in Group Work. in: Greif, I. (ed.): *Computer-Supported Cooperative Work – A Book of Readings.* San Mateo (CA): Morgan Kaufmann, 1988, S. 477-508

[60] Griffiths, P., Wade, B.: An Authorization Mechanism for a Relational Database System. *ACM Transactions on Database Systems 1 (1976) 3*, S. 242-255

[61] Grudin, J.: Why CSCW Applications Fail – Problems in the Design and Evaluation of Organizational Interfaces. *Proc. CSCW Conf. (Portland (OR), September 26-28)*, 1988, S. 85-93

[62] Grudin, J.: Computer-Supported Cooperative Work: History and Focus. *IEEE Computer (Special Issue on Computer Supported Cooperative Work) 27 (1994) 5*, S. 19-26

[63] Harel, D., Pnueli, A.: On the Development of Reactive Systems. in: Apt, K.: *Logics and Models of Concurrent Systems*. Berlin, Heidelberg: Springer, 1985, S. 477-498

[64] Haugeneder, H., Steiner, D.: Cooperation Structures in Multi-Agent Systems. in: Brauer, W., Hernández, D. (eds.): *Verteilte KI und kooperatives Arbeiten* (Proc. 4. Int. KI-Kongreß Wissensbasierte Systeme, München 23.-24. Oktober). Berlin u.a: Springer IFB 291, 1991, S. 160-171

[65] Haugeneder, H., Steiner, D.: Ein Mehragentenansatz zur Unterstützung kooperativer Arbeit. in: Hasenkamp, U., Kirn, S., Syring, M. (Hrsg.): *CSCW – Computer Supported Cooperative Work*. Bonn, Paris, Reading (MA) u.a.: Addison-Wesley, 1994, S. 203-229

[66] Härder, T., Reuter, A.: Principles of Transaction-oriented Recovery. *ACM Computing Surveys 15 (1983) 4*, S. 287-317

[67] Härder, T., Reuter, A.: Architektur von Datenbanksystemen für Non-Standard-Anwendungen. *Proc. GI-Fachtagung BTW '85 (Karlsruhe, 20.-22. März)*, Berlin u.a.: Springer IFB 94, 1985, S. 253-286

[68] Hegner, S.: Specification and Implementation of Programs for Updating Incomplete Information Databases. *Proc. ACM PODS Conf. (San Diego (CA), March 23-25)*, 1987, S. 146-158

[69] Heinl, P.: *Entwurf der kooperativen Datenanfragesprache CSQL mit Implementierung des zugehörigen Präcompilers*. Studienarbeit am IMMD VI, Universität Erlangen, 1993

[70] Herrtwich, R., Hommel, G.: *Kooperation und Konkurrenz – Nebenläufige, verteilte und echtzeitabhängige Programmsysteme*. Berlin u.a.: Springer-Verlag, 1989

[71] Heuer, A.: *Objektorientierte Datenbanken – Konzepte, Modelle, Systeme*. Bonn u.a.: Addison-Wesley, 1992

[72] Hofmann, J.: IMAIL-Systeme. *Informatik-Spektrum 11 (1988) 2*, S. 96-98

[73] Holt, A.: Diplans: A New Language for the Study and Implementation of Coordination. *ACM Transactions on Office Information Systems 6 (1988) 2*, S. 109-125

[74] Holzmann, M.: *Datenbankgestützte Kooperation in Arbeitsgruppen*. Diplomarbeit am IMMD VI, Universität Erlangen, 1993

[75] Hull, R., King, R.: Semantic Database Modeling – Survey, Applications, and Research Issues. *ACM Computing Surveys 19 (1987) 3*, S. 201-260

[76] Ingres Corp.: *Ingres Reference Manuals for Ingres Release 6.4*. Alameda (CA), 1991

[77] Isenmann, S.: HyperIBIS – a Tool for Argumentative Problem Solving. *Proc. DEXA Conf. (Valencia, September 3-5)*, S. 185-190

[78] Jablonski, S.: *Datenverwaltung in verteilten Systemen – Grundlagen und Lösungskonzepte*. Berlin u.a: Springer IFB 233, 1990

[79] Jablonski, S., Barthel, S., Kirsche, T., Rödinger, T., Schuster, H., Wedekind, H.: Datenbankunterstützung für kooperative Gruppenarbeit. *it+ti Informationstechnik + Technische Informatik 35 (1993) 1*, S. 34-44

[80] Jarke, M., Hahn, U.: Verhandlungskonzepte für die Rechnergestützte Teamarbeit. *Proc. GI-Jahrestagung Computerintegrierter Arbeitsplatz im Büro (München, 20.-23. Oktober)*, Berlin u.a.: Springer IFB 156, S. 654-670

[81] Jarke, M., Maltzahn, C., Rose, T.: *Sharing Processes: Team Coordination in Design Repositories*. Aachener Informatik-Bericht Nr. 92-5 der Fachgruppe Informatik der RWTH, Aachen, 1992

[82] Johansen, R.: *Groupware – Computer Support for Business Teams*. New York: The Free Press, 1988

[83] Kaiser, G.: A Flexible Transaction Model for Software Engineering. *Proc. Data Engineering Conf. (Los Angeles (CA), February 5-9)*, 1990, S. 560-567

[84] Kaiser, G., Kaplan, S., Micallef, J.: Multiuser, Distributed Language-Based Environments. *IEEE Software 4 (1987) 11*, S. 58-67

[85] Kambayashi, Y., Chen, Q., Kunishima, T.: Coordination Manager – A Mechanism to Support Cooperative Work on Database Systems. *Proc. Workshop on Future Database Systems (Kyoto, April 26-28)*, 1992, S. 176-183

[86] Karbe, B., Ramsperger, N., Weiss, P.: Support of Cooperative Work by Eletronic Circulation Folders. *Proc. Office Information Systems Conf. (Cambridge, April 25-27)*, 1990, S. 109-117

[87] Kardel, F.: DTS/NTP – Zeitsynchronisationsverfahren in verteilten Systemen. in: [190], S. 107-120

[88] Kim, W.: *Introduction to Object-Oriented Databases*. 2nd Ed., Cambridge (MA) u.a.: MIT Press, 1991

[89] Kim, W., Lorie, R., McNabb, D., Plouffe, W.: A Transaction Mechanism for Engineering Design Databases. *Proc. VLDB Conf. (Singapore, August 27-31)*, 1984, S. 355-362

[90] Kirsche, T.: *Abstufungen in der Freigabe von Bauteilen bei der Entwicklung eines Automobils*. Technischer Bericht IMMD VI, Universität Erlangen, Februar 1992

[91] Kirsche, T.: Eine Datenanfragesprache für den praktischen Umgang mit vorläufigen Daten in und zwischen eng kooperierenden Gruppen. *Proc. GI-Fachtagung BTW '93 (Braunschweig, 3.-5. März)*, Springer Informatik Aktuell, 1993, S. 196-205

[92] Kirsche, T.: Kooperation und Koordination in verteilten Systemen, in: [190], S. 57-75

[93] Kirsche, T., Lenz, R., Lührsen, H., Meyer-Wegener, K., Wedekind, H., Bever, M., Schäffer, U., Schottmüller, C.: Communication Support for Cooperative Work. *Computer Communications (Special Issue: Group Communications) 16 (1993) 9*, S. 594-602

[94] Kirsche, T., Lenz, R., Ruf, T., Wedekind, H.: Cooperative Problem Solving using Database Conversations. *Proc. Data Engineering Conf. (Houston (TX), February 14-18)*, 1994, S. 134-143

[95] Kirsche, T., Lenz, R., Schuster, H., Wedekind, H.: Towards a Cooperative Data Model – Uncertainty and Beyond. *Proc. Symposium on Advanced Database Technologies and Their Integration ADTI'94 (Nara, Japan, October 26-28)*, 1994, S. 105-107

[96] Kirsche, T., Lenz, R., Schuster, H., Wedekind, H.: Extending Workflow Management Techniques to Control the Course of Database Conversations. in: Hartmann, A., Herrmann, T., Rohde, M., Wulf, V. (Hrsg.): *Menschengerechte Groupware – Software-ergonomische Gestaltung und partizipative Umsetzung*, Workshop-Proceedings (Bonn, 20./21. September), Stuttgart: Teubner 1994, S. 237-258

[97] Kirsche, T., Reinwald, B., Wedekind, H.: Processing Dynamic Interactions in Cooperative Databases. *Proc. Hawaii International Conf. on Systems Sciences HICSS-27; Vol IV: Collaboration Technology, Organizational Systems & Technology (Wailea, Maui (HI), January 4-7)*, 1994, S. 733-742

[98] Klahold, P., Schlageter, G., Unland, P., Wilkes, W.: A Transaction Model Supporting Complex Applications in Integrated Information Systems. *Proc. ACM SIGMOD Conf. (Austin (TX), May 28-31)*, 1985, S. 388-401

[99] Klausen, G.: *Konzeption und Implementierung eines Datenbank-Konversationsmodells*. Diplomarbeit am IMMD VI, Universität Erlangen, 1994

[100] Klein, M.: Capturing Design Rationale in Concurrent Engineering Teams. *IEEE Computer (Special Issue on Computer Support for Concurrent Engineering) 26 (1993) 1*, S. 39-47

[101] Kling, R.: Cooperation, Coordination, and Control in Computer-Supported Work. *Communications of the ACM 34 (1991) 12*, S. 83-88

[102] Korth, H., Speegle, G.: Formal Models of Correctness without Serializability. *Proc. ACM SIGMOD Conf. (Chicago (IL), June 1-3)*, 1988, p. 379-386

[103] Korth, H., Speegle, G.: Long-Duration Transactions in Software Design Projects. *Proc. Data Engineering Conf. (Los Angeles (CA), February 5-9)*, 1990, S. 568-574

[104] Kraemer, K., King, J.: Computer-Based Systems for Cooperative Work and Group Decision Making. *ACM Computing Surveys 20 (1988) 2*, S. 115-146

[105] Lamport, L.: Time, Clocks, and the Ordering of Events in a Distributed System. *Communications of the ACM 21 (1978) 7*, S. 558-565

[106] Lauwers, J., Lantz, K.: Collaboration Awareness in Support of Collaboration Transparency: Requirements for the Next Generation of Shared Window Systems. *Proc. Human Factors in Computer Systems Conf. (Seattle (WA), April 1-5)*, 1990, S. 303-311

[107] Lee, J.: SIBYL: A Tool for Managing Group Decision Rationale. *Proc. CSCW Conf. (Los Angeles (CA), October 7-10)*, 1990, S. 79-92

[108] Lee, K., Mansfield Jr., W., Sheth, A.: A Framework for Controlling Cooperative Agents. *IEEE Computer 26 (1993) 7*, S. 8-16

[109] Lee, S.: Imprecise and Uncertain Information in Databases: An Evidential Approach. *Proc. Data Engineering Conf. (Tempe (AZ), February 2-3)*, 1992, S. 614-621

[110] Lee, S.: An Extended Relational Database Model for Uncertain And Imprecise Information. *Proc. VLDB Conf. (Vancouver, August 23-27)*, 1992, S. 211-220

[111] Lenz, R., Kirsche, T., Reinwald, B.: ASPECT – Specifying Consistency Requirements for Replicated Data from and Applications Point of View. *Proc. Parallel and Distributed Computing Systems Conf. (Las Vegas (NV), October 6-8)*, 1994, S. 472-477

[112] Liang, L., Chanson, S., Neufeld, G.: Process Groups and Group Communications – Classifications and Requirements. *IEEE Computer 7 (1990) 2*, S. 56-66

[113] Lipski, W.: On Semantic Issues Connected with Incomplete Information Databases. *ACM Transactions on Database Systems 4 (1979) 3*, S. 262-296

[114] Lomet, D. (ed.): *Special Issue on Workflow and Extended Transaction Systems*. Bulletin TC on Data Engineering 16 (1993) 2

[115] Lorenzen, P., Lorenz, K.: *Dialogische Logik*. Darmstadt: Wiss. Buchges., 1978

[116] Lorie, R., Plouffe, W.: Complex Objects and Their Use in Design Transactions. *Proc. Database Week (San Jose (CA), May 23-26)*, 1983, S. 115-121

[117] Lu, H., Ooi, B., Goh, C.: Multidatabase Query Optimization – Issues and Solutions. *Proc. RIDE-IMS Workshop (Vienna, April 19-20)*, 1993, S. 137-143

[118] Lynch, N.: Multilevel Atomicity – A New Correctness Criterion for Database Concurrency Control. *ACM Transactions on Database Systems 8 (1983) 4*, S. 484-502

[119] Maier, G., Wildberger, A.: *In 8 Sekunden um die Welt – Kommunikation über das Internet*. Bonn u.a.: Addison-Wesley, 1993

[120] Malone, T., Crowston, K.: What is Coordination Theory and How Can It Help Design Cooperative Work Systems? *Proc. CSCW Conf. (Los Angeles (CA), October 7-10)*, 1990, S. 357-370

[121] Malone, T., Crowston, K.: The Interdisciplinary Study of Coordination. *ACM Computing Surveys 26 (1994) 1*, S. 87-119

[122] Malone, T., Grant, K., Turbak, F., Brobst, S., Cohen, M.: Intelligent Information-sharing Systems. *Communications of the ACM 30 (1987) 5*, S. 390-402

[123] Marca, D.: Augmenting SADT® To Develop Computer Support for Cooperative Work. *Proc. Software Engineering Conf. (Austin (TX), May 13-16)*, 1991, S. 94-103

[124] Mariani, J., Rodden, T.: The Impact of CSCW on Database Technology. *Proc. Intl. Workshop on CSCW (Berlin, April 9-11)*, Bericht Nr. 4 des Instituts für Informatik und Rechentechnik: Informatik, Informationen, Reporte 7 (1991) 4, S. 146-161

[125] Martial, F.: *Coordinating Plans of Autonomous Agents*. Berlin u.a.: Springer LNAI 610, 1992

[126] Masunaga, Y.: Object Identity, Equality, and Relational Concept. *Proc. First Int'l. Conf. on Deductive and Object-Oriented Databases (Kyoto, December 4-6)*, 1989, S. 185-202

[127] Mazer, M., Lochovsky, F.: Logical Routing Specification in Office Information Systems. *ACM Transactions on Office Information Systems 2 (1984) 4*, S. 303-330

[128] Melton, J., Simon, A.: *Understanding the new SQL – A complete guide*. San Mateo (CA): Morgan Kaufmann, 1993

[129] Metcalfe, R., Boggs, D.: Ethernet – Distributed Packet Switching for Local Computer Networks. *Communications of the ACM 19 (1976) 7*, S. 395-404

[130] Meyer-Wegener, K.: *Transaktionssysteme*. Stuttgart: Teubner, 1988

[131] Mintzberg, H.: *The Nature of Managerial Work*. New York (NY): Harper & Row, 1973

[132] Morrisey, J.: Imprecise Information and Uncertainty in Information Systems. *ACM Transactions on Database Systems 8 (1990) 2*, S. 159-180

[133] Moss, E.: *Nested Transactions – An Approach to Reliable Distributed Computing.* Cambridge (MA): MIT Press, 1985

[134] Müllemann, B.: *Zugriffsmanagement für kooperative Datenbankanwendungen.* Studienarbeit am IMMD VI, Universität Erlangen, 1994

[135] Müller, T., Steinbauer, D., Wedekind, H.: Control of Versions in Database Applications. *Proc. IEEE Conf. on Trends and Applications (Gaithersburg (MD), May),* 1984, S. 308-316

[136] Myers, B.: A Taxonomy of Window Manager User Interfaces. *IEEE Computer Graphics & Applications 8 (1988) 9,* S. 65-84

[137] Navarro, L., Prinz, W., Rodden, T.: Open CSCW Systems: Will ODP help? *Proc. Distributed Computer Systems Conf. (Yokohama, June 9-12),* 1992, S. 547-554

[138] Nodine, M., Ramaswamy, S., Zdonik, S.: A Cooperative Transaction Model for Design Databases. in: [44], S. 53-85

[139] Nodine, M., Zdonik, S.: Cooperative Transaction Hierarchies, *The VLDB Journal 1 (1992) 1,* S. 41-80

[140] Oed, J.: *Entwicklung einer SQL-Spracherweiterung für Datenbankkonversationen und Implementierung des zugehörigen Präcompilers.* Studienarbeit am IMMD VI, Universität Erlangen, 1994

[141] Özsu, T., Valduriez, P.: *Principles of Distributed Database Systems.* Englewood Cliffs: Prentice-Hall, 1991

[142] Pankoke-Babatz, U.: Überlegungen zu Konzepten von Raum und Zeit in CSCW. *Mitteilungen des GI Fachausschusses 2.3 „Ergonomie und Informatik" Nr. 21, März 1994,* S. 1-6

[143] Piepenburg, U.: Ein Konzept von Kooperation und die technische Unterstützung kooperativer Prozesse in Bürobereichen. in: Friedrich, J., Rödiger, K.-H. (Hrsg.): *Computerunterstützte Gruppenarbeit (CSCW).* Stuttgart: Teubner, 1991, S. 79-93

[144] Piepenburg, U.: *Rechnergestützes kooperatives Arbeiten.* Mitteilung Nr. 197 des Fachbereichs Informatik der Uni Hamburg Nr. FBI-HH-M-197/91, 1991

[145] Poole, M., Holmes, M., DeSanctis, G.: Conflict Management and Group Decision Support Systems. *Proc. CSCW Conf. (Portland (OR), September 26-28),* 1988, S. 227-243

[146] Pu, C., Leff, A.: Replica Control in Distributed Systems – An Asynchronous Approach. *Proc. ACM SIGMOD Conf. (Denver (CO), May 29-31),* 1991, S. 377-386

[147] Ramamritham, K., Chrysanthis, P.: In Search of Acceptability Criteria – Database Consistency Requirements and Transaction Correctness Properties. in: Özsu, T., Dayal, U., Valduriez, P. (eds.): *Distributed Object Management*. San Mateo (CA): Morgan Kaufmann, 1993

[148] Reddy, R., Srinivas, K., Jagannathan, V., Karinthi, R. Computer Support for Concurrent Engineering (Guest Editors' Introduction to the Special Issue on Computer Support for Concurrent Engineering). *IEEE Computer 26 (1993) 1*, S. 12-15

[149] Reinwald, B.: *Workflow-Management in verteilten Systemen*. Stuttgart, Leipzig: Teubner, 1993

[150] Reiter, R.: Towards a Logical Reconstruction of Relational Database Theory. in: Brodie, M., Mylopoulos, J., Schmidt, J.: *On Conceptual Modelling*. New York (NY) u.a.: Springer, 1984, S. 191-233

[151] Reuter, A.: *Fehlerbehandlung in Datenbanksystemem*. München, Wien: Carl Hanser, 1981

[152] Rittel, H., Kunz, W.: *Issues as Elements of Information Systems*. Working Paper No. 131, Inst. of Urban and Regional Development, University of California, Berkeley (CA), 1970

[153] Ritter, N., Mitschang, B., Härder, T., Gesmann, M., Schöning, H.: Capturing Design Dynamics – The CONCORD Approach. *Proc. Data Engineering Conf. (Houston (TX), February 14-18)*, 1994, S. 440-451

[154] Robinson, M.: Scale and Scalability in CSCW: Some Notes and Questions. in: Ellis, C., Jarke, M. (eds.): *Distributed Cooperation in Integrated Information Systems* (Proc. of the Third Intl. Workshop on Intelligent and Cooperative Information Systems, Schloß Dagstuhl, April 6-8). Aachener Informatik-Berichte Nr. 92-18, 1992, S. 83-91

[155] Rodden, T.: Supporting Cooperative Applications. in: Ellis, C., Jarke, M. (eds.): *Distributed Cooperation in Integrated Information Systems* (Proc. of the Third Intl. Workshop on Intelligent and Cooperative Information Systems, Schloß Dagstuhl, April 6-8). Aachener Informatik-Berichte Nr. 92-18, 1992, S. 92-98

[156] Rüdebusch, T.: Supporting Interactions within Distributed Teams. *Proc. Intl. Workshop on CSCW (Berlin, April 9-11)*, Bericht Nr. 4 des Instituts für Informatik und Rechentechnik: Informatik, Informationen, Reporte 7 (1991) 4, S. 17-33

[157] Salem, K., Garcia-Molina, H., Alonso, R.: Altruistic Locking: A Strategy for Coping with Long Lived Transactions. in: Gawlik, D., Haynie, M., Reuter, A. (eds.): *High Performance Transaction Systems – Proc. of the 2nd Intl. Workshop (Asilomar (CA), September 28-30)*. Springer LNCS 359, 1987, S. 175-199

[158] Samarasan, D.: Collaborative Modeling and Negotiation. *Proc. Office Information Systems Conf. (Palo Alto (CA), March 23-25)*, 1988, S. 9-21

[159] Sarin, S., Greif, I.: Computer-Based Real-Time Conferencing Systems. *IEEE Computer 18 (1985) 10*, S. 33-45

[160] Sarin, S., Abbot, K., McCarthy, D.: A Process Model and System for Supporting Collaborative Work. *Proc. Organizational Computing Systems Conf. (Atlanta (GA), November 5-8)*, 1991, S. 213-224

[161] Schill, A.: *DCE – Das OSF Distributed Computing Environment*. Berlin, Heidelberg, u.a.: Springer-Verlag, 1993

[162] Schmidt, K., Bannon, L.: Taking CSCW Seriously – Supporting Articulation Work. *Computer Supported Cooperative Work (CSCW) 1 (1992) 1*, S. 7-40

[163] Schmidt, R.: *Ereignisbasierte Ablaufsteuerung von Problemlösezyklen*. Diplomarbeit am IMMD VI, Universität Erlangen, 1993

[164] Schmidt, U.: Transaktionskonzepte in der Fertigung. *Proc. GI-Fachtagung BTW '93 (Braunschweig, 3.-5. März)*, Springer Informatik Aktuell, 1993, S. 104-123

[165] Schmitt, H.: Prinzenparade – Stärken und Schwächen der wichtigsten SQL-Datenbankserver. *c't magazin für computertechnik Heft 4*, 1994, S. 234-251

[166] Schuster, H.: *Datenbankunterstützung für die Repräsentation von unsicheren Daten kooperativer Benutzer*. Diplomarbeit am IMMD VI, Universität Erlangen, 1992

[167] Schuster, H., Jablonski, S., Kirsche, T., Bußler, C.: A Client/Server Architecture for Distributed Workflow Management Systems. *Proc. Parallel and Distributed Information Systems Conf. (Austin (TX), September 28-30)*, 1994, S. 253-256

[168] Schwarz, P., Chang, W., Freytag, J., Lohman, G., McPherson, J., Mohan, C., Pirahesh, P.: Extensibility in the Starburst Database System. *Proc. Workshop on Object-Oriented Database Systems (Asilomar (CA), September)*, 1986, S. 85-92

[169] Schwemmer, O.: *Handlung und Struktur – Zur Wissenschaftstheorie der Kulturwissenschaften*. Frankfurt a. M.: Suhrkamp, 1987

[170] Searle, J.: *Speech Acts*. Cambridge: Cambridge University Press, 1969

[171] Shafer, G.: *A Mathematical Theory of Evidence*. Princeton (NJ): Princeton University Press, 1976

[172] Sheth, A., Larson, J.: Federated Database Systems for Managing Distributed, Heterogeneous, and Autonomous Databases. *ACM Computing Surveys 22 (1990) 3*, S. 183-235

[173] Skarra, A.: Concurrency Control for Cooperating Transactions in an Object-Oriented Database. *ACM SIGPLAN Notices 24 (1989) 4*, S. 145-147

[174] Smith, R.: The Contract Net Protocol: High-level Communication and Control in a Distributed Problem Solver. *IEEE Transactions on Computers, 29 (1980) 12*, S. 1104-1113

[175] Stonebraker, M., Agrawal, R., Dayal, U., Neuhold, E., Reuter, A.: DBMS Research at a Crossroad. *Proc. VLDB Conf. (Dublin, August 24-27)*, 1993, S. 688-692

[176] Stonebraker, M., Anton, J., Hanson, E.: Extending a Database System with Procedures. *ACM Transactions on Database Systems 12 (1987) 3*, S. 350-376

[177] Stefik, M., Bobrow, D., Foster, G., Lanning, S., Tatar, D.: WYSIWIS Revised: Early Experiences with Multiuser Interfaces. *ACM Transactions on Office Information Systems 5 (1987) 2*, S. 147-167

[178] Stefik, M., Foster, G., Bobrow, D., Kahn, K., Lanning, S., Suchman, L.: Beyond the Chalkboard – Computer Support for Collaboration and Problem Solving in Meetings. *Communications of the ACM 30 (1987) 1*, S. 32-47

[179] Sundermeyer, K.: Modellierung von Szenarien kooperierender Akteure. in: Marburger, H. (Hrsg.): *GWAI-90 14th German Workshop on Artificial Intelligence (Eringerfeld, September 10-14)*, Berlin u.a.: Springer, 1990, S. 11-18

[180] Sutter, B.: Modellierung von Entwurfsumgebungen und deren Abbildung in ein Datenbank-integriertes Ingenieursystem. *Informatik Forschung und Entwicklung 8 (1993) 3*, S. 137-151

[181] Sybase Inc.: *Sybase Reference Manuals for Sybase Release 4.9.1*. Emeryville (CA), 1992

[182] Tang, J., Leifer, L.: A Framework for Understanding the Workspace Activity of Design Teams. *Proc. CSCW Conf. (Portland (OR), September 26-28)*, 1988, S. 244-249

[183] Unland, R., Schlageter, G.: *A Flexible and Adaptable Tool Kit Approach for Transaction Management in Non-Standard Database Systems*. Fern-Universität Hagen: Informatik-Bericht Nr. 109, Juni 1991

[184] Valachich, J., Dennis, A., Nunamaker, J.: Electronic Meeting Support: The GroupSystems Concept. in: Greenberg, S. (ed.): *Computer-supported Cooperative Work and Groupware*. London: Academic Press 1991, S. 133-154

[185] Vossen, G., Groß-Hardt, M.: *Grundlagen der Transaktionsverarbeitung*. Bonn, Paris, Reading (MA) u.a: Addison-Wesley, 1993

[186] Wächter, H., Reuter, A.: The ConTract Model. in: [114], S. 219-263

[187] Wedekind, H.: *Datenbanksysteme*. Band I, 3. Auflage, Mannheim, Wien, Zürich: BI Wissenschaftsverlag, 1991

[188] Wedekind, H.: Eine logische Analyse und Synthese des Begriffs „committed". *Informatik Forschung und Entwicklung 8 (1993) 1*, S. 35-43

[189] Wedekind, H.: Are the Terms "Version" and "Variant" Orthogonal to One Another? – A Critical Assessment of the STEP Standardization. *ACM SIGMOD Record 23 (1994) 4*, S. 3-7

[190] Wedekind, H. (Hrsg.): *Verteilte Systeme – Grundlagen und zukünftige Entwicklung*. Mannheim, Leipzig, Wien, Zürich: BI Wissenschaftsverlag, 1994

[191] Weigelt, M., Mertens, P.: Dezentrale Produktionssteuerung mit dem Agenten-System DEPRODEX-1. in: [190], S. 409-426

[192] Weikum, G.: Enhancing Concurrency in Layered Systems. in: Gawlik, D., Haynie, M., Reuter, A. (eds.): *High Performance Transaction Systems – Proc. of the 2nd Intl. Workshop (Asilomar (CA), September 28-30)*. Springer LNCS 359, 1987, S. 200-218

[193] Winograd, T., Flores, F.: *Understanding Computers and Cognition: A New Foundation for Design*. Norwood (NJ): Ablex Publ., 1986

[194] Winslett, M.: A Model-Based Approach to Updating Databases with Incomplete Information. *ACM Transactions on Database Systems 13 (1988) 2*, S. 167-196

[195] Woitass, M.: *Koordination in strukturierten Konversationen – ein Koordinationsmodell für kooperierende Agenten und seine Anwendung im Bereich Computer-Supported Cooperative Work (CSCW)*. Dissertation, GMD-Bericht Nr. 190, München u.a.: Oldenbourg, 1991

[196] Wöhe, G.: *Einführung in die Allgemeine Betriebswirtschaftslehre*. 16. Auflage, München: Vahlen, 1986

[197] Zemankova, M., Kandel, A.: Implementing Imprecision in Information Systems. *Information Sciences 37 (1985) 1-3*, S. 107-141

[198] Zhang, A., Jing, J.: On Structural Features of Global Transactions in Multidatabase Systems. *Proc. RIDE-IMS Workshop (Vienna, April 19-20)*, 1993, S. 199-206

Stichwortverzeichnis

E

F

G

H

I

J

K

L

M

N

O

P

Q

R

S

T

U

V

W

Z

Tresch

Evolution in Objekt-Datenbanken

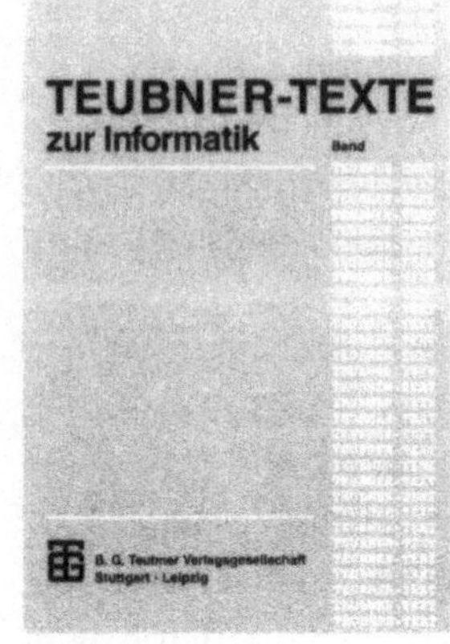

Evolution in Objekt-Datenbanken behandelt die zunehmende Notwendigkeit der Anpassung und Integration bestehender Informationssysteme an das ständig zu erweiternde DV-Umfeld. Die Problematik hat zwei Dimensionen. Die erste betrachtet die Schemaevolution und Datenbankreorganisation zur Anpassung von Datenbanken an geänderte Anforderungen. Die zweite behandelt die Interoperabilität von verschiedenen Datenbanken, mit dem Ziel einer flexiblen Integration in bestehende Systeme.
Das Buch richtet sich gleichermaßen an Wissenschaftler, die sich einen Überblick über die Thematik verschaffen wollen, und an Informatikstudenten, als Ergänzung oder Begleitung einer Fachvorlesung, wie auch an Praktiker (Datenbank-Spezialisten), die sich vertiefende Grundlagenkenntnisse aneignen möchten.

Von Dr.
Markus Tresch
Ulm/San Jose

1995. 247 Seiten.
16,2 x 23,5 cm.
Kart. DM 44,80,–
ÖS 350,– / SFr 44,80
ISBN 3-8154-2059-8

(TEUBNER-TEXTE zur Informatik, Bd. 10)

B. G. Teubner Verlagsgesellschaft
Stuttgart · Leipzig